방폭안전매뉴얼

조연옥 著

머 리 말

    산업의 발달과 더불어 사고도 병행하여 발달하는 것이 아닌지 착각할 정도로 우리 주위에서는 크고 작은 사고가 자주 일어나고 있다. 이와 같은 사고는 사전에 대책만 강구한다면 거의 전부가 예방할 수 있는 것들이다. 안전은 그 범위가 산업 현장은 물론 우리 삶의 전반에 걸쳐 관계를 갖고 있으므로 한 권의 책자로 다룰 수 있는 분야는 아니다. 필자는 다만 전기와 화학 분야 중 석유 관련 산업 및 가스와 같이 특히, 위험이 많은 분야에 걸쳐서 이루어지는 방폭 안전 전반을 다루었다. 현장에 있으면서 경험하였던 사항을 규정에 비추어 이야기하였지만, 방폭이란 학문이 비교적 새로운 분야라서 앞으로 계속 연구되어야 할 학문이다. 국제적으로 전문가 그룹이 형성되어 매년 모임을 갖고, 그 간의 연구 내용을 발표하고 있지만, 최근에 발표된 내용을 넣지 못하였음을 안타깝게 생각합니다.

    아무쪼록 이 책자가 안전에 기여하기를 바랍니다.

    한국 산업 안전 공단 검정부 직원과 특히 검정부장 이규남 씨가 주신 많은 도움에 심심한 감사를 드립니다.

1995. 8. 1

조연옥 씀

차 례

제 ❶ 장 방폭 일반

제 ❷ 장 전기의 위험성과 재해 방지 대책

제 3 장　전기 설비의 접지와 안전 운전

제 **4** 장   전 기 방 폭

방 폭 일 반

1 방폭 안전

안전은 기술 발달과 더불어 발전하여 왔다. 새로운 기술이 발달하며 동시에 새로운 형태의 재해가 발생하였고, 특히 산업화가 진행됨에 따라 각종 재해 발생이 증가하였을 뿐만 아니라, 대형 사고도 빈번히 일어나고 있다.

따라서 과거와 같이 시행착오를 거듭하면서 안전을 도모해 나가겠다는 생각은 벽에 부딪치게 되었고, 사고를 분석하고 평가하여 사고 내용을 배운다는 수동적 관점을 넘어서서 사고를 예측하고 그에 대한 예방 대책을 수립하여야 할 필요성이 강력하게 대두되었다.

이러한 사고 예방 차원의 하나로 방폭 개념이 발전하였고 이미 산업 안전에서 중요한 몫을 담당하고 있다.

방폭이란 공기(산소)와 혼합되어 화재나 폭발을 발생하게 하는 위험 물질의 생성과 확산을 방지, 억제, 제한하는 것을 일차 목적으로 하고, 나아가 이차적으로는 점화원이 되는 공장 설비 중에서 특별히 전기 설비에 의한 위험 정도의 활성화 방지를 이차 목적으로 하며, 또한 삼차 목적으로는 폭발이 일어났음에도 불구하고 그 폭발 규모가 산업 설비에 큰 위험을 주지 않는 정도의 조치까지를 포함하는 넓은 개념을 담고 있다.

방폭의 대상이 되는 위험 물질의 발생과 그로 인한 폭발을 방지하기 위해서는 기본적으로 아래 사항을 포함하여 종합적인 검토가 이루어져야만 안전하게 산업 설비를 운전할 수 있다.

① 위험 물질의 물리적, 화학적 구성 성분
② 폭발 분위기의 생성 과정
③ 폭발 분위기의 확산

④ 발생 가능한 점화원에 대한 확인
⑤ 폭발을 위험 수위 이하로 억제하는 방법 등

2 방폭을 위한 안전 공학

안전 공학이란 공장 설비를 계획하여 시공, 운전시에 인간의 행동 방식(이제까지 무시하였던 고정 관념, 습관, 무지 등)까지도 포함한 종합적인 조사 연구를 계획 단계에서부터 시행함으로써 시스템(system)내의 결함을 사전에 밝혀 재해를 방지하는 학문이다.

이제까지의 안전에 관한 학문은 인간과 설비간의 관계를 전혀 무시하고 오직 물질적인 측면만을 다루는 물적 안전 공학이었으나, 최근의 산업 설비에서는 지능적인 기능이 많은 부분에서 활용되고 있는 점을 감안할 때 이제는 안전 공학도 신뢰성 공학, 관리 공학과 마찬가지로 새로운 학문으로 다시 태어나 사람과 기계의 관계(interface)를 포함하여 양면에서 분석하는 시스템 공학으로 전환함과 동시에 위험을 예측하여 그에 대한 대책을 세워 산업 안전을 도모하는 종합 학문이 되고 있다.

방폭 공학의 목표 역시 사람의 실수와 기계의 실패를 예지하여 사고 발생의 연결 고리가 되는 결정적인 부분을 각 단계에서부터 단절함으로써 최후에 닥칠 대형 사고를 막고자 하는 데에 있다.

3 안전을 위한 시스템 공학 이용

시스템이란 어떠한 목적을 위해 구성 요소들이 상호 연관을 맺으면서 유기적으로 질서를 유지하는 기제(mechanism)로서, 생산을 영위하는 산업 설비는 생산 활동을 수행하는 시스템으로 간주되며 여기에는 인간 활동 또한 포함된다. 따라서 시스템 공학이란 시스템의 목적을 가장 효과적으로 달성하기 위해 활동하는 시스템의 구성 요소, 조직 구조, 정보의 흐름, 제어 기구, 인간 행동 등을 종합적으로 분석하여 설계하는 기술이라고 말할 수 있다.

산업이 근대화되고 작업이 분업화됨에 따라 하나의 산업 설비는 많은 인간과 기계의 상호 종합 작용에 의해 작동된다. 이에 각각의 요인을 어떻게 활용하느냐에 따라 전체 시스템이 단위 시간내에 경제적으로 유효하게 운영되며, 시스템의 재해 방지와 더불어 최적의 생산 활동을 일관되게 유지함으로써 생산성 향상을 이루어 고품질, 저가격의 제품이 단시간내에 고객에게 제공되도록 하는 것이 시스템 공학을 통한 안전의 목적이다.

  방폭이 생산 과정에서 발생되는 유해한 위험 요소를 사전에 발견하여 그에 대한 적절한 재해 예방 대책을 세우는 것이라고 할 때, 이러한 활동은 비단 생산 활동에만 국한된 것이 아니라 산업 설비의 계획, 설계, 설치, 운전, 보수, 수명이 다한 공장의 해체까지 안전 계획이 수립되어야 한다. 이와 같이 일관된 개념을 바탕으로 한 방폭 안전이 실시되는 시스템에서는 근로자의 안전 보장뿐만 아니라 생산품의 품질 또한 균일하고 우수한 동시에 그 시스템의 생산성도 향상된다.

  이 개념을 도식화하면 아래의 그림 1과 같다.

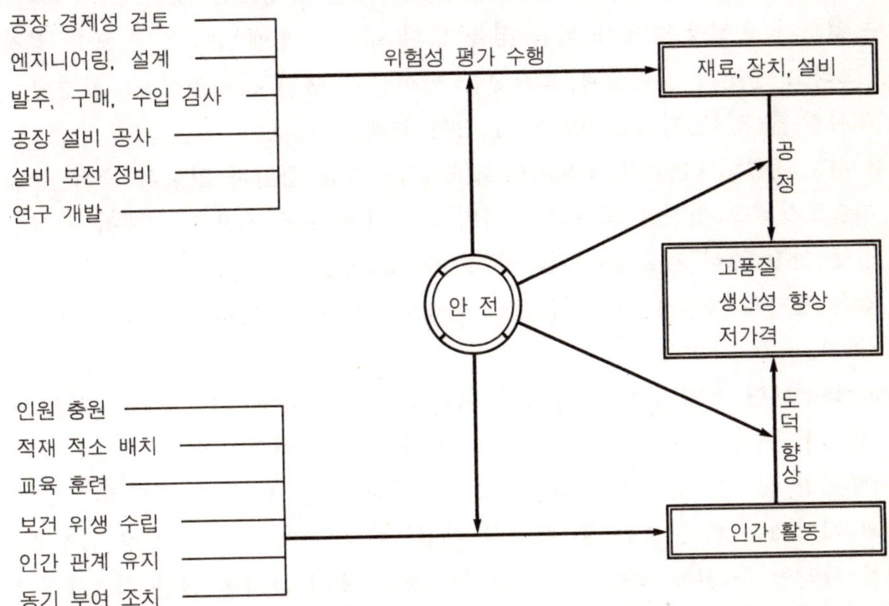

[그림 1-1] 안전을 위한 시스템 개념도

4 위험성 평가를 통한 방폭 안전

  최근에는 산업 설비(특히 공장)를 설치하고자 할 때에는 경제성 검토로부터 시작하여 각 단계마다 안전을 평가하는 것이 필수 과정이며, 다음 두 가지는 단계별로 위험성 평가를 실시하기 전에 먼저 확인해야 할 사항이다.

  첫째는 법령과 기술 기준 검토로서 중앙 정부나 지방 자치 단체에서 제정한 법규(산업 안전 보건법, 소방법 등)와 기술 기준령, 더 나아가 장래의 법규와 기준령의 변경 및 발전을 검토 사항에 포함시킨다.

  둘째는 환경 영향 평가로서 공장이 가동된 후 원료의 수송, 저장, 제품 생산과 제품 출하를 거치는 동안 화재, 폭발, 분출, 누출 등에 따른 각종 사고의 발생을 예상하고 이들 사고가 환경에 미칠 결과를 철저하게 분석하여 대책을 강구한다. 특히, 환경 규제 강화가 세계적인 추세임을 감안할 때 중장기적 대책을 세워야 한다. 이들 대책은 공장 설치 단계, 시운전 단계, 운전 단계 그리고 보수 단계에서 조정, 개정하여 당시의 기술 수준과 정세에 맞도록 세워야 한다.

1. 위험성 평가

이 평가 작업은 산업 설비에 존재하는 위험 요소를 규명하는 것과, 위험하다고까지는 할 수 없으나 운전상 문제가 되는 점을 밝혀 내어 안전에 관련된 정보를 얻기 위한 것이다. 그리고 운전의 간편성과 효율성을 향상시켜 생산성을 높이고, 환경에 미치는 영향을 조사할 수 있는 기틀을 마련하기 위한 목적도 있다.

평가란 사고 유발 가능성이 내재되어 있는 기계적인 결함과 인간의 조작 실수를 분석하는 기술로서, 그 원인을 조사하여 설비 운전시에 주요 기계의 기계적 완전함을 확인하는 산업 안전 관리 기술상의 기교라 할 수 있다.

위와 같은 평가의 목적을 실현하고, 그 특성을 활용하기 위하여 사고의 개념을 확실히 하여 보자.

사고(accident)란 우연이 아닌 결과를 나타내는 사건(event)의 연쇄적인 발생의 결과이다. 이러한 연속된 사건 중 맨 처음의 사건을 초기 사건이라 하며, 이 초기 사건은 그 자체로만 끝나는 경우도 있지만, 사고의 결과를 놓고 볼 때 일반적으로 초기 사건과 결과 사이에는 하나 또는 둘 이상의 사건들이 있어서 사고의 진행 과정을 한 눈에 명확히 파악할 수 있게 된다. 이 중간 사건들은 초기 사건에 대한 시스템의 반응과 운전자의 응답이 될 수도 있고 동시에 그것의 결과 이기도 하다. 같은 초기 사건이라도 반응과 응답에 따라 다른 결과를 낳기도 하고, 비록 같은 결과에 이르렀을지라도 그 사고의 정도에 있어서는 서로가 분명히 다르게 나타난다.

시스템의 반응과 운전자의 응답에는 대개 두 가지의 기능이 있다.

첫째는 시스템의 진행에 따라 사고를 증가시키는 역기능 역할을 하는 경우이다.

둘째는 특정한 시스템의 반응과 운전자가 따라야 할 특정한 절차들이 사고의 결과를 감소시키는 순기능 역할을 하는 경우이다.

이와 같이 사고의 결과에 이르게 하는 근본 요인은 무엇일까? 이것은 한마디로 말하여 산업 설비(공장) 시스템내의 물리적, 화학적 작용에 본질적으로 존재하는 위험 요소들(hazard) 때문이다. 여기서 위험 요소란 좋지 않은 결과를 일으키는 사고의 가능성을 갖은 시스템의 특성이라고 말할 수 있다.

부록 I은 화학 공장내에서 일반적으로 나타나는 위험 요소와 그 양태, 가능한 원인

과 예상 결과이며, 부록 Ⅱ는 위험 요소에 의한 사건의 연쇄적인 사고의 결과를 나타
낸 것이다. 이들 부록을 살펴보면 알 수 있듯이 좋지 않은 결과를 낳는 요소나 운전상
의 문제를 일으켜 경제적 손실과 사회적 평가에 나쁜 영향을 미치는 이와 같은 위험
요소는 인간의 직감으로 파악할 수 있는 사항도 있지만 대개는 엄밀한 추적을 통해서
만 알 수 있는 것이 일반적이다.

그러면 평가 방법론에 들어가기 전에 과연 우리가 이러한 평가로부터 기대할 수 있
는 효과가 무엇인지를 명확히 밝히면 다음과 같다.

① 설비의 수명 기간 동안 일어날 수 있는 사고의 감소
② 사고 발생시 사고의 범위와 영향의 최소화
③ 비상시 시스템의 반응과 운전자 응답에 대한 조치 개선
④ 시스템에 대한 보다 정확한 이해와 훈련 효과 증진
⑤ 취급 물질에 대한 체계적인 이해와 일반적인 안전 사항 인식
⑥ 보다 경제적이고 생산적인 운전 방법의 개선
⑦ 운전자와 운영 요원에 대한 보다 안정된 분위기 증진
⑧ 관계법과 기술 기준에 대한 만족
⑨ 공공 사회와의 관계 개선 효과
⑩ 기술 발전에 대한 기여도 증진 등이다.

위와 같은 기대 효과를 가장 효율적으로 획득하기 위해서는 사업 단계마다 고려해야
할 평가 대상을 명확히 밝혀 놓아야 적절한 시기에 적정한 비용으로 평가를 시행할 수
있고, 그 결과도 유용한 것이 될 것이다. 왜냐하면 평가 대상이 단계에 따라 다르므로
평가 내용이나 범위에 큰 차이가 있다. 단계별 평가 사항을 열거하면, 아래와 같다.

(1) 연구 개발 단계

연구 목적 범위내에 포함되는 원료 물질, 중간 제품, 생산 제품, 부산물의 관련 자
료 ;

① 물리적 자료
② 화학적 자료
③ 열적 안정 자료
④ 부식성 자료
⑤ 폭발성 자료
⑥ 독성과 허용 농도 자료
⑦ 다른 물질과 혼합시 예견되는 유해 위험 파악
⑧ 이상 반응, 화재나 폭발 요소, 독성 물질의 생성과 누출을 야기할 수 있는 화
학적, 물리적 상호 작용 파악

①~⑥과 같은 기본적 자료를 바탕으로 하여 ⑦~⑧ 사항을 검토한다.

(2) 개념 설계 단계

시스템의 안전에 대한 이념을 체계화하여 시스템의 안전 운전을 어떠한 안전 수준에 둘 것인가를 설정하는 기준을 세운다.

① 제거할 수 없는 본질적인 위험 요소 파악

② 잠정적 입지(site)에 대한 안전성 비교 검토

③ 안전상의 문제점 확인

④ 시스템의 제약 조건, 위험률, 인간 역할에 대한 안전성 검토

(3) 시험 설비 단계(기본 설계 단계)

연구 개발 단계와 개념 설계 단계에서 파악된 자료에 의거하여 안전 운전에 심각한 재해를 일으킬 수 있는 공장 운전 조건과 절차를 확인한다.

① 화재나 폭발을 일으키는 위험 요소에 의한 사고 경로 파악

② 독성 물질 유출 경로 파악

③ 촉매의 불활성 내용 파악

④ 시스템 안전과 관련된 허용 한계 파악과 안전율 설정

⑤ 운전자의 업무에 내재하는 위험성 파악

⑥ 유해 위험 폐기물 발생을 최소화하는 방법 모색

(4) 상세 설계 단계(실행 단계)

시스템 안전 프로그램(program)을 유효하게 실행하기 위해서는 이제까지 검토한 안전에 대한 사항을 재확인하고, 설계에 넣을 안전 조치와 시방서(specification)에 기재할 안전에 대한 특수 사항을 확인한다. 실제적으로 공장 안전 운전의 기본 이념이 이 단계에서 실행되므로 안전 전반에 걸친 종합적인 검토를 반드시 수행한다.

공정 위험성 평가 단계 중 이 단계에서는 평가원들이 다음과 같은 안전 의식을 갖고 작업에 임함으로써 기업은 물론 지역 사회, 국가 및 국제 사회에 유익한 기여를 한다는 사실을 명심해야 한다.

① 재해 방지는 가능하다.

② 관리자는 작업자의 재해 방지에 대해 책임진다.

③ 재해가 발생할 수 있는 모든 곳에는 방재 장치 설치가 가능하다.

④ 안전 작업은 작업자와 기업 모두에게 이익을 가져오므로 안전에 대하여 책임을 다하기 위한 교육과 훈련에 필요한 안전 절차(safety procedure)의 개발이 가능하다.

⑤ 재해에 의한 손해는 작업자 및 가족, 기업, 사회, 국가 모두에게 크다.

이와 같은 이념에 의거하여 검토할 사항을 나열하면 다음과 같다.

⑥ 각종 표준 규범(standard)을 검토한다.

　추천할 만한 가장 체계적인 표준 규범 ;

　ASME

　API

　ISA

　NFPA-NEC

　IEC-79 PUBRICATION SERIES

⑦ 유사 공장의 안전 설계 지침과 사고 사례집 검토

⑧ 화재나 폭발 사고 발생시의 위험 지역 범위 확인

⑨ 독성 물질 유출시의 위험 범위와 정도 확인

⑩ 계기가 제 기능을 상실했을 경우 이상 반응을 유발하는 위험 요소 확인과 사고로까지 연결될 수 있는 경로 확인

⑪ 위험 요소 발생을 특정 기구나 구역에 국한시킬 수 있는 방안 검토

⑫ 위험 요소 발생 품목 수를 줄일 수 있는 방안 검토

⑬ 운전자의 잘못된 판단을 보완할 수 있는 방안 검토

⑭ 위험 요소 발생을 경감시키는 방법 중 또 다른 위험 요소의 발생 가능성 검토

⑮ 주위 산업 설비로부터 초래될 수 있는 위험 요소 확인

⑯ 가동하지 않고 있는 기구에 내재되어 있는 위험성 확인

⑰ 소방 설비에 사용되는 약품과의 상호 반응에 의한 위험성 검토

(5) 공장의 확장 및 공정 변경 단계

① 물리적 양의 변경에 의한 위험 범위 확대 가능성 검토

② 원료의 조성 변경에 따른 위험성의 증폭 가능성 검토

③ 새로운 위험 요소 발생 확인

(6) 공장 폐쇄 단계

① 폐쇄에 따른 이웃 시설물에 대한 위험성 검토

② 설비내에 남아 있는 물질에 대한 위험성 검토

③ 해체 작업시 화재, 폭발, 유출에 따른 위험성 검토

위와 같은 각 단계별 위험성 평가는 어떠한 공장이 탄생하여 생산 운전을 시작할 때에는 꼭 거쳐야 하는 과정이며, 단계별 사항을 자세히 조사하면 즉시 알 수 있는 것이 상세 설계 단계에서 실시하는 평가가 일반적이면서 안전에 대한 중요한 전환점이 된다는 사실이다. 다시 말해 연구 개발, 개념 설계 그리고 기본 설계 단계에서 얻어지는 안전에 관한 정보는 기본 설계 기술을 보유하고 있는 회사나 연구 기관이 이 기술을 필요로 하는 회사에 판매할 때에 넘겨 주어야 하는 정보에 포함된 것이다. 즉, 허가자

(licensor)의 자료에 있어야 할 사항이다. 그러므로 상세 설계가 거의 완결 단계에 가까이 왔을 때에 시스템 전반에 걸쳐서 위험성 평가를 실시하고, 그 결과로 얻어지는 정보를 시스템 안전 프로그램의 기초로 삼아야 할 것이다.

이러한 평가를 통하여 안전과 경제적 과실에 대하여 얻을 수 있는 유용한 정보 내용에는 다음 사항이 포함된다.

① 사고를 일으키는 위험 요소 파악
② 사고를 일으키는 초기 사건 파악
③ 일련의 사건과 사고의 전파 경로 추적과 결과 파악
④ 일련의 사건과 사고의 전파, 위험률 파악과 상대적 위험 순위 결정
⑤ 사고에 이르는 일련의 사건 순서 파악
⑥ 사고 발생률 감소 방안 강구
⑦ 사고 발생 확률 확인
⑧ 위험률 수준을 줄이기 위한 방법 제안
⑨ 허용 가능한 수준의 위험률을 얻기 위한 투자 내용 확인 등이다.

이들 정보에 의거하여 취할 수 있는 조치 사항은 다음과 같다.

① 물리적 설계 변경
② 제어 시스템의 변화
③ 운전 방법의 변화
④ 온도, 압력 등의 공정 변수의 변화
⑤ 공정상 원료 물질의 변경
⑥ 안전 항목의 수치 변경

넓은 범위에서 가능한 대응 반안을 고려할 때 위의 물리적 설계 변경, 제어 시스템의 변화와 운전 방법의 변화만으로 모든 위험성에 대처할 수 있다고는 기대할 수 없고, 때로는 가능한 조치 사항 중 선택을 해야 할 경우가 있는데, 이를 분류하면 세 가지 유형이 있다.

① 위험을 완전히 제거 하는 조치
② 파급되는 영향을 제거하거나 줄이는 조치
③ 위험률을 용인할 수 있는 수준까지 완화시켜 주는 조치

위험을 완전히 제거해 버리는 것이 가장 효과적이며, 설계 단계에서 고려하게 되면 큰 비용 부담 없이도 시행할 수 있다. 그러나 위험을 제거할 방법이 없는 경우에는 사고의 가능성을 줄이거나 파급 영향을 줄여 적어도 사고가 발생하더라도 인명과 공장 자산을 보존하기 위한 최선의 조치를 취할 수 있는 방법을 찾는다.

위의 내용을 이해하기 쉽게 하기 위하여 화학 공장의 반응기(reactor)를 예로 든다.

이 반응기는 원료 중 어느 한 종류를 통해서라도 불순물이 유입되면 기체가 발생하고 그 결과로 압력이 증가하게 된다. 이 때의 위험 상황에 위의 대응 조치 중 적절한 대응 방안을 적용하면 위험을 제거하거나 완화시킬 수 있다.

- 방안 1 : 문제의 원료 물질을 다른 물질로 대체하여 불순물 유입을 막음으로써 기체 발생 자체를 막는다.
- 방안 2 : 공정 변수들 중 하나 또는 둘을 변경하거나 운전 방법을 변경하여 기체 발생을 제거한다.
- 방안 3 : 반응기와 반응기에 연결된 시설을 보호하기 위하여 감압 밸브(pressure relief valve) 등을 설치하여 시스템을 보호한다.

이 대응 방안 중 원료 대체 방법은 언제나 가능한 것은 아니며, 운전 방법이나 공정 변수를 변경하는 방법은 시스템의 기구 설계, 측정 계기의 정확도와 제어 계통의 신뢰도에 의지해야 하므로 조심스럽게 고려해야 하며, 이중으로 확인할 수 있는 계기들과 운전자의 운전 절차 등에는 세심한 주의가 요구되고, 들어가는 비용도 감안하여야 한다. 감압 밸브 설치는 쉬운 방법 같지만 기체가 밖으로 새어 나왔을 때 파생되는 새로운 위험을 생각하여 그에 대한 대응 방안도 필히 검토하여 대책을 강구하고, 위험성 파급에 의한 영향을 줄일 수 있는 조치까지 포함되어야 한다.

어떠한 이론에도 단점이 있는 것과 같이 이 위험성 평가에도 각 단계마다 세밀한 절차에 따라 일을 수행할지라도 사전에 고려해야 할 다음과 같은 사항이 있으며, 늘 이를 염두에 두고 주의 깊게 지켜보아야 한다.

- 주의 1 : 아무리 유능한 기술자가 위험성을 평가한다고 하여도 유해한 위험성과 잠재한 사고 및 사고 원인과 결과 등을 모두 알고 있다고는 할 수 없다.
- 주의 2 : 대부분의 경우 위험성 평가로써 얻어지는 이익을 직접 계산으로 확인하거나 객관적으로 증명할 방법이 없다.
- 주의 3 : 위험성 평가는 제조 공정과 운전에 대한 기존 지식을 바탕으로 수행되므로 평가 요원들이 시스템내에서 이루어지는 물리적, 화학적 반응을 모르거나, 관련 도면이나 운전 절차 등에 대한 정확한 지식이 없거나, 공정 지식에 미숙하다면, 평가로써 얻을 수 있는 부가 가치는 없을 것이고, 공장 운영에도 도움이 되지 않을 수 있다.

따라서 유능한 평가 요원과 정확한 정보 및 자료의 사전 구득이 절대적 가치를 갖는다. 그렇다면 다소라도 이를 보완하기 위하여 어떠한 사람이 평가 요원이 되고, 어떠한 자료가 요구되는지 필요한 평가 요원과 자료에 대한 표준 사항을 기술하면, 다음과 같다.

평가 요원 수는 공정 규모에 따라 다르지만 4~6 명으로, 7 명을 넘지 않는다.

- 공정 기술자(process engineer)
- 기계 기술자(mechanical engineer)
- 배관 기술자(piping engineer) } 중 1인
- 전기 기술자(electrical engineer)
- 계장 기술자(instrument engineer) } 중 1인
- 안전 기술자(safety engineer)
- 운전 기술자(operation engineer)
- 생산 관리 기술자(production engineer) } 중 1인

팀장(team leader)은 안전 기술자나 공정 기술자가 맡으며, 팀장의 중요한 역할은 팀이 그들의 주된 목적, 즉 문제를 규명하는 것이지 반드시 그것을 해결해야만 하는 것이 아니라는 목적에 초점을 맞추도록 조정하는 일이다. 흔히 기술자는 새로운 문제를 발견하게 되면 설계나 문제 해결부터 서두르는 경향이 있으므로 분명하고 간단한 해결책이 아니면 위험 요소 규명에 치중하도록 한다.

또한 팀장은 회의의 병폐인 다음 사항을 잘 조절해야 한다.

- 구성원과 경쟁하지 말 것
- 구성원의 말을 경청할 것
- 회의중에 특정 요원이 수세에 몰리지 않도록 할 것
- 능률을 높이기 위하여 필요할 때 적당한 휴식을 갖도록 할 것

2. 위험성 평가를 위한 예비 작업

팀이 구성되면 즉시 예비 조사를 시행해야 한다. 그 조사량은 공장의 규모와 복잡성에 따라 다르다. 비교적 간단한 규모일 때에는 팀장이 시행하나 복잡하고 규모가 큰 공장은 각 요원이 자기 분야를 조사하고 팀장이 종합하는 방법을 취한다. 대부분 예비 작업은 자료 획득 작업, 수집한 자료를 평가 목적에 맞도록 적당한 순서로 표준 양식에 기재하고 절차를 수립하는 작업과 회의 일정을 작성하는 작업 등이다.

(1) 자료 획득

자료는 설계 사양서, 운전 매뉴얼 등에서 다음과 같은 자료를 수집한다.

① 원료, 중간 제품, 최종 제품, 부산물의 물리적 자료, 화학적 자료, 독성 자료, 허용 노출 자료, 반응성 자료, 부식성 자료, 인화성 자료, 폭발성 자료, 열적 안전성 자료, 다른 물질(특히 공기나 물)과 혼합시 예견되는 위험성 자료

② 온도, 압력, 유량이 표시된 생산 공정도(P & ID)

③ 공정도(block flow diagram)

④ 기계 설치 배치도(plot plan)

⑤ 전기 배선도(삼선도)

⑥ 공정 제어, 감시 계통 자료

⑦ 압력 장치 설계 자료

⑧ 환기 설비 자료

⑨ 에너지 사용 자료

⑩ 설비 재질 자료

⑪ 부식성 물질 접촉부의 재질 자료

⑫ 안전 관련 자료 등이다

이들 자료가 평가 목적에 적합한지 또는 애매 모호한 점은 없는지를 확인하고 선택하여 적용한다.

(2) 자료를 적정한 형태로 바꾸어 평가 절차를 계획한다

이 단계의 예비 작업은 공정의 유형에 따라 다르다. 연속 공정(continuous process)인 경우 생산 공정도에 의하여 연구 단위(study node)를 정하고, 상류 부문 공정(upstream)에서 하류 부문 공정(downstream)으로 진행하면서 팀장은 연구 단위를 구분한다. 대개 연구 단위는 압력, 온도, 유량 등 공정 변수가 변한 후 어떠한 정해진 값을 갖은 지점으로 설비 기기 전후의 파이프 부분에서 구분하는 것을 관행으로 하고 있으며, 연구 단위가 많고 복잡할 경우에는 둘 이상의 평가팀을 만들어 분담할 수 있다. 불연속 공정(batch system)에서는 사람이 운전을 담당하고 있기 때문에 기계와 사람의 관계도 예비 조사에서 확인하여야 평가 작업시 혼란을 피할 수 있다.

위와 같이 연구 단위가 정해지면 팀장은 평가 순서를 정하고, 단위마다 평가 계획을 수립한다. 필요하다면 팀장은 시스템에 대한 전반적인 브리핑(briefing)을 실시한다.

(3) 회의 일정을 정한다

자료를 모아서 연구 단위로 구분하여 놓은 후에 팀장은 회의 개최에 대한 시간표를 작성한다. 이 때 먼저 결정해야 할 사항은 평가에 소요되는 시간을 추정하는 일로 관행상 연구 단위내로 들어오는 부분과 나가는 부분에 각각 15분씩 할애하고 동력이 작동하는 곳에도 15분을 할당한다.

일반적으로 회의 시간은 3시간으로 하며, 하루에 오전, 오후 각각 1회씩 6시간 정도가 적당하다. 요원들에게 자기 정리 시간을 갖게 하여 회의시 요원들의 집중도를 높이도록 한다. 물론 위의 사항은 대략적인 개념을 제시하기 위한 것으로 특정 사항의 평가 시간은 각 특성을 살려 계획한다.

(4) 팀 요원의 회의

시간표 계획에 따라 연구 단위마다 본래의 설계 사항에서 공정 변수의 이탈 현상이

있는지, 그 결과 어떠한 상황이 전개되는지 등 연구 단위내에 포함된 위험 요소와 운전의 문제점을 추출하고 이에 따라 팀장은 요원 전원이 이들 사항을 이해하도록 유도한다. 하나의 연구 단위에 대한 진행 현황을 도식하면 그림 2와 같다.

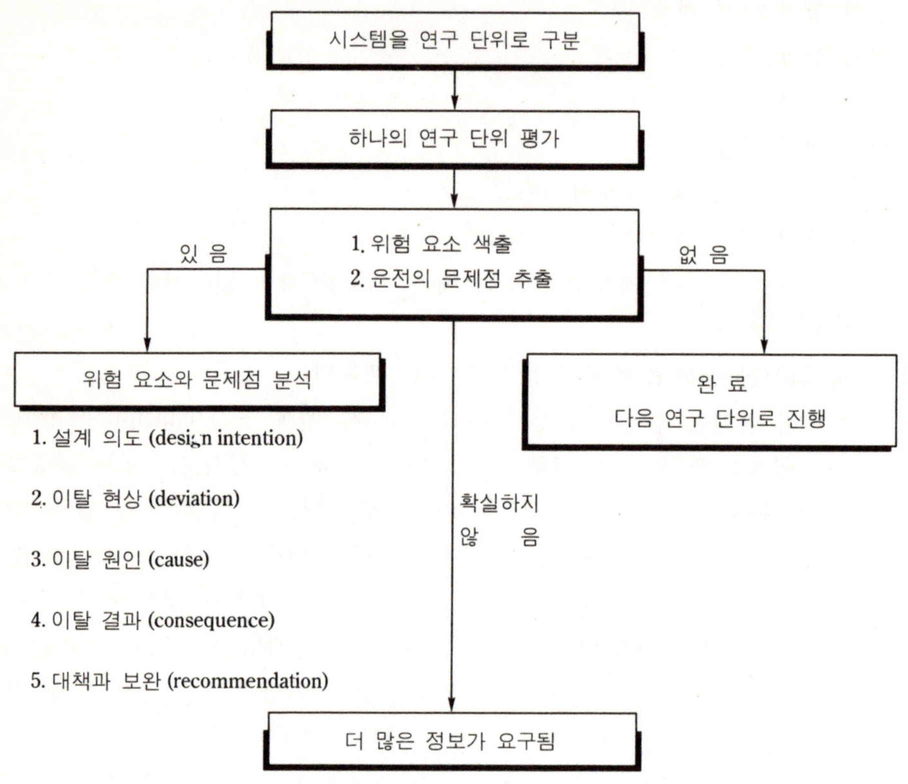

[그림 I-2] 연구 단위 평가 흐름도(flow diagram)

팀이 회의를 진행하는 도중에 간단히 찾을 수 있는 해결책이 있다면 즉시 설계나 운전 절차가 수정될 수도 있으나, 그 해결책이 다른 연구 단위에 영향을 줄 우려가 있거나 복잡하고 시간이 걸린다면 평가 목적에 맞추어 별도로 조치한다.

(5) 회의 내용 기록

기록 과정은 평가 목적에 비추어 볼 때 매우 중요한 작업이다. 언급된 내용이 빠짐없이 기록된다는 것은 불가능한 일이지만, 회의 내용이 기록, 유지되어야 한다는 사실 또한 매우 중요하다. 따라서 회의 내용을 녹음하는 것도 하나의 방법이 될 수 있다. 그리고 최종 보고서를 팀 요원이 살펴보고 필요하다면 보고서 검토 회의를 갖는 것도 유용하다. 그리고 다른 연구 단위를 평가하는 데 필요하거나 새로운 사실이 발견되었을 때에는 평가의 미세한 부분까지도 다시 기록을 검토하는 일이 평가를 성공으로 이끄는 일이다.

(6) 예 제

평가 절차 파악시 도움이 되도록 원심 펌프(centrifugal pump)에 대한 평가 예제를 기술한다.

① 펌프 몸체(casing)의 설계 압력은 적절하고 초과될 위험은 없는가. 펌프 압력은 최대 유입 압력과 배출 밸브가 잠겼을 때의 압력을 합한 압력(pump shut off Δp)이다. 펌프 곡선을 이용하여 검산하여야 하지만 곡선을 이용할 수 없을 때에는 모터 운전시(motor drive) 운전 압력의 120%를 선택하고 터빈 운전시(turbine drive)에는 132%를 선택한다

② 운전 유체의 비중이 설계 자료와 비교하여 크지 않는가. 기동시의 비중과 교란 상태(upset)의 비중도 고려한다.

③ 배출 부위의 파이프와 이에 연결되는 압력 기기의 설계 압력은 적절한가. 배출부가 막혀서 유입 압력이 증가될 경우에는 최대 유입 압력과 배출 밸브가 잠겼을 때의 압력을 합한 수치를 기준 압력으로 선택한다. 배출부가 막혀도 유입 압력이 증가되지 않는 경우에는 정상 유입 압력과 펌프 최대 작용 압력을 합한 압력과, 최대 유입 압력과 펌프 최대 작용 압력을 합한 압력을 비교하여 더 큰 압력을 선택한다.

④ 역류는 방지되고 있는가. 배출부의 역지 밸브(check valve)는 적절한가. 배출 압력이 70 kg/cm²g 이상일 때에는 2 중 역지 밸브의 채용을 고려한다.

⑤ 최소 흐름(minimum flow)은 보장되고 있는가. 펌프 작용 압력에서 재순환 파이프는 20% 유량을 보장하여야 한다.

⑥ 유입 시스템의 압력이 펌프 운전에 충분한가. 펌프 입구에서의 압력(NPSH)이 정상적인 흐름을 보장할 수 있을 만큼 충분한가. 기동시에는 어떠한가. 유입 시스템이 막힐 위험은 없는가.

⑦ 누출 가능성은 있는가. 펌프 실(seal)의 파손 가능성은 어떠한가. 밸브 플랜지 실(flange seal)의 파손 가능성은 어떠한가.

⑧ 펌프가 정지하지 않고 계속 운전될 가능성은 있는가. 펌프 구동 시스템에 잠재된 사고에 의하여 펌프가 정지하지 않을 위험 요소는 없는가.

⑨ 펌프 임펠러(impeller)의 용량은 적절한가.

⑩ 펌프가 과속 운전 또는 저속 운전을 계속할 가능성이 있는가.

⑪ 유동 액체의 점도(viscosity)가 설계치와 비교하여 높지 않은가.

⑫ 화재에 대한 대책은 있는가. 분리 밸브(isolating valve)를 설치할 필요성이 있는가. 원격 조정 밸브(remote operating valve)를 설치할 필요성이 있는가.

⑬ 윤활유 손실에 대한 안전 장치는 있는가.

⑭ 펌프에 공동화(cavitation) 현상이 일어날 가능성이 있는가.

⑮ 펌프의 구동 기구(driver)에 대한 사고 대책은 세워져 있는가.

위와 같은 평가에 따라서 사건과 사고가 예견된다면 그 결과는 어떠한 형태를 갖게 되는가를 고찰한다. 화학 공장에서 일어나는 중요한 사고는 화재, 폭발, 독성 물질의 유출이 있으며, 사고 빈도는 화재 사고가 많고, 위험 수준은 폭발 사고가 높으며, 단 시간내의 피해는 독성 물질의 유출이 가장 강하다.

(7) 평가에 의해 예견되는 사고의 일반적인 결과

① 인명의 상해

독성 물질에의 노출, 높은 표면 온도와의 접촉, 높은 압력에의 노출

② 재산의 피해(설비의 파괴)

③ 환경에 미치는 나쁜 영향

④ 독성이 있는 가스나 액체 및 고체의 유출

⑤ 인화성 가스나 액체 및 고체의 유출과 화재

⑥ 폭발

노출된 가스에 의한 폭발, 폐쇄된 설비내에서의 폭발, 분진 폭발, 끓는 액체의 팽창 폭발

⑦ 수소 생성

(8) 대 책

평가 후에는 예측되는 사고에 대한 보완 대책을 찾는다. 이는 물론 평가와 별도로 시행되며, 보완 조치에는 발견된 위험 요소를 제거하거나 억제하기 위한 설계 변경이나 운전 방법 변경 등이 포함된다. 일반적인 대책을 기술하면, 아래와 같다.

① 안전 장치에 추가할 사항에 대한 검토

② 안전 장치에 근본적인 미비점이 있는지 확인

③ 시스템에 설치된 안전 장치와 기본적으로 다른 안전 장치 검토

④ 설계 변경 가능성 확인

⑤ 시스템과 장치의 운전 절차를 변경할 가능성 확인

⑥ 시스템의 신뢰성 향상을 위한 전체적인 조화 모색

⑦ 안전에 영향을 주는 장치의 용량 증가 검토

이상에서 위험성 평가시에 고려할 일반적 사항에 대한 개념을 정리하였다.

3. 방폭 안전을 위한 위험성 평가

이제까지 설명한 위험성 평가가 방폭 안전과 관련하여 어떻게 적용되는지를 파악하

기 위하여 인화성 액체 물질의 저장, 제조, 수송 시설에 대한 위험성 평가 절차를 위의 순서에 따라 기술한다.

먼저, 방폭 안전과 관련된 '안전'이란 개념을 확실히 하여 보자.

방폭 기준에서 안전이란 허용 한도를 초과하지 않는다고 판단되는 위험성이라고 정의할 수 있는 반면에 위험이란 허용 한도를 초과한다고 판단하는 사람이 믿는 유해성이다. 따라서 안전 기준에는 어느 정도 작위적인 사항이 포함되어 있고, 명확한 이론에 따르기 보다는 과거의 경험과 실험치에 의하여 경험적으로 정해진 사항이다. 그러므로 나라나 단체에 따라 그 기준이 다른 것은 당연하나 최근에는 국제 전기 기술 위원회(IEC)에서 제정한 기술 기준이 국제적으로 통용되며 우리 나라도 대부분 이 기준을 따르고 있음으로, 여기서도 이를 기본으로 하고 필요할 경우 미국의 기준을 참조하여 설명한다.

앞서의 위험성 평가에서도 말한 바와 같이 방폭에 관한 위험성 평가 목적은 제조 과정에서 발생되는 유해한 위험 요소와 운전상 문제점을 사전에 발견하여 그에 대한 적절한 예방 대책을 수립하는 데 있다.

평가 작업은 사안에 따라 다르지만 여러 분야의 지식이 요구되기 때문에 어느 한 개인이 전담하기는 어려우므로 각 분야의 전문가들이 팀을 이루어 단계적으로 모든 중요한 설비를 망라하여 점검한다. 일반적인 예로 기계 고장의 대부분이 사용 현장의 요구와는 다른 성능을 갖게 설계되었거나 설계시 예상하지 못한 환경에서의 사용으로 일어날 수 있다는 경험에 미루어 볼 때 평가 작업의 시행 정당성은 명백하다. 즉, 방폭 안전에 대한 각종 기술 기준이나 법령에 명시된 사항은 불가피하게 그것 자체로서는 한계가 있고, 특정 설비의 세부적인 문제나 운전 자료와 측정 결과에 따른 결정 사항을 명시할 수 없기 때문이다.

평가팀 구성은 아래와 같다.

① 공정 기술자

② 운전 기술자

③ 안전 기술자

④ 전기 기술자

⑤ 팀장은 전기 기술자나 안전 기술자가 된다.

이들 팀 구성원들은 자기 분야의 전문 지식뿐만 아니라, 이 평가 작업에서 취급하는 물질에 대한 지식도 같이 갖추어야 하고, 또한 그 물질을 처리하는 설비의 설계와 운전상의 제반 사항을 공부하고 경험한 사람이어야 한다. 팀 구성원들 모두가 평가하고자 하는 설비에 자신의 지식과 실무 경험을 바탕으로 조사 보고서를 팀장에게 제시하면, 팀장은 이들 보고서와 주어진 과제를 기준으로 조사 범위와 계획을 세운다.

평가팀이 활용할 자료들에는 다음과 같은 사항이 들어 있다.
① 공장 배치도
② 온도, 압력, 유량이 표시된 공정 도면(P&I diagram)
③ 전기 배선도
④ 전기 기기 배치도
⑤ 원료와 제품에 관한 자료
⑥ 전기 설비 설계 자료
⑦ 안전 장치 설계 자료
⑧ 파이프, 용기, 기계 설비의 설계 자료
⑨ 공정 제어, 측정, 감시 시스템 자료
⑩ 가스 탐지기 배치 자료

검토할 관계 법령과 기술 기준 자료는 다음과 같다.
① 산업 안전 보건법 제23조 가연성 가스에 관한 법
② 소방법 제14조 특수 인화물에 관한 법
③ 가스 누출 감지 경보기 설치에 관한 기술상의 지침(노동부 고시 제93-18호)
④ 방폭 전기 기기 설치에 관한 기준(노동부 고시 제93-19호)
⑤ 변전실 양압 유지에 관한 기준(노동부 고시 제93-20호)
⑥ 피뢰침에 관한 기준(노동부 고시 제93-21호)
⑦ 정전기에 관한 기준(노동부 고시 제93-22호)
⑧ 감전 재해에 관한 기준(노동부 고시 제93-23호)
⑨ 전기 설비 기술 기준령 중 접지에 관한 기준
⑩ 방폭 구조 전기 기기 성능 규정(노동부 고시 제92-23호) 등이다.

방폭 안전의 목적은 폭발성 혼합물의 생성과 확산을 방지, 제한하는 조치를 포함하고 있을 뿐만 아니라, 점화원이 되는 물체를 제거하거나 격리, 억제하는 방법까지도 포함하는 넓은 의미를 담고 있다. 이에 더하여 비록 폭발이 있더라도 어떠한 용기내에 한정하여 그 규모가 위험하지 않도록 제한하는 방법도 방폭 안전으로 취급하고 있다. 이를 위하여 팀이 확인해야 할 사항은 아래와 같다.
① 어떠한 장치와 어느 곳에서 폭발 분위기가 형성되는가
② 폭발 분위기는 어느 지점까지 확산되는가
③ 발생 가능한 점화원에는 어떠한 장치가 있는가
④ 점화원을 제거할 수 있는가
⑤ 점화원의 점화를 억제할 수 있는가
⑥ 폭발을 위험 수준 이하로 제한할 방법이 있는가

이들 사항을 공정 구역의 각 구간에 적용하면서 다음 사항을 검토한다.

① 본래의 설계 의도는 어떠한 것인가

② 설계 상황에서 이탈(deviation) 현상이 일어날 가능성이 있는가

③ 이탈의 원인에는 어떠한 것이 있는가

④ 이탈의 결과로 어떠한 상황이 예상되는가

⑤ 결과로 일어날 현상을 제거하거나 보완할 수 있는 대책은 있는가

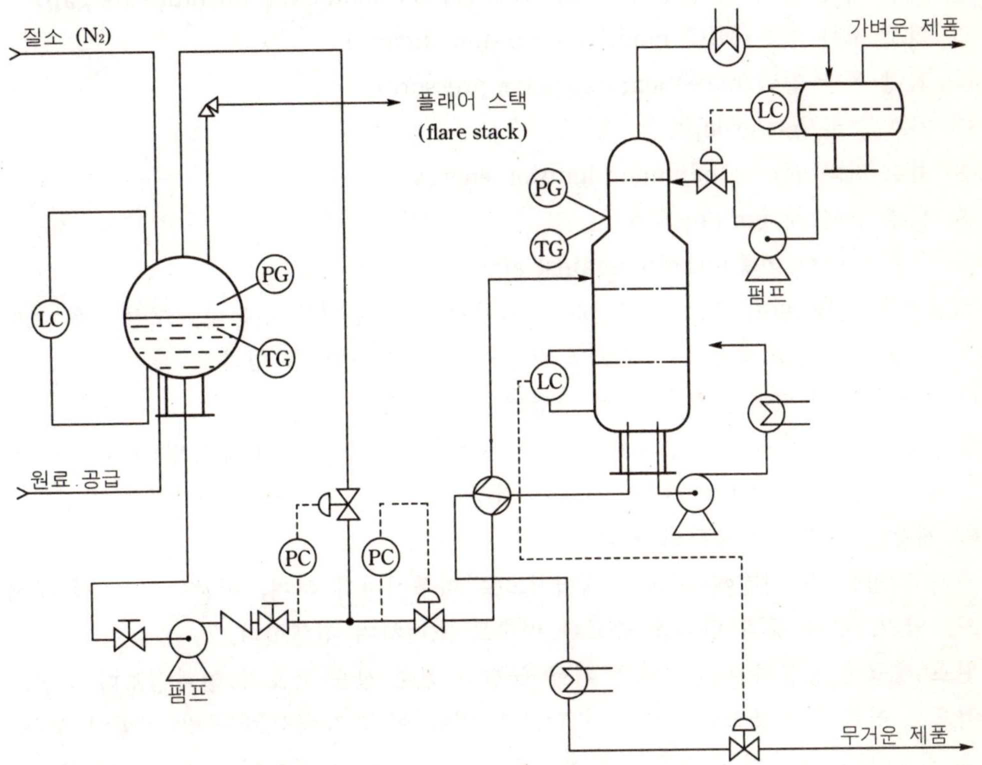

· LC : 수위 조절 (level control)
· PC : 압력 조절 (pressure control)
· PG : 압력 계기 (pressure guage)
· TG : 온도 계기 (temperature guage)

[그림 Ⅰ-3] 액체 물질 흐름도(flow diagram)

이해를 돕기 위하여 그림 3을 보면서 도면의 시스템을 절차에 따라 검토한다. 먼저 제품의 안전에 관한 특성을 검토한다. 이 때 공정에 공급되는 원료와 비중이 가벼운 제품 및 비중이 무거운 제품에 대하여 다음과 같은 제품의 특성을 점검하여 분석의 기

초 자료로 활용한다.
① 인화점(flash point)
② 발화 온도(ignition temperature)
③ 폭발 범위
폭발 하한 값(LEL : lower explosive limit)
폭발 상한 값(UEL : upper explosive limit)
④ 화염 확산 방지 최대 안전 틈새(MESG : maximum experimental safe gap)
⑤ 최소 점화 전류(MIC : minimum ignition current)
⑥ 최대 폭발 압력(maximum explosive pressure)
⑦ 가스 분류(gas group)
⑧ 최소 점화 에너지(minimum ignition energy)
⑨ 설계 압력(design pressure)
⑩ 공기에 대한 비중(density against air)

다음으로 폭발 위험 요소를 확인하기 위하여 평가 단위를 만든다. 그림 3을 보면서 평가 대상인 단위를 설정하면 특성상 다음과 같이 분류할 수 있다.
① 원료가 공급되어 원료 탱크에 저장되는 시스템
② 탱크에서부터 펌프와 열교환기(heat exchanger)를 거쳐서 증류탑(tower)과 분리기(응축조 ; condenser)에서 제품이 저장 탱크까지 가공되어 옮겨지는 과정
③ 제품이 저장되고 출하되는 과정

평가 작업은 각 과정에 대하여 개별적으로 다루어져야 하며, 이 때 각 과정 중에서 온도, 압력, 유량 등의 변화를 중요한 변수로 고려하며 진행한다.

원료 탱크에 공급하여 충진되는 위험 물질의 최대 상승 온도가 인화점보다 낮고, 인위적으로 인화점 이상으로 가열되지 않으면 일단 이 과정에서는 폭발 위험이 없는 것으로 간주한다. 여기서 충진물의 인화점은 38℃(100°F) 이상이어야 한다. 인화점이 최대 상승 온도보다 충분히 높아서 안전하다고 할 수 있는 온도 간격은 할로겐화(halogenized)하지 않은 순수 물질에서는 온도 간격 5°K이며, 할로겐화한 물질을 포함한 경우에는 온도 간격 15°K 이상을 각각 유지하는 것을 기준으로 삼고 있다.

운반되는 위험 물질의 인화점이 38℃보다 높고 물질의 최대 상승 온도와의 온도 간격이 5°K보다 크더라도 어떠한 원인으로 물질이 가열되어 인화점을 넘을 가능성이 있으면 위험 분위기가 형성되어 폭발 위험이 있는 것으로 간주한다.

저장 탱크에 저장되어 있는 액체 물질은 태양열 등에 의하여 상승할 경우가 있으므로 유의한다. 용기내의 액체 표면 위의 공기와 혼합된 혼합 증기의 폭발 위험에서는 액체 표면의 온도가 매우 중요한 역할을 수행한다. 탱크 내부의 액체 표면의 온도 상

승은 거의 60% 정도 이상이 태양열에 의하여 일어난다는 사실을 고려할 때 탱크 표면 색은 중요한 요인으로 작용한다. 가능한 흰색을 선택하고 검정색은 피한다. 주위 온도가 인화점 이하이더라도 용기내의 액체 표면의 온도가 인화점 이상으로 상승할 경우가 있을 때에는 공기와 증기가 혼합된 표면 위의 공간은 폭발 위험이 있다고 간주한다.

액체 물질이 공정에 투입되면 가열되어 증류탑에 들어가 분리될 때에 온도 변화, 압력 변화 등에 따라 폭발 위험이 있을 경우 정상 운전중에 위험이 있는지, 비정상적인 운전중에 위험이 발생하는지를 확인한다. 또한, 어느 장치에서 위험이 발생하는지를 다음과 같은 조건 아래에서 확인한다.

① 유량이 너무 적을 경우
② 유량이 너무 많을 경우
③ 가열되어 증류탑에 들어갈 때
④ 재가열(reboiling)되어 증류탑에 들어갈 때
⑤ 가벼운 제품이 분리되어 저장 탱크로 이송될 때
⑥ 무거운 제품이 분리되어 저장 탱크로 이송될 때
⑦ 유량을 조정하는 경우
⑧ 압력을 조정하는 경우
⑨ 온도를 조정하는 경우

위와 같은 검토는 인화점이 38℃를 넘는 경우에 공정상 또는 저장시에 온도 변화, 유량 변화, 압력 변화 등에 의한 위험성 발생 여부를 검토한 경우며, 원료 물질과 제품의 인화점이 38℃보다 낮은 경우에는 전 시스템이 자체내에 폭발 위험을 갖고 있다고 판단하여 대책을 수립한다.

위험이 존재할 때에는 그 위험 수위가 어느 정도인지를 검토한다. 정상 운전 상태에서는 물질이 닫힌 용기내와 파이프내에 저장되거나 유동하기 때문에 펌프의 글랜드 실(gland seal) 외에서는 누출 물질이 없다고 간주한다. 그리고 실에서 누출되는 누출량도 펌프가 정상적으로 정비되었을 때에는 대기중에서 희석되어 폭발 위험 하한치를 넘지 않는다. 다만 누출 물질이 공기보다 무거울 경우에는 지면보다 낮은 웅덩이에 모이고 이 때는 하한치를 넘게 되므로 폭발 위험이 항시 그 웅덩이에 존재한다고 보고 대책을 세운다.

파이프나 용기가 플랜지 없이 용접으로 연결되는 공정 장치는 정상적인 운전 상태에서나 비정상적인 상태에서도 위험성이 발생하지 않는다고 간주한다. 따라서 그림 3의 시스템에서는 다음과 같은 비정상적인 상태에서만 폭발 위험이 있다고 확인되었다.

① 펌프 실에서 과다 누출이 있을 때
② 공정내 장치의 플랜지 개스킷(gasket)이 파괴되었을 때

③ 용기내 액체 표면 위의 증기가 공기와 혼합되어 폭발 한계에 이르렀을 때

④ 정비 작업시

저장 탱크의 압력이 비정상적으로 높아져 한계치 이상으로 상승할 때에는 안전 밸브(safety valve)가 작동하여 증기를 플레어 스택(flare stack)으로 보내도록 설계상 안전 조치가 취해져 있고, 원료 공급 펌프 배출 압력이 높아져 펌프의 흐름이 최소 유량 한계치 이하로 내려가면 되돌림 밸브(return valve)가 작동하며 비상시 항상 열리도록 되어 있어서 페일 세이프(fail safe) 사고시에 기기가 안전한 방향으로 작동하게 하는 원리로 설계되어 시스템이 안전하게 보존된다는 점을 고려하여 대책을 강구한다.

폭발 위험이 있는 것으로 확인되었으면 1차적으로 위험 제거 가능성에 대해 검토한다. 여기에서 평가팀은 고정 관념이나 선입관 없이 일을 진행하여야 한다.

① 폭발 위험을 야기하는 인화성 액체 물질을 예상되는 최고 상승 온도보다 높은 인화점을 갖는 액체로 대체 가능한가

② 질소(N_2)나 이산화탄소(CO_2) 등 불활성 가스 주입으로 장치 내부의 폭발 위험 제거가 가능한가

③ 시스템내의 온도, 압력 등의 공정 변수를 조정하여 혼합 가스 농도를 하한치 이하로 유지할 수 있는가

④ 환기 장치를 이용하여 폭발 가스의 제거나 하한치 이하로의 유지가 가능한가

⑤ 누출 가스가 공기보다 무거울 때에는 주위에 지면보다 낮은 웅덩이를 없애서 가스가 모여 폭발 하한치를 넘을 가능성을 제거하거나 아니면 누출 가스를 한 곳에 모아서 특별한 대책을 세운다.

안전 측면에서 생산 기술을 잘 활용하면 생산 공정을 약간 변경함으로써, 즉 비등점이 낮은 액체를 비등점이 높은, 다시 말해 인화점이 높은 액체로 대체하여 폭발 위험을 줄일 수 있는 경우가 흔히 있다. 특히, 용제를 이용하는 공정에서는 인화점이 높은 용제를 사용할 수 있도록 생산 시설을 바꾸어 위험을 제거할 수 있다.

공기와의 혼합 가스 중 산소 농도가 10% 이하가 되면 대부분의 가스에 의한 폭발 위험은 방지할 수 있으므로 불활성 가스의 주입은 매력적인 방법이다. 그러나 용기내에 불활성 가스를 채울 때에는 어떠한 방법이든 기후 조건, 즉 우천시의 냉각 효과 등에 의하여 공기가 세어 들어가서 혼합 가스가 폭발 위험 범위에 이르지 않도록 주의한다. 뿐만 아니라 가스 주입량은 탱크로부터의 불활성 물질의 유출량에 따라 조정되므로 불활성 가스는 충분한 양이 준비되어야 하고, 가스 주입 장치는 제품 유량 측정에 따라 주입되는 제어 기술이 필요하다.

온도 제한 방식에 의하여 폭발 위험을 방지하기 위해서는 온도 간격이 $5°K$ 이상이어야 안전하다고 확신할 수 있다. 만일, 온도 간격이 $5°K$ 이하가 되는 경우에 부가적

인 안전 장치로 불활성 가스를 주입할 수 있는 비상 조치까지 고려한다.

환기 장치로 농도를 희석시켜 폭발 하한치 이하로 유지하는 방법에 있어서는 환기 장치 고장에 의한 부가적인 안전 조치로 여분의 환기 장치를 설치하는 등 비상시의 대책까지 고려한다.

위험 가스가 모일 수 있는 지면보다 낮은 웅덩이에서는 점화원을 완전히 봉쇄하거나 제거하여 격리시킨다.

또한 이와 같은 새로운 조치나 공정 변수 변경 등이 또 다른 위험을 발생시키지 않는지 세심한 배려가 필요하다.

위와 같은 1차적 대책으로 폭발 위험의 제거가 어렵다고 판단되면 공정내 설비를 부문별로 구분하여 폭발 예방이 가능할 부문 또는 폭발을 완화할 수 있는 부문 등 위험을 국부적으로 한정시키는 2차 대책을 세운다.

① 용기나 파이프내에 항상 액체를 채워서 폭발 분위기가 형성될 수 있는 공간이 생기지 않도록 하거나 폭발 상한치를 넘어 폭발 분위기가 생성되지 않도록 한다.

② 항상 액체로 채워 놓을 수 없어서 폭발 가능성이 있는 용기나 파이프는 그 폭발에 견딜 수 있도록 설계 제작한다.

③ 내부에서 일어나는 폭발에 견딜 수 없는 용기나 파이프는 자체내의 폭발을 방지할 수 있는 조치는 물론, 다른 부분에서 일어난 폭발의 영향이 미치지 않도록 화염 방지기(flame arrester)를 사이에 설치한다.

④ 위험 구역을 최소화할 수 있는 가능성을 검토한다.

⑤ 점화원을 봉쇄하거나 전기 기기를 방폭 설비로 한다.

공정상 특별한 문제를 일으키지 않는다면 조정 장치를 이용하여 용기나 파이프에 항상 액체를 채워 놓을 수 있다. 하지만 점검이나 보수 작업시에는 전원을 차단하는 등으로 점화원을 격리시킨다. 또한, 공정 구간구간을 차단판(isolated plate)을 끼워 한 구간에서 다른 구간으로 위험 분위기가 확산되는 것을 차단한다.

내부에서 발생한 폭발에 견디도록 제작되어야 하는 기구들은 정격 압력을 기준으로 설계하고 제작해서는 안 되고, 폭발 압력을 계산하여 충분히 여유를 두고 제작하여야 하며, 수압 시험 등으로 사전에 완전한 대책을 세워 놓는다. 면적이 넓은 용기나 길이가 긴 파이프 라인 등에서는 압력의 충첩 현상으로 폭굉(detonation)이 일어나기도 하므로 설계 내용을 잘 검토하여 예방하는 일이 매우 중요하다. 실제로 정유나 화학 공장에서는 설계 압력에 폭발 압력을 기준으로 하지 않고 운전 정격 압력을 기준으로 하는 일이 작은 용기나 파이프 라인 제조에서 때때로 일어난다. 이러한 설비는 폭발에 견딜 수 없으므로 다른 기구에 연결되는 곳에 화염 방지기를 설치하여 압력을 완화하고 화재 확산을 방지한다. 화염 방지기는 장소와 설비의 특성에 따라 다르지만 사용 목적에 따라 다음과 같은 종류로 분류된다.

① 폭발 방지용(explosion arrester)

② 화재 방지용(endurance burning arrester)

③ 폭굉 방지용(detonation arrester)

폭발 방지용에는 설치 장소에 따라 다음과 같은 장치가 있다.

① 파이프 라인 끝에 설치하는 기기(end-of-line explosion arrester)

② 용기 외부로의 화재 확산 방지 기기(explosion arresting volume device)

③ 파이프 라인 중간에 설치하는 기기(explosion arresting pipe device)

어떠한 설비에 폭발 위험이 존재하는지는 폭발성 혼합 가스가 용기 내부에만 있는지, 밖으로 새어나와 주변에 위험 분위기를 형성하는지 그리고 펌프 실(pump seal)에서와 같이 정상적인 운전 상태에서 가스가 누출되는지, 아니면 안전 밸브와 같이 공정상 이상이 발생하였을 때에만 가스가 새어나오는지 등을 고려한다. 이와 같은 검토에서 위험 분위기가 존재하면 위험 지역으로 구분하여 특별 관리를 실시한다.

방폭 지역 구분시 고려해야 할 사항은

① 공정의 취급량(유량)과 압력

② 혼합 상태의 가스 농도

③ 가스의 공기에 대한 비중

④ 누출 장소의 자연적 또는 인위적인 환기 조건

이와 같은 자료에 의하여 혼합 가스 유출 확산 범위를 확인하고, 그에 따라 방폭 지역을 구분한다.

국제 전기 기술 기준(IEC)에 따른 한국 기준에 의하면 폭발성 가스의 형성과 그에 의한 위험 정도에 따라 0종 장소, 1종 장소, 2종 장소로 구분한다.

① 0종 장소 : 위험 분위기가 항시 또는 장시간 존재하거나 수시로 위험 분위기가 형성될 가능성이 있는 구역

② 1종 장소 : 정상 가동시 때때로 위험 분위기가 형성될 가능성이 있는 구역

③ 2종 장소 : 정상 운전시에는 위험 분위기가 형성되지는 않으나 아주 짧은 동안이나 비정상적인 상태시에는 위험 분위기가 형성될 가능성이 있는 구역

위험 분위기가 형성될 가능성이 있는 구역에서는 폭발이나 화재를 일으킬 점화원에 대한 검토가 이루어져야 한다. 점화원에는 1급 점화원과 2급 점화원이 있다.

① 1급 점화원

　• 뜨겁게 가열된 표면

　• 불꽃

　• 뜨거운 가스

- 기계적 충격
- 기계적 스파크(spark)
- 전기 기기 스파크
- 전기 기기 아크(arc)
- 용접과 절단
- 접지 전류
- 정전기
- 화학 반응 에너지

② 2급 점화원
- 과도 전류
- 낙뢰
- 전자파
- 고주파
- 복사선
- 초음파
- 단열 압축

위와 같은 점화원을 갖고 있는 기기는 점화원을 제거하거나 기기 자체를 위험 구역 밖에 설치하도록 한다. 불가피하게 위험 구역내에 설치하여야 할 경우에는 점화원을 몰딩(moulding) 등으로 무기력하게 하거나, 본질 안전과 같이 점화원을 미소한 크기로 억제하거나 내압 방폭과 같이 용기내의 점화원을 봉쇄한다.

방폭 구역에 따라 다음과 같이 안전 대책을 세운다.

① 2종 장소 : 정상 운전시 점화원이 되는 것을 제거하거나 무력화시킨다.

② 1종 장소 : 정상 운전시나 비정상 상태를 막론하고 점화원을 제거한다.

③ 0종 장소 : 예상되는 모든 점화원을 제거한다.

여기서 정상 운전이라 함은 설계상의 정격 수치 이내에서 작동되는 상태를 말하므로

[표 1-1] 위험 지역에 따른 대책

지역 구분	폭발 위험 시간	점화원에 대한 대책
2종	단기간	정상 가동시 점화원이 되는 기구
1종	가끔	일반적인 오동작에 의하여 점화원이 되는 기구
0종	지속적, 장시간, 자주	드물게 발생하는 이상 상태시에 점화원이 되는 기구

정상 운전시 점화원이 되지 않는 기구는 추가 조치 없이 2종 장소에서 사용가능하다. 펌프 실이나 밸브 실에서 과도하게 가스가 누출되는 현상은 정상 운전 상태가 아닌 비정상적인 상태이고, 모터(motor)나 전기 히터(heater)의 이상 과열이나 과부하 운전은 비정상적인 상태로, 1종 장소에서의 방폭 대책이 꼭 필요한 사항이다. 0종 장소에서 사용되는 기기는 매우 드물게 일어나는 이상 상태나 서로 관계 없이 두 가지 이상의 비정상적인 상태가 동시에 발생하여야 점화원이 되는 기구에도 대책이 필요하다.

　이제까지 이야기한 위험 구역과 그 대책을 표로 표시하면 표 1과 같다.

　사전 조치나 안전 대책을 고려한 위험성 평가 보고서가 안전 수준을 한 차원 이상 향상시켰다는 것은 틀림없는 사실이지만 그럼에도 불구하고 100%의 안전 대책이 수립되었다고는 생각할 수 없다. 아무리 철저하고 엄격한 기준에 맞추어 안전 대책을 수행하였더라도 기술적·경제적으로 위험을 모두 제거할 수는 없으므로 어느 선 이상은 감수할 수 밖에 없다. 기술 기준에서 예상되는 모든 경우를 고려하여 사양(specification)을 기술할 수는 없다. 따라서 기준이나 사양서에 확실히 금지되어 있지 않다고

[표 I-2] 미국 안전 보건법(OSHA)의 석유 화학 공간의 추천 거리(m)

	공정설비 A	공정설비 B	탱크설비 A	탱크설비 B	저장창고	일출하설비 A	일출하설비 B	사무실	보일러실	소화펌프	파일러트공장	가열로	반응기	증류탑	압축실	제어실
위험 공정 설비 A	60								85	60	15					
위험 공정 설비 B	30	15								45	60	15				
위험 탱크 설비 A	30	80								80	80	60				
위험 탱크 설비 B	60	30							60	60	60		30			
제품 저장 창고	45	15	80	30	15					60	60	30				
입출하 설비 A	60	60	45	30	45	15				45	60	60				
입출하 설비 B	45	30	30	15	30	15	—			30	60	30				
공장 내 사무실	60	30	60	30	10	45	30			30	60	30				
보 일 러 실	60	45	60	45	30	60	30	30	—	—	60	30				
반 응 기													8	15		15
증 류 탑			30										15		10	
압 축 기								30	30			30	10			
제 어 실			30										15	15	15	

· A는 인화점이 40℃ 이하인 것이고, B는 그 외의 화학 물질
· 이격 거리는 단위 설비의 경계선과의 거리임
· 사무실은 실험실, 경비실, 식당 등을 포함

해서 그외 모든 사항이 모든 장소에서 항상 허용되는 것이 아니라는 것을 명심하여야 한다.

끝으로 폭발이나 화재시의 대책을 간단히 살펴 보면, 해당 시설은 공장 설치 계획에서부터 안전 개념을 도입하여 건물 등의 배치는 공장의 기능성을 만족시키면서 위험이 많은 시설의 방호 대책과 사고 발생시의 2차 재해 방지 및 공장 외부로의 피해 억제와 재해의 국지화 등에 기여하도록 한다. 그리고 충분한 방재 설비가 갖추어져야 하며, 그 설비내에 소화 설비와 화재 확산을 방지하는 차단 장치를 설치한다. 방재 설비 규모는 장소와 사업장의 특성이나 저장, 가공, 관리, 취급, 운반하는 물질의 위험도와 취급량에 따라 다르다. 이러한 설비는 고정식, 반고정식, 이동식이 있고, 해당 소방서와 연결되는 긴급 경보 장치도 갖추어야 한다.

미국 안전 보건법(OSHA : occupational safety and health act)에 규정된 설비간의 거리 기준 중 일부를 표 2 에 참고로 기재한다.

장소의 제약에 의하여 충분한 거리를 확보할 수 없는 경우에는 설비 사이에 차단벽을 설치하여 한다. 차단벽은 예상되는 최대의 폭발 압력에 견디도록 설계 시공되어야 하고, 이 벽의 설치로 인하여 일어날 수 있는 불이익, 즉 위험성 가스가 구석진 곳에 모일 가능성과 정비 작업을 위한 공간 확보 등을 고려해야 할 것이다.

전기의 위험성과 재해 방지 대책

1 전기 재해

우리는 자주 텔레비전 뉴스나 신문에서 화재 사고의 원인이 전기였다는 사실을 접하게 된다. 현재도 가끔씩이긴 하지만 감전 재해 사고도 일어나고 있다. 감전에 의한 재해는 발생률은 낮지만 위험성과 그 파급 효과가 매우 크다. 전기 사고는 다른 재해 사고와는 달리 고유한 특성 때문에 심각한 잠재적 위험성을 품고 있으며, 그 이유는 아래와 같다.

첫째, 일상적인 상태에서는 잠재된 위험을 감지하기 어렵다. 보거나, 듣거나, 냄새를 맡거나 또는 만져서 확인할 수 있는 사항이 못 된다.

둘째, 사고 수준이 매우 높다. 인사 사고는 사망률이 대단히 높고 대개는 단시간내에 죽음에 이르고 화재나 폭발 사고로 파급된다.

셋째, 저전압에서는 일반인이, 높은 전압에서는 전기 설비 취급자가 재해를 당하고 있는 것도 다른 재해와 다르다.

전기 관련 재해는 크게 전기 재해, 정전기 재해, 낙뢰 재해로 나눌 수 있으며 좀 더 자세히 기록하면, 다음의 표 1과 같다.

전기 재해에 대한 방지 대책은 대물적, 대인적 그리고 시설 관리면에서 기본이 되는 기술 정보로 다음의 4가지 사항에 따라 구분한다.

① 기기의 설계와 제작시 사용 장소의 환경에 적합하고, 안전을 고려한 기기 선택

② 기기의 설치시에 안전을 고려한 시행

③ 기기의 사용시 안전 관계 준수 사항을 지킬 것

④ 예방적인 정비 계획 실천

위와 같은 전기 사고의 방지 대책은 설계시에서부터 시작하고 제작시에는 안전에 신

[표 2-1] 전기에 의한 재해 도표

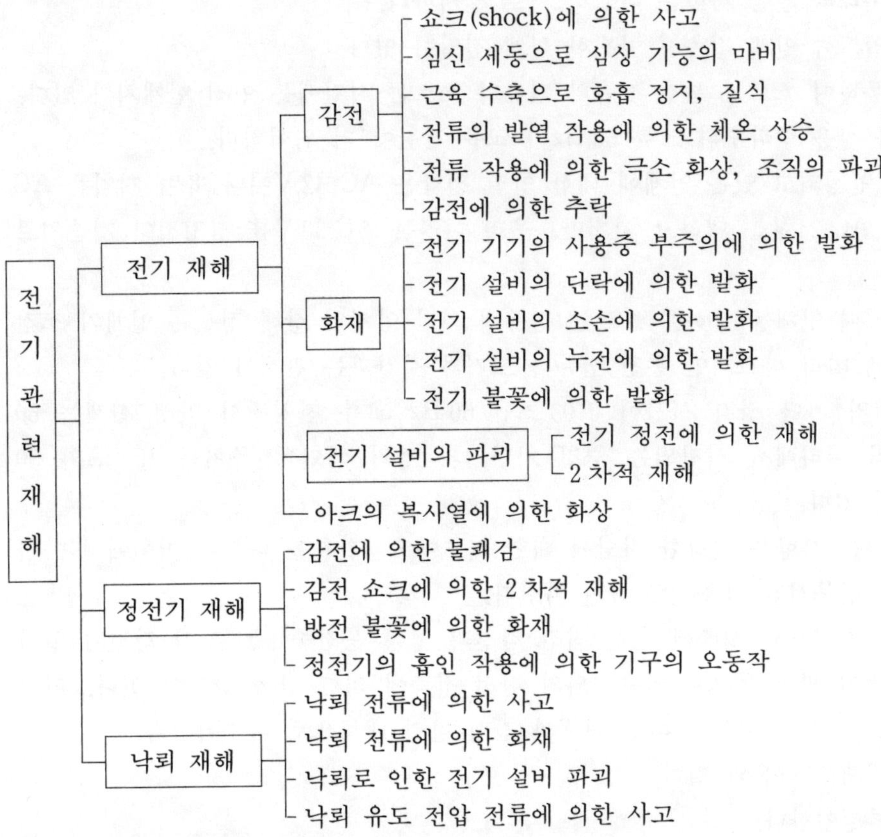

중을 기울이며, 설치·사용·유지 보수에 이르기까지 제반 안전 관련 사항을 철저히 검토해야 할 뿐만 아니라, 관련 법률과 기준에 합격한 기기를 사용하여야 한다.

관련 법률과 기준은 아래와 같다.

① 설계 제작 : 전기 용품 안전 관리법

② 설치 : ·전기 설비 기술 기준

　　　　　·사업장 방폭 구조 전기 기계, 기구, 배선 등의 선정, 설치 및 보수 등에 관한 기준

③ 사용과 보수 유지 : 산업 안전 보건법

인체에 전기 재해를 일으키는 기준에 대한 확실한 해답은 없다. 인체에 대한 실험은 그 속성상 매우 어렵고 또한 어떠한 실험 결과가 나와도 검증 기준이 없으므로 옳은 답인지 그른 답인지 누구도 확인할 수 없다.

국제적으로 여러 나라에서 논의되고 있는 사항도 인간의 다양성만큼이나 많다. 즉, 키, 몸무게, 성별, 나이 그리고 인종별로 다르고 재해 당시의 환경, 즉 땀, 습기, 온

도, 접촉 부위, 접촉 면적과 압력에 따라 다르다. 그러나 이렇게 세밀한 면에서는 서로 다르지만 아래와 같은 사항은 비교적 서로 일치한다.

① 안전 전압, 즉 인체 접촉시 안전한 한계 전압이 있다.

② 인체를 통하여 흐르는 통전 전류와 전류가 흐르는 시간에는 안전 한계치가 있다.

③ 직류보다 상용 주파수의 교류 60 Hz의 교류 전원이 더 위험하다.

국제적으로 인정되고 있는 인체에 대한 안전 전압은 AC 42 V이나 유럽 지역은 AC 24 V, 일본도 AC 24 V를 택하고 있지만, 우리 나라는 AC 30 V를 잠정적인 기준치로 정하고 있다.

감전 되었을 때 인체를 통하여 흐르는 전류에 의한 인체의 상해 정도는 인체의 조건과 주위 여건에 따라 다르지만 통전 전류의 크기와 시간과는 관계가 깊다.

누전 차단기의 차단 정격 시간이 0.03 초인 60 Hz 교류 전원에서 안전 한계는 60 mA이다. 우리 나라에서 시판되는 누전 차단기의 정격 차단 전류치는 15 mA와 30 mA 두 종류가 있다.

물론 위와 같은 사항은 건강한 사람에 대한 기준이고, 환자를 다루는 병원에서는 기준이 다르므로 전문적인 책을 참고하기 바란다.

감전은 전기 충전부의 접촉에 의한 직접 감전과 정상 운전중에는 전기 감전이 일어나지 않지만 절연 파괴 등으로 금속제와의 간접 접촉에 의한 간접 감전이 있다. 따라서 감전 대책도 직접 충전부에 대한 대책과 간접 감전 대책으로 나누어진다.

직접 감전 대책은 다음과 같다.

① 충전부를 절연한다.

② 충전부를 큐비클(cubicle)과 같은 외함내에 넣는다.

③ 설치 장소를 제한하여 울타리를 설치하거나 건물내에 설치하여 격리한다.

④ 용접기, 도금 장치, 용해로 등은 원리상 절연이 어려우므로 설비 기기 주위를 절연하고 보호 장비를 갖춘 기술자 외에는 접근을 금지한다.

⑤ 안전 전압 이하에서 작동하는 기기를 사용한다.

위와 같이 직접 감전은 누구도 쉽게 알 수 있음으로 조금만 주의하면 감전 재해는 피할 수 있다. 문제는 간접 접촉에 의한 간접 감전에 있다. 정상 상태에서는 어떠한 위험도 없기 때문에 간과하기 쉬우나 잠재적 위험성을 항상 내포하고 있으므로 여러 종류의 예방 방호 대책을 세워야 한다.

① 기기의 정격에 맞는 설비를 사용한다. 전압 강하는 적정한 한계치(5%)내에 들도록 하고, 최말단 전력을 소비하는 기기에 기한 전압은 단거리에서는 4%이내, 장거리에 대해서도 6%를 넘지 않도록 한다.

하나의 예로 모터 전선과 전등, 전열기 전선의 과부하 설정치는 완전히 다른 차원에서 고려되어야 하지만 현실은 그렇지 못하다. 비정상적인 과부하 상태로 운전될 때에는 항상 잠재적인 위험성을 안고 있어서 사고 대기 상태로 운전되고 있는 경우도 있다. 220 V AC 전원에서 11 kW 3 상 모터의 정격 전류는 43 A로 차단기(MCCB) 차단(TRIP) 용량으로 100 A를 사용하나 11 kW 전등, 전열기에서는 40 A 차단 용량을 사용하여야 한다.

② 설치 장소의 환경에 맞는 기기를 선택하여 사용하여야 한다. 습기가 많은 곳에서는 방습 효과가 있는 기기인 IP 54 나 55 등을 사용하고, 가스가 존재하여 폭발 위험이 있는 장소에서는 그에 맞은 방폭 기기를 선택한다.

결론적으로 법률과 기준 그리고 지식과 경험에 의하여 설계하고 신뢰성 있는 기기를 신중하게 선택하고, 정격과 설치 목적에 맞게 운전하며 철두철미한 유지 보수가 시행되어야 하며, 다음 사항을 철저하게 고려한다.

① 안전 한계치내에서 운전하고, 한계치를 넘으면 즉시 전원을 차단한다. 기기에 사람이 접촉하더라도 안전 전압 이하로 대지 전압이 유지되거나 안전 전류 한계치 내에서 안전 한계 지속 시간내에 전원이 차단되도록 한다.

② 보호 절연한다. 주위 작업장을 절연하여 대지 전류 통로를 봉쇄하거나 이중 절연을 시행하고 하나의 절연이 파괴되는 경우 전원을 차단하고 수리한다.

③ 보호 접지를 시행한다. 외함 등을 접지하여 놓고 절연 파괴가 일어나 누전 전류가 대지로 흐를 때에도 대지 전압이 안전 전압 이하로 유지되도록 접지 저항을 낮게 유지하거나 누전시 신속한 차단으로 감전 재해를 예방한다.

④ 저전압 계통에서는 비접지식으로 계통을 운영하고, 최초의 접지 사고가 일어나면 신속히 찾아내어 수리한다.

2 절연 전선과 과대 전류

저전압 전선에 있어서 전선 상호간이나 대지간의 절연 저항치는 다음과 같다.

① 대지간 또는 전선간 전압이 150 V 이하 : 0.1 MΩ 이상

② 150 V를 넘고 400 V 이하 : 0.2 MΩ 이상

③ 400 V를 넘는 전압 : 0.4 MΩ 이상

이와 같은 절연 전선에 있어서 단락에 의한 단락 전류, 절연 파괴에 의한 접지 전류 그리고 과도기적인 과부하 전류에 대하여 일본에서 채택하고 있는 수치를 참조하면, 다음과 같다.

(1) 인화 단계

전선 허용 전류의 3 배 정도가 흐르는 경우에는 절연 물체가 열화하여 발화원이 있

으면 인화되는 단계

 (2) 착화 단계

4~5배의 전류가 흐르는 경우에는 가까이에 발화원이 없더라도 착화가 일어나고 절연 물체가 탄화하여 변형되고 내부 동선(심선)이 노출되는 단계

 (3) 발화 단계

6~7배의 전류가 흐르면 자연히 불이 일어나 계속 타게 되고 심선이 용단된다.

 (4) 순간 용단 단계

더 큰 전류가 흐르면 순간적으로 심선이 용단되고 주위에 비산되며 절연 물체도 연소되는 단계

[표 2-2] 절연 전선 파괴 단계

파괴 단계	인화 단계	착화 단계	발화 단계		순간 용단
			발화 후 용단	용단과 동시 발화	
전류 밀도 A/mm²	40~43	43~60	60~70	70~120	120 이상

3 단락 전류 용량 계산

위와 같이 전류 한계치를 넘는 과대 전류는 전력 계통의 전원 부분의 총합 임피던스(impedance)에 의한 차단 용량과 관계가 있다. 사고시 고장 전류를 차단하여야 하는 차단기(circuit breaker)의 차단 용량(interrupting capacity)이 통과하여 흐르는 고장 전류의 차단 용량을 감당하지 못하는 경우에는 고장 전류를 차단하지 못하여 과대 전류가 계속 흐르게 되고 큰 사고를 유발하게 되거나 적어도 그 다음의 차단기가 작동하게 되어 전력 차단 범위가 확대되어 피해가 커지는 결과를 가져온다. 따라서 사고 지점과 가장 가까운 차단기가 고장 전류를 확실하게 차단하여야 함은 절대 절명의 필요 사항이다. 이에 대처하기 위하여 전력 계통의 차단 용량을 사전에 추정하여 그에 상응하는 차단기를 선택한다.

고장 전류(fault current) 계산에는 % 임피던스(% impedance)법과 옴(ohm)법 그리고 단위법(per unit)이 있다. 여기에서는 자주 사용되는 % 임피던스법과 옴법에 대하여 기술한다.

 (1) 옴 법

보통의 전기적 계산에 사용하는 법으로서 전압을 V, 전류를 A, 전력을 kVA, 그리고 임피던스를 옴(Ω) 단위로 계산하는 방법이다. 이 방법은 두 종류 이상의 전압이

관계할 때에는 기준 전압을 결정하고, 임피던스를 기준 전압으로 환산해야 하는 불편함이 있다.

(2) % 임피던스법

정격 전류가 흐를 때의 전압 강하를 상전압(phase voltage)의 백분율(%)로 표시하는 방법이고, 사용하기에 매우 편리하다. 기준 전압은 3상에서는 상전압을 택하고, 단상에서는 선간 전압을 선택한다.

(3) 단위법

백분율을 단위로 환산한 것 외에는 % 임피던스법과 같다.

고장 전류는 일반적으로 가장 큰 수치를 갖는 단락 전류를 말하며, 단락 전류에는 대칭 단락 전류(symmetrical short circuit current)와 비대칭 단락 전류(asymmetrical short circuit current) 그리고 순시 비대칭 단락 전류(instantaneous asymmetrical short circuit current)가 있다. 그러나 차단기에 적용되는 단락 전류에는 대칭 단락 전류와 비대칭 단락 전류만이 관계한다. 그리고 비대칭 단락 전류와 순시 비대칭 단락 전류의 계산에는 복잡한 수학적 계산이 수반되므로 그림 1에 표시된 바와 같이 회로 역률(circuit power factor)로부터 정해진 상수를 대칭 전류에 곱하여 구할 수 있다.

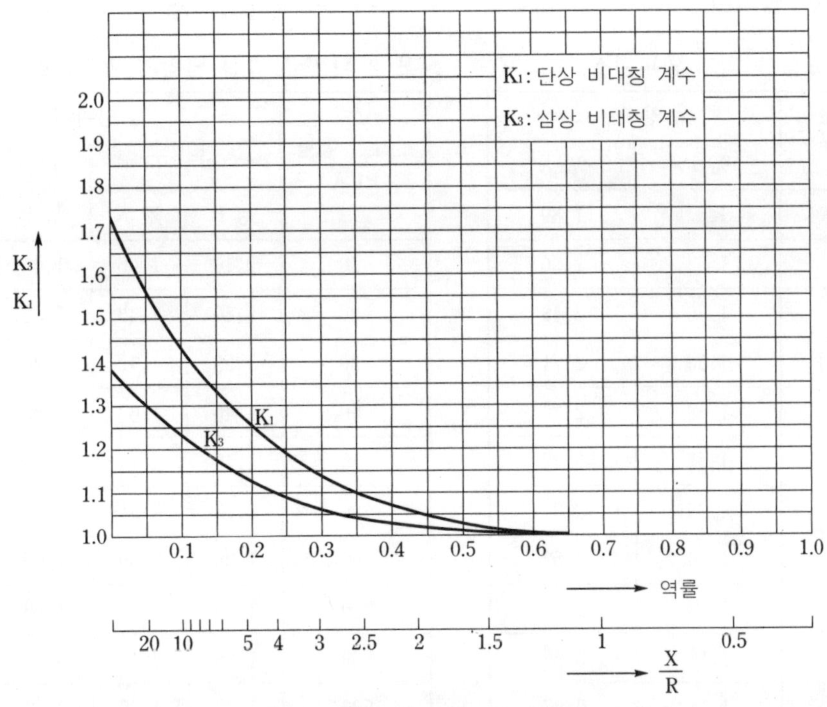

[그림 2-1] 비대칭 단락 전류 계수

단락 전류 계산에서 일반적으로 사용하는 사항을 살펴보면, 다음과 같다.

(1) 기준 용량

% 임피던스를 계산할 때 기준으로 선택한 정격 전류와 정격 전압에서 정해진 용량으로서 보통 1,000 kVA를 취한다.

(2) 전원 임피던스

전원의 단락 용량으로 계산해야 하지만 불분명할 경우 3상 전원의 단락 용량은 1,000 MVA X/R=25를 취하고, 단상 단락 용량은 500 MVA X/R=25를 취한다. (이들 수치는 미국 NEMA에서 인용한 값이다.)

(3) 모터의 기여 전류

가동중인 모터는 사고 순간에 발전기로서 작용하여 단락점을 향하여 전류를 흐르게 하고, 단락 전류를 증가시킨다. 3상 회로의 모터는 기여 전류를 고려해야 한다.

(4) 모터의 임피던스

모터가 발전기로 작용할 때의 내부 임피던스를 일컬으며, % 임피던스=25%와 X/R=6을 취한다. (미국 NEMA에서 인용한 값이다.)

(5) 변압기 임피던스

제작자로부터 수치가 주어지나, 불가피할 때에는 표 3과 표 4 중에서 선택한다.

(6) 전선 임피던스

[표 2-3] 3상 변압기 임피던스

변압기 용량 kVA	% 임피던스	
	% R	% X
50	1.67	1.89
75	1.62	2.36
100	1.60	2.48
150	1.50	2.71
200	1.48	2.76
300	1.44	3.27
500	1.28	3.81
750	1.26	4.62
1000	1.22	5.21
1500	1.16	5.99
2000	1.14	6.07

[표 2-4] 단상 3선 변압기 임피던스

변압기 용량 kVA	% 임피던스			
	외선간		외선~중성선간	
	% R	% X	% R	% X
10	2.10	1.06	1.45	0.55
20	1.80	1.43	1.35	0.65
30	1.55	1.42	1.20	0.62
50	1.40	1.63	1.05	0.93
75	1.45	2.40	1.20	1.34
100	1.45	2.51	1.10	1.43
150	1.35	2.80	1.00	1.21
200	1.35	3.34	1.00	1.40
300	1.25	3.48	0.90	1.59
500	1.20	4.65	0.90	2.20

전선 자료에서 얻을 수 있으나 표 5 에 나타낸 수치를 이용하여도 지장은 없다.
(7) 버스 덕트(bus duct) 임피던스
표 6 을 이용하여 선택한다.
위의 임피던스 외에도 변류기나 차단기 등에 대한 임피던스가 있으나 무시하여도 계

[표 2-5] 전선 임피던스

케이블 치수	저항 mΩ/m	리악탄스 mΩ/m		
		60 Hz		
		2C 3C 케이블	1 C 케이블 밀착	1 C 케이블 6cm 간격
1.6ϕ	8.92	0.123	0.172	0.344
2 ϕ	5.55	0.115	0.161	0.330
2.6ϕ	3.35	0.114	0.152	0.308
2	9.25	0.119	0.167	0.335
3.5	5.20	0.111	0.152	0.313
5.5	3.30	0.110	0.145	0.297
8	2.32	0.110	0.140	0.283
14	1.30	0.105	0.134	0.261
22	0.824	0.103	0.127	0.245
30	0.623	0.100	0.122	0.234
38	0.488	0.100	0.118	0.225
50	0.378	0.096	0.115	0.214
60	0.304	0.094	0.111	0.206
80	0.230	0.094	0.107	0.195
100	0.180	0.092	0.104	0.186
125	0.145	0.091	0.106	0.178
150	0.118	0.090	0.101	0.170
200	0.092	0.089	0.101	0.161
250	0.072	0.087	0.099	0.151
325	0.057	0.086	0.097	0.142
400	0.045	—	0.095	0.134
500	0.037	—	0.094	0.127

산 결과에는 별지장이 없다.

위와 같은 임피던스의 등가 회로(equivalent circuit)를 그림으로 표시하면 3상과 단상에 대하여 각각 그림 2와 그림 3과 같다.

[표 2-6] 버스 덕트 임피던스

정격 전류 A	저항 mΩ/m	리악탄스 mΩ/m	저임피던스 덕트의 리악탄스
		60 Hz	60 Hz
400	0.158	0.0462	0.0325
600	0.127	0.0392	0.0325
800	0.0851	0.0283	0.0233
1000	0.0646	0.0216	0.0185
1200	0.525	0.0173	0.0152
1500	0.0406	0.0138	0.0129
2000	0.0252	0.0171	000989
2500	0.0199	0.0161	
3000	0.0167	0.0128	0.00600

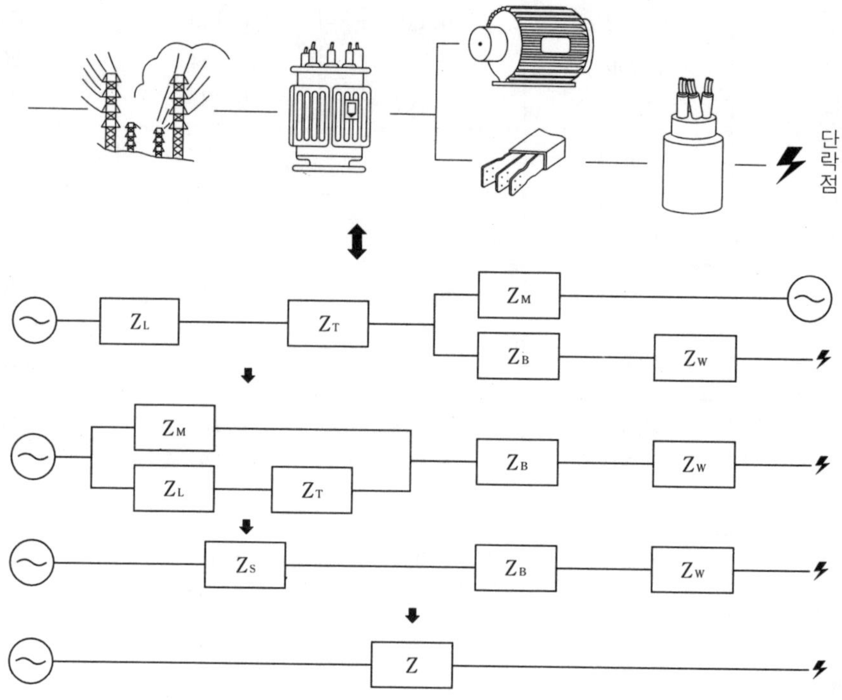

[그림 2-2] 3상 등가 회로

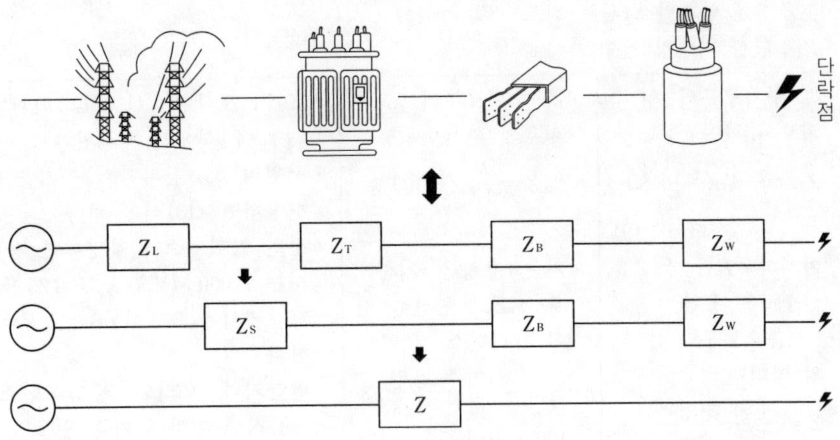

[그림 2-3] 단상 등가 회로

■ 단락 전류 계산식

<table>
<tr><th rowspan="2"></th><th>옴법</th><th>% 임피던스법</th><th>해 설</th></tr>
<tr></tr>
<tr>
<td rowspan="2">3
상
단
락
전
류</td>
<td>$I_s=\dfrac{V}{\sqrt{3}Z}$ ············· (1)</td>
<td>$I_s=\dfrac{P}{\sqrt{3}\,V\%Z}\times100$ (2)

$=\dfrac{I_B}{\%Z}\times100$ ··· (3)</td>
<td>$\%Z=\dfrac{I_BZ}{\dfrac{V}{\sqrt{3}}}\times100$ ············· (1′)

$P=\sqrt{3}\,VI_B$ ····························· (2′)
· (2)식은 (1), (1′), (2′)식으로부터 계산된다.
· (3)식은 (1) (1′)식으로 부터 계산된다.
· (1)식이 (2)식과 (12)식에서 계산된 것과 같이 I_s는 % 임피던스법에서 기준 용량 선정에 영향을 미치지 않는다.</td>
</tr>
<tr>
<td>$I_{as}=K_3I_s$ ······························ (4)

여기서
· I_s : 대칭 3 상 단락 전류 A
· V : 선간 전압 V
· Z : 회로의 임피던스(1 상분) Ω
· I_{as} : 비대칭 3 상 단락 전류 A
· P : 기준 용량(3 상분) VA
· %Z : 회로의 % 임피던스(1 상분) %
· I_B : 기준 전류 A
· K_3 : 3 상 비대칭 계수</td>
<td colspan="2">· 3 상 회로에 있어서 단상 단락은 $\dfrac{\sqrt{3}}{2}$배이다.</td>
</tr>
<tr>
<td rowspan="2">단
상
단
락
전
류</td>
<td>$I_s=\dfrac{V}{Z}$ ················ (5)</td>
<td>$I_s=\dfrac{P}{V\%Z}\times100$··· (6)

$=\dfrac{I_B}{\%Z}\times100$ ··· (7)</td>
<td>$\%Z=\dfrac{I_BZ}{V}\times100$ ············· (3′)

$P=VI_B$ ····························· (4′)
· (6)식은 (5), (3′), (4′)식으로부터 계산된다.
· (7)식은 (5), (3′)식으로부터 계산된다.</td>
</tr>
<tr>
<td>$I_{as}=K_1I_s$ ······························ (8)

· I_s : 단상 단락 전류 A
· Z : 회로의 임피던스(왕복 회로) Ω
· I_{as} : 단상 비대칭 단락 전류 A</td>
<td colspan="2"></td>
</tr>
</table>

	· $\%Z$: % 임피던스(왕복 회로) % · K_1 : 단상 비대칭 계수		
임피던스	· % 수치로부터 옴 수치로의 환산 $$Z=\frac{V^2}{P}\%Z\times10^{-2}\,\Omega$$ ………………(9) 여기의 P는 $\%Z$를 산출하는 용량 · 1차측으로부터 본 전원 임피던스 $$Z=\frac{(1\text{차 전압})^2}{\text{단락 용량}}$$ ………………(10) · 2차측에서 환산한 전원 임피던스 $$Z=(1\text{차측 임피던스})\times\left(\frac{2\text{차 전압}}{1\text{차 전압}}\right)^2$$ ………………(11)	· 옴 수치로부터 % 수치로의 환산 $$\%Z=\frac{P}{V^2}Z\times100\%$$ ………………(12) · 기준 용량을 기준으로 $\%Z$로 환산한 전원 임피던스 $$\%Z=\frac{\text{기준 용량}}{\text{단락 용량}}\times100$$ ………………(13) · 변압기 임피던스와 전동기 임피던스 $$\%Z=\left(\frac{\text{기준 용량}}{\text{기기 용량}}\right)\times\left(\begin{array}{c}\text{기기 용량에 기준}\\\text{한 }\%Z\end{array}\right)$$ ………………(14)	· (9), (12)식은 (1′), (2′)식에서 또는 (3′), (4′)식에서 계산된다. · 전원의 % 임피던스를 기준 용량으로 환산하면 (13)식이 된다. · 전원 임피던스가 불명확한 경우 3상에서는 1,000 MVA $X/R=25$ 를 취하고, 단상에서는 500 MVA $X/R=25$ 를 취한다. · 변압기나 모터의 % 임피던스 $\%Z$는 (14)식에 의하여 기준 용량으로 환산한다. · 모터의 임피던스 $\%Z$은 25% $X/R=6$ 를 취하고 (14)식에 의하여 $(4.11+j\,24.66)\times\frac{\text{기준 용량}}{\text{기기 용량}}$이 된다. · 모터 용량이 불분명할 경우는 변압기 용량을 취한다. · 단상 3선식에 있어서 전력선과 중성선 간의 기준 용량으로 환산한 변압기의 임피던스는 (14)식의 기기 용량을 전력 선간의 기기 용량의 1/2 의 수치로 계산한다.

예를 들어 실제로 계산하여 본다.

■ 3상 단락 전류 계산 예

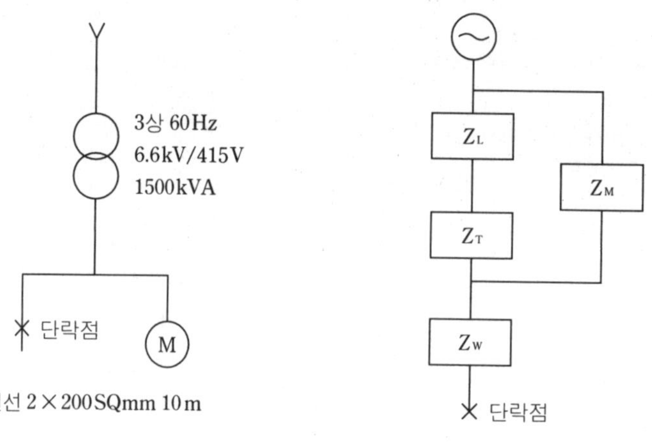

[그림 2-4] 배선 계통도　　　　　[그림 2-5] 등가 회로

	옴 법	% 임피던스법
전 원 임피던스 (Z_L)	전원의 단락 용량이 불분명하므로 1,000 MVA와 $X_L/R_L=25$ 를 취한다. · 1 차측으로부터 본 전원 임피던스는 식 (10)에 의하여 $$Z_L=\frac{(6,600)^2}{1,000\times10^6}=0.0436\,\Omega$$ $X_L/R_L=25$ 에 의하여 $$Z_L=1.741+j43.525\,\text{m}\Omega$$ · 2 차측에서 환산한 전원 임피던스는 (11) 식에 의하여 $$Z_L=(1.741+j43.525)\times\left(\frac{415}{6,600}\right)^2$$ $$=0.0069+j0.1721\,\text{m}\Omega$$ · 전원 임피던스의 옴 수치는 식 (9)에 의하여, 이 경우 전원 임피던스는 단락 용량으로 100% 임피던스를 취한다. $$Z_L=\frac{415^2}{1,000\times10^6}\times100\times10^{-2}$$ $$=0.1722\times10^{-3}\Omega$$ $X_L/R_L=25$ 에 의하여 $$Z_L=0.0069+j0.1721\,\text{m}\Omega$$	전원의 단락 용량은 불분명하므로 1,000 MVA와 $X_L/R_L=25$ 를 취한다. 기준 용량 1000 kVA에 대하여는 식 (13)에 의하여 $$Z=\frac{1,000\times10^3}{1,000\times10^6}\times100=0.1\%$$ $X_L/R_L=25$ 에 의하여 $$0.1=\sqrt{R_L{}^2+(25R_L)^2}=25.02R_L$$ $$Z_L=R_L+jX_L=0.004+j0.0999\%$$
변 압 기 임피던스 (Z_T)	표 3 으로부터 $Z_T=1.16+j5.99$ % 수치를 옴 수치로 환산하면 식 (9)에 의하여 $$Z_T=\frac{415^2}{1500\times10^3}\times(1.16+j5.99)\times10^{-2}\Omega$$ $$=1.3319+j6.8775\,\text{m}\Omega$$	표 3 으로부터 $Z_T=1.16+j5.99$ 기준 용량 1000 kVA로 환산하면 식 (14)에 의하여 $$Z_T=(1.16+j5.99)\times\frac{1,000\times10^3}{1,500\times10^3}$$ $$=0.7733+j3.9933\%$$
모 터 임피던스 (Z_M)	모터의 총용량이 불분명하기 때문에 변압기 용량과 같은 용량을 취하고 $\%Z_M=25\%$ 와 $X_M/R_M=6$ 을 취한다. $$Z_M=4.11+j24.66\%$$ %로부터 옴 수치로 환산하면 식 (9)에 의하여 $$Z_M=\frac{415^2}{1,500\times10^3}\times(4.11+j24.66)\times10^{-2}\Omega$$ $$=4.7189+j28.3137\,\text{m}\Omega$$	모터의 총용량이 불분명하기 때문에 변압기 용량과 같은 용량을 취하고 $\%Z_M=25\%$ $X_M/R_M=6$ 을 취한다. · 식 (14)에 의하여 $$Z_M=(4.11+j24.66)\times\frac{1,000\times10^3}{1,500\times10^3}$$ $$=2.74+j16.44\%$$
전 원 총 합 임피던스 (Z_S)	그림 5 로부터 $$Z_S=\frac{(Z_L+Z_T)Z_M}{Z_L+Z_T+Z_M}$$ $$=1.045+j5.646\,\text{m}\Omega$$	그림 5 로부터 $$Z_S=\frac{(Z_L+Z_T)Z_M}{Z_L+Z_T+Z_M}$$ $$=0.607+j3.278\%$$

전 선 임피던스 (Z_W)	표 5로부터 전선 길이 10 m를 곱하면 $$Z_W=\frac{1}{2}(0.092+j0.161)\times10$$ $$=0.460+j0.805 \text{ m}\Omega$$	표 5로부터 전선 길이 10 m를 곱하고 기 준 용량 1,000 kVA로 환산하면 식 (12)에 의하여 $$Z_W=\frac{1000\times10^3}{415^2}\left[\frac{1}{2}(0.092+j0.161)\right]\times$$ $$10^{-3}\times10\times100$$ $$=0.267+j0.386\%$$
총 합 임피던스 (Z)	$Z=Z_s+Z_w$ $=1.505+j6.311$ $=6.488 \text{ m}\Omega$	$Z=Z_s+Z_w$ $=0.874+j3.664$ $=3.767\%$
삼 상 단 락 전 류 (I_s)	식 (1)에 의하여 $$I_s=\frac{415}{\sqrt{3}\times6.488\times10^{-3}}$$ $$=36,900 \text{ A}$$	식 (2)에 의하여 $$I_s=\frac{1,000\times10^3}{\sqrt{3}\times415\times3.767}\times100$$ $$=36,900 \text{ A}$$
삼 상 비 대 칭 단락전류 (I_{as})	$X/R=\dfrac{6.311}{1.505}=\dfrac{3.664}{0.874}=4.19$ 이고, 그림 1에 의하여 구하면 $K_3=1.10$ 식 (4)에 의하여 $I_{as}=1.1\times36.900=40.600 \text{ A}$	

■ 단상 전력선과 중선선과의 단락 전류 계산 예

 단상 단락 전류 계산의 이해를 돕기 위하여 예제를 들고, 프로그램 식으로 계산을 진행한다.

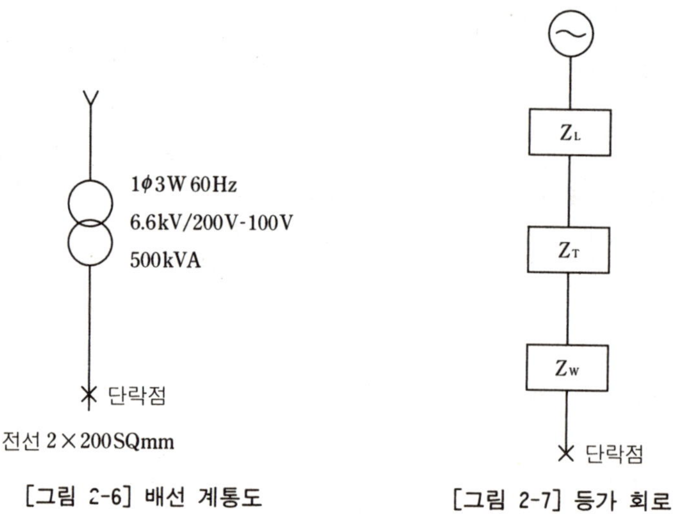

[그림 2-6] 배선 계통도   [그림 2-7] 등가 회로

	옴 법	% 임피던스법
전 원 임피던스 (Z_L)	전원 단락 용량이 불분명할 경우 500 MVA 와 $X_L/R_L=25$ 를 취한다. · 1 차측에서 본 전원 임피던스는 식 (10) 에 의하여 $$Z_L=\frac{(6600)^2}{500\times10^6}=0.0871\ \Omega$$ $X_L/R_L=25$ 에 의하여 $$Z_L=3.482+j87.05\ \Omega$$ · 2 차측에서 환산한 전원 임피던스는 식 (11)에 의하여 $$Z_L=(3.482+j87.05)\times\left(\frac{100}{6,600}\right)^2$$ $$=0.0008+j0.02\ m\Omega$$ · 전원 임피던스의 옴 수치는 식 (9)에 의하여 $$Z_L=\frac{100^2}{500\times10^6}\times100\times10^{-2}$$ $$=0.02\times10^{-3}=0.02\ m\Omega$$ $X_L/R_L=25$ 에 의하여 $$Z_L=0.0008+j0.02\ m\Omega$$	전원 단락 용량이 불분명할 경우 500 MVA 와 $X_L/R_L=25$ 를 취한다. 기준 용량 1,000 kVA에서 식 (13)에 의하여 $$Z_L=\frac{1000\times10^3}{500\times10^6}\times100=0.2\%$$ $X_L/R_L=25$ 에 의하여 $$0.2=\sqrt{R_L^2+25R_L^2}=25.02R_L$$ $$Z_L=0.008+j0.1998\%$$
변 압 기 임피던스 (Z_T)	표 4 로부터 $Z_T=0.9+j2.2\%$ %를 옴으로 환산하면 식 (9)에 의하여 $$Z_T=\frac{100^2}{250\times10^3}\times(0.9+j2.2)\times10^{-2}$$ $$=0.36+j0.88\ m\Omega$$	표 4 로부터 기준 용량 1,000 kVA를 환산 하면 식 (14)에 의하여 $$Z_T=(0.9+j2.2)\times\frac{1,000\times10^3}{250\times10^3}$$ $$=3.6+j8.8\%$$
전원총합 임피던스 (Z_S)	$$Z_S=Z_L+Z_T$$ $$=0.361+j0.9\ m\Omega$$ 그림 7 참조	$$Z_S=Z_L+Z_T$$ $$=3.608+j9.0\%$$ 그림 7 참조
전 선 임피던스 (Z_W)	표 5의 수치에 전선 왕복 길이 20 m를 곱 하여 $$Z_W=\frac{1}{2}(0.092+0.161)\times20$$ $$=0.92+j1.61\ m\Omega$$	표 5의 수치에 전선 왕복 길이 20 m를 곱 하고 기준용량 1000 kVA를 환산하여 식 (12)에 넣으면 $$Z_W=\frac{1,000\times10^3}{100^2}\left[\frac{1}{2}(0.092+j0.161)\right]\times$$ $$10^{-3}\times20\times100$$ $$=9.2+j16.1\%$$
총 합 임피던스 (Z)	$$Z=Z_S+Z_W$$ $$=1.28+j2.258$$ $$=2.572\ m\Omega$$	$$Z=Z_S+Z_W$$ $$=12.808+j22.328$$ $$=25.716\%$$

대 칭 단락전류 (I_s)	식 (5)에 의하여 $$I_s = \frac{100}{2.572 \times 10^{-3}}$$ $$= 38,900 \text{ A}$$	식 (6)에 의하여 $$I_s = \frac{1000 \times 10^3}{100 \times 25,716} \times 100$$ $$= 38,900 \text{ A}$$
비 대 칭 단락전류 (I_{as})	$X/R = \dfrac{2.258}{1.281} = \dfrac{22.328}{12.808} = 1.74$ 그림 1 로부터 $K_1 = 1.03$, 식 (8)에 의하여 $I_{as} = 1.03 \times 38,900$ $\quad\quad = 40,100 \text{ A}$	

단상 3 선식에서 전력선간의 단락 전류 계산은 같은 배선 계통도로 그림 6과 그림 7을 참조한다.

	옴 법	% 임피던스법
전 원 임피던스 (Z_L)	전원의 단락 용량이 불분명하므로 500 MVA와 $X_L/R_L = 25$ 를 취한다. ・1 차측에서 본 전원 임피던스는 식 (10)에 의하여 $$Z_L = \frac{(6,600)^2}{500 \times 10^6} = 0.0871 \ \Omega$$ $X_L/R_L = 25$ 에 의하여 $Z_L = 3.482 + j87.05 \text{ m}\Omega$ ・2 차측에서 환산하면 (11)식에 의하여 $$Z_L = (3.482 + j87.05) \times \left(\frac{200}{6,600}\right)^2$$ $$= 0.0032 + j0.0799 \text{ m}\Omega$$	전원의 단락 용량이 불분명 하므로 500 MVA와 $X_L/R_L = 25$ 를 취한다. 기준 용량 100 kVA에서 식 (13)에 의하여 $$Z_L = \frac{1000 \times 10^3}{500 \times 10^6} \times 100 = 0.2\%$$ $X_L/R_L = 25$ 에 의하여 $$0.2 = \sqrt{R_L{}^2 + 25 R_L{}^2} = 25.02 R_L$$ $Z_L = 0.008 + j0.1998\%$
변 압 기 임피던스 (Z_T)	표 4 으로부터 $Z_T = 1.2 + j4.65\%$ % 수치를 옴 수치로 환산하면 (9)식에 의하여 $$Z_T = \frac{200^2}{500 \times 10^3} \times (1.2 + j4.65) \times 10^{-2} \ \Omega$$ $$= 0.96 + j3.72 \text{ m}\Omega$$	표 4 로부터 $Z_T = 1.2 + j4.65\%$ 기준 용량 1,000 kVA를 환산하면 식 (14)에 의하여 $$Z_T = (1.2 + j4.65) \times \frac{1,000 \times 10^3}{500 \times 10^3}$$ $$= 2.4 + j9.3\%$$
전원총합 임피던스 (Z_S)	$Z_S = Z_L + Z_T$ $\quad\quad = 0.963 + j3.8 \text{ m}\Omega$ 그림 7 참조	$Z_S = Z_L + Z_T$ $\quad\quad = 2.408 + j9.5\%$ 그림 7 참조
전 선 임피던스 (Z_W)	표 5 에 의하여 전선 왕복 길이 20 m를 곱하면 $$Z_W = \frac{1}{2}(0.092 + 0.161) \times 20$$ $$= 0.92 + j1.61 \text{ m}\Omega$$	표 5 에 의하여 전선 왕복 길이 20 m를 곱하고 기준 용량 1000 kVA를 환산하여 식 (12)에 넣으면, $$Z_W = \frac{1,000 \times 10^3}{200^2} \left[\frac{1}{2}(0.092 + j0.161)\right] \times$$

		$10^{-3}\times20\times100$ $=2.3+j3.353\%$
총 합 임피던스 (Z)	$Z=Z_s+Z_w$ $=1.883+j5.158$ $=5.465\,\text{m}\Omega$	$Z=Z_s+Z_w$ $=4.708+j12.853$ $=13.662\%$
대 칭 단락전류 (I_s)	식 (5)에 의하여 $I_s=\dfrac{200}{5.465\times10^{-3}}$ $=36,600\,\text{A}$	식 (6)에 의하여 $I_s=\dfrac{1,000\times10^3}{200\times13,662}\times100$ $=36,600\,\text{A}$
비 대 칭 단락전류 (I_{as})	$X/R=\dfrac{5.158}{1.883}=\dfrac{12.853}{4.708}=2.72$ 그림 1에 의하면 $K_1=1.1$, 식 (8)에 의하여 $I_{as}=1.1\times36,600=40,300\,\text{A}$	

위에서 알 수 있는 바와 같이 단락 전류 계산에는 추정치가 많아서 25%의 오차 범위에 들면 좋다고 할 수 있다. 즉, 100%~125% 범위는 계통 고장 전류 차단에 유익하게 작용하므로 전력 계통 차단 능력에는 문제가 되지 않는다.

4 낙뢰 재해

뇌의 발생 과정은 지금까지도 확실하게 밝혀지지는 않았으나 뇌를 띠고 있는 구름은 격심한 상승 기류가 있는 곳에서 발생한다. 상승 기류에 의해 구름 내부에 거친 소용돌이가 생성되고 이로 인하여 내부에서는 전리가 일어나 양(+) 전하는 구름 상층부에, 음(−) 전하는 구름 하부에 밀집하여 뇌운이 되는 것으로 알려져 있다.

뇌운과 지표면간의 전위 경도가 공기의 절연 내력 한계를 넘으면 구름 하부에 모인 음전하가 방전하면서 섬광을 동반한 천둥, 번개가 발생한다. 낙뢰의 전위 경도는 보통 30~40 kV/m이지만 100 kV/m에 달하는 것도 있다. 그리고 뇌운은 수만 V에서 수 십만 V에 달하는 것도 있는 것으로 확인되었다.

뇌에 의한 피해는 막대하지만 뇌의 재해 방지 대책은 200년 전 미국인 프랑크린(Franklin)이 발견한 피뢰기 설치가 유일한 것으로, 따라서 전기 기술 기준에 의하면 각 계통마다 계통 전압에 맞도록 철저하게 피뢰기를 설치하여 직격뢰뿐만 아니라 유도 전압도 걸러내도록 규정하고 있다.

낙뢰 방지의 절대적인 방지책인 피뢰기 설치에 대하여 최근에 새로운 이론이 실험 단계에 있어서 소개한다.

피뢰기의 보호각(보호 범위)은 이제까지 45° 직선 부분 이하로 알려져 왔다. 이에 근거하여 일반 건축물은 60° 직선 부분 이하로, 위험물을 적재한 건물은 45° 직선 부분이하로 규정되어 세계적으로 적용되어 왔으나 최근에 초고층 건물들이 세워지면서 일어나는 낙뢰 현상을 분석하는 과정에서 피뢰기의 보호 범위가 직선이 아니라 그림 8과 같이 높이 2 배의 반경을 갖는 구면으로 접속되는 아래 부분만이 99.9%가 보호된다는 사실이 밝혀졌다. 따라서 위험이 높거나 폭발과 화재를 동반하게 되는 위험물을 낙뢰로부터 보호하고자 할 때에는 필히 고려해야 할 점이다.

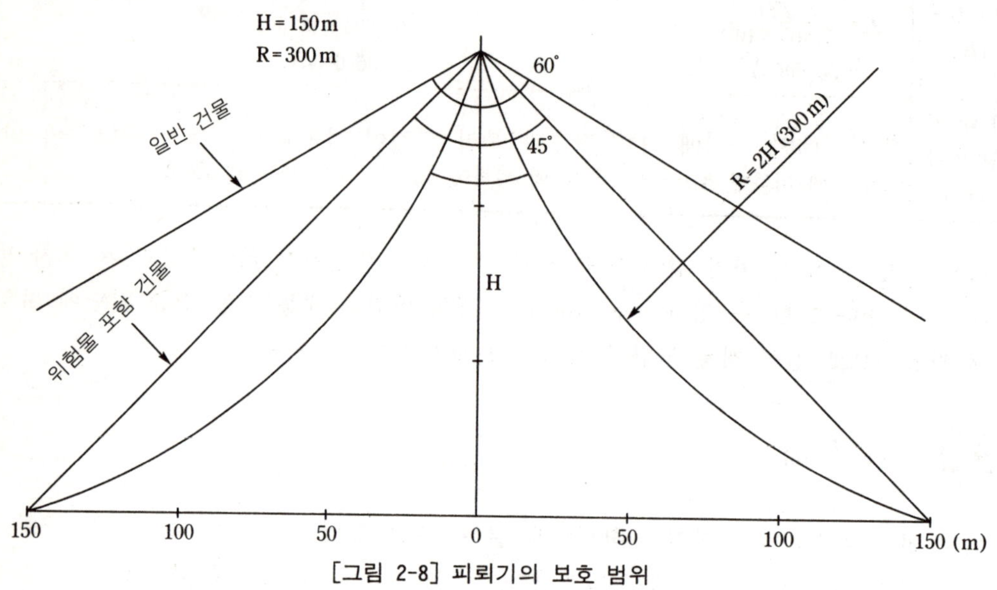

[그림 2-8] 피뢰기의 보호 범위

5 정전기 재해

정전기란 어떠한 물체가 양전기 또는 음전기만의 전하, 즉 대전 입자를 갖고 있을 때 그 특성이 외부로 나타나는 전기 현상을 말한다. 학문적으로는 마찰 에너지가 전기 에너지로 전환되어 부도체내에서 흐르지 못하고 축적되어 있는 상태가 정전기이다.

누구나 경험한 현상의 하나로서 성질이 다른 물체가 마찰하면 그 물체는 각각 하전되는데, 이를 마찰 전기라 하고 각각은 양전기와 음전기를 띠게 된다. 일반적으로 모든 물체는 그 물체를 구성하는 일반적인 상태의 원자와 분자에서는 양전하와 음전하가 평형을 이루고 있어 전기적으로는 중성 상태로 존재한다. 그러다가 외부의 원인에 의하여 이러한 평형 상태가 깨지는 경우에 양전기나 음전기 중 어느 하나가 물체에 더 많이 남게 되어 정전기를 띠게 된다. 정전기는 전기와는 다른 고유 특성이 있어서 대전 상태이거나 전하가 과잉 상태로 방치될 때에는 여러 가지 재해를 일으켜 생산을 저하시키거나 대형 화재나 폭발 사고까지도 일으키는 경우가 있다.

그렇지만 이 정전기는 우리의 생활 주변에서 뿐만 아니라 생산 활동 현장인 공장에서도 빈번히 발생한다고 추정되나 발생 여부나 그 발생 과정을 확실하게 확인할 수 있는 경우는 극히 드물고, 실체 파악도 어려워서 대책 마련이 대단히 어렵다. 더욱이 근래에 와서 고분자 물질인 플라스틱, 고무, 합성 섬유 등의 사용량이 날로 증가하고 있으며, 이들은 한결 같이 부도체로 정전기 재해를 증가시키고 있다.

1. 정전기 발생 형태

(1) 마찰에 의한 발생

두 물체 사이에서 마찰에 의한 접촉과 분리 과정이 계속되면 기계적 에너지에 의한 자유 전자의 방출이나 흡인이 일어나 정전기가 발생하게 된다. 일반적으로 고체, 액체류 또는 분체류에서 발생하는 정전기는 주로 이러한 마찰에서 기인된다.

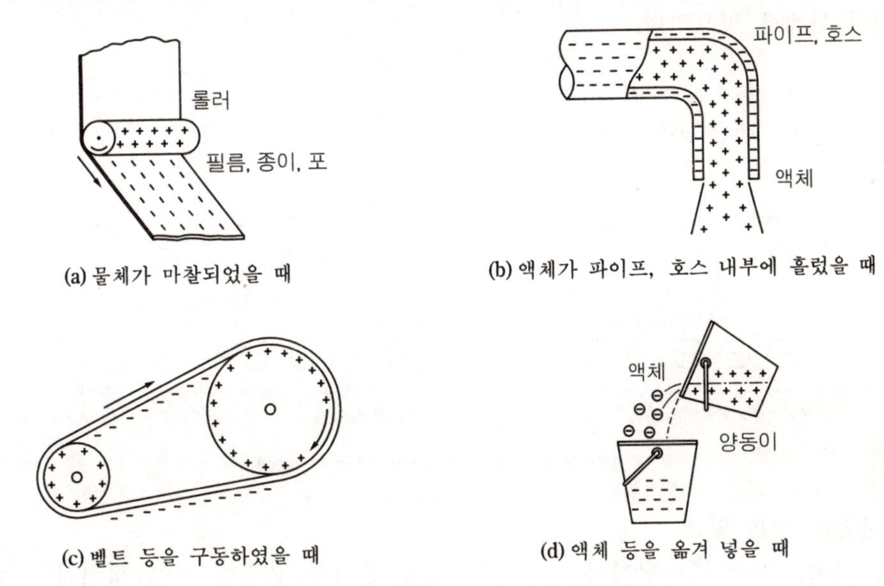

[그림 2-9] 마찰에 의한 정전기 발생

(2) 박리에 의한 발생

서로 밀착되어 있는 물체가 떨어질 때 전하의 분리가 일어나 정전기가 발생한다. 이것은 접촉 면적, 밀착 압력, 박리 속도에 의하여 정전기 발생량이 변화하고, 마찰에 의한 것보다 더 큰 정전기가 발생한다.

(3) 유동에 의한 발생

액체가 파이프 등 내부에서 유동할 때에 액체와 관벽 사이에서 정전기가 발생한다. 액체류가 파이프 등 고체와 접촉하면 액체와 고체의 경계면에 전기 2중층이 형성되고, 이 때 발생된 전하의 일부가 액체와 함께 유동되기 때문에 정전기가 발생한다. 정

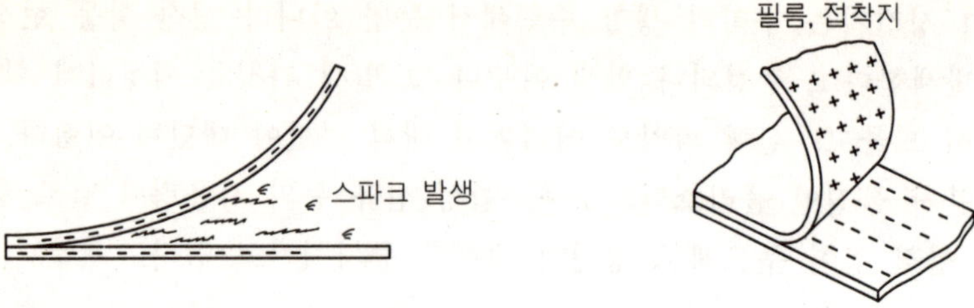

[그림 2-10] 박리에 의한 정전기 발생

전기 발생에 크게 영향을 미치는 요인은 액체의 유동 속도이다.

실제로 탱커(tanker)에 가연성 액체를 주입할 때에 정전기로 인한 화재가 가끔 발생하는데, 이는 대전된 액체가 탱커에 주입될 때 전하 사이에서 일어나는 반발력에 의하여 표면 중심과 탱커 자체에 유도된 전하 사이에서 고전압이 발생하여 정전기 방전이 일어나 화재를 일으킨다.

A : 액체와 함께 유동하는 전하
B : 고체 표면에 고정되어 이동할 수 없는 전하

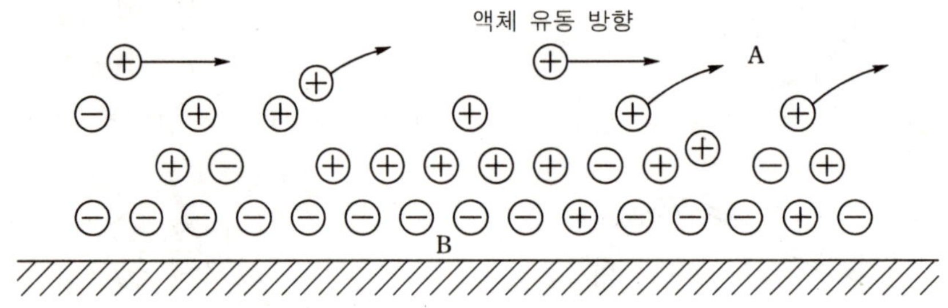

[그림 2-11] 유동에 의한 정전기 발생

(4) 분출에 의한 발생

분체, 액체, 기체가 단면적이 작은 분출구를 통하여 분출될 때에 정전기가 발생한다. 이 경우에 분출되는 물체와 분출구의 마찰에 의하여 정전기가 발생하지만, 더 큰

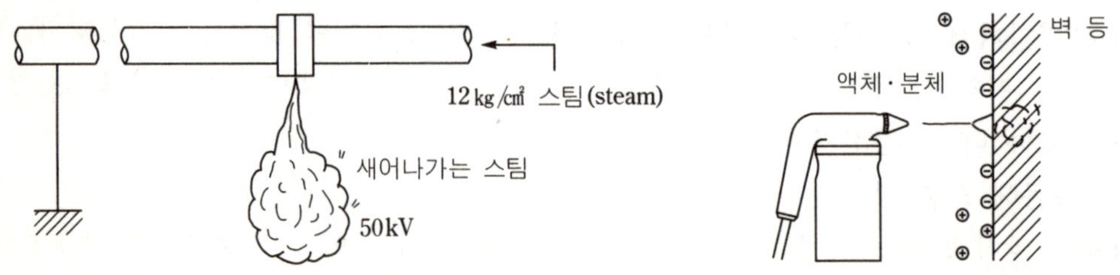

[그림 2-12] 분출에 의한 정전기 발생   [그림 2-13] 충돌에 의한 정전기 발생

정전기는 분출되는 물질 구성 분자의 상호간의 충돌에 의하여 발생된다.

(5) 충돌에 의한 발생

분체, 액체, 기체가 고체와 충돌할 때에는 빠른 접촉과 분리가 시행되면서 정전기가 발생한다. 또한 입자 상호간의 마찰에 의해서도 발생된다.

(6) 파괴에 의한 발생

분체나 고체로 된 물체가 파괴될 때에 전하 분리, 즉 양·음 전하의 균형이 깨지면서 정전기가 발생한다.

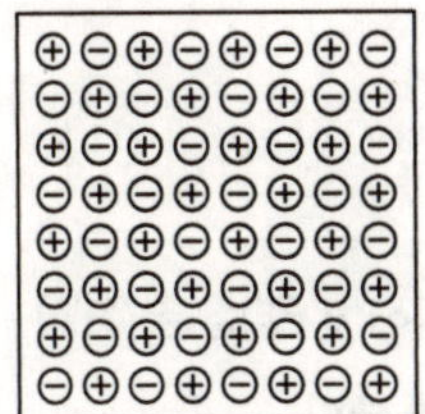

(a) 정·부 전하의 균형(파괴 전)

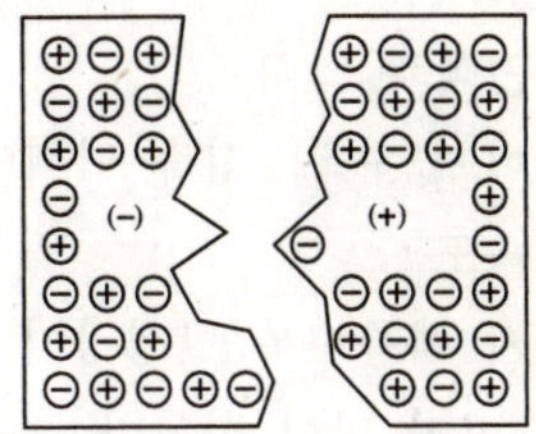

(b) 정·부 전하의 불균형(파괴 후)

[그림 2-14] 파괴에 의한 정전기 발생

(7) 교반이나 액체내의 침강에 의한 발생

액체가 용기내에서 교반될 때에 정전기가 발생한다. 탱커가 수송중일 때에도 내부 소용돌이에 의하여 정전기가 발생하므로 이동 접지가 필요함을 알 수 있다. 또한 액체에 혼합되어 있는 불순물이 침강할 때에도 정전기가 발생한다.

(8) 비말에 의한 발생

비말(물보라 ; spary)이 공간에 분출될 때에 액체가 작은 방울로 나누어지면서 정전기가 발생한다.

(9) 기타

용기에 들어 있는 액체가 비중이 다른 물질과 혼합되어 있을 때 이들 물질이 가라앉거나 상승할 때에 경계면에 전기 이중층이 생기면서 정전기가 발생된다. 그리고 물체 근처에 정전기가 존재하면 정전 유도를 받아서 정전기가 발생한다.

위에서 알 수 있는 바와 같이 사실 정전기는 접촉과 분리 과정에서 발생하는 것으로 모든 물체에서 발생한다고 할 수 있다. 그렇지 않은 물체는 발생하는 전하를 대지로 신속히 방전하기 때문에 정전기의 특성이 나타나지 않을 뿐이다.

2. 정전기 발생에 미치는 요인

정전기는 물체의 접촉과 분리 과정에서 발생한다. 그리고 정전기는 다음과 같은 물질의 특성과 환경에 따라 그 발생량이 달라진다.

(1) 물체의 표면 상태

물체의 표면이 매끄러우면 정전기 발생량이 적고, 거칠면 발생량이 많아진다. 또한 수분이나 기름 등에 의하여 표면이 오염되면 산화나 부식이 일어나고 정전기 발생량이 많아진다.

(2) 물체의 이력(history)

정전기 발생은 최초의 접촉 분리가 일어날 때에 많고, 반복이 계속되면서 점차 발생량이 감소한다.

(3) 접촉 면적과 압력

접촉 면적이 클수록, 접촉 압력이 강할수록 정전기 발생량이 많아진다.

(4) 분리 속도

분리 속도가 빠를수록 발생량이 많아진다. 그렇지만 무엇보다도 물질의 대전 서열에 의한 영향을 가장 많이 받는다. 대전 서열은 표 7을 참조한다.

[표 2-7] 대전 서열

아스베스토스		+ ↑		셀로판	
머리털				제라틴	
유리	유리			유리	
운모	나일론			산화셀룰로오스	Cd
양모	양모		양모	폴리메틸	Zn
견직물	견직물		나일론	메타크릴레이트	Al
아연	레이온		면직물	폴리카보네이트	Fe
종이	면직물		아세테이트	폴리스티렌	Cu
에보나이트	마직물		루이사이트	매연가루	Ag
동	동		폴리스티렌	폴리메틸렌	Au
유황	합성고무		폴리에틸렌	염화비닐	Pt
고무	폴리에틸렌	−	테플론	테플론	

3. 정전기의 축적과 방전

생성된 정전기는 대지나 다른 물체로부터 절연되어 있는 경우에는 그 물체에 그대로 축적된다. 실험에 의하여 밝혀진 사실로서, 물체의 전기 저항이 $1\,M\Omega$ 이상이면 발생된 전기가 잘 흐르지 못하고 축적되어 정전기 특성이 나타난다. 그러나 대기중에서도 정전기가 소멸됨을 알 수 있는 바와 같이 어떠한 환경에서도 시간이 경과하면 결국에 소멸하기 마련이다. 이 때 처음의 전하량의 36.8%까지 감소되는 시간을 그 절연 계통의 시정수 또는 일반적으로 완화 시간이라 한다. 수식적으로는 대전체의 저항 $R(\Omega)$ 과 정전 용량 $C(\mathrm{F})$의 곱, 즉 $RC=\mathrm{K}$(정수)로 정의된다.

대부분의 계통에서 완화 시간은 소멸 시간의 20~25% 정도이다. 그러나 정전기가 소멸되기 전에 정전기 전위차가 있는 2개의 대전체가 어떠한 특정 거리내로 접근하면 순간적으로 절연 공간을 통하여 정전기가 흐르면서 빛과 열을 발생하는데, 이런 현상을 정전기 방전이라 한다. 정전기가 방전하면 축적되었던 정전기의 에너지가 열, 빛, 소리나 전자파로 방출된다. 이 방전 에너지는 축적된 전하량이 많을 때에는 가연성 물질에 화재나 폭발 등의 재해를 주기도 하고, 전기 장치에 장해를 일으키기도 한다.

방전은 빛의 형태나 강도에 따라 다음과 같이 분류한다.

(1) 코로나 방전(**corona discharge**)

대전된 부도체가 가는 선과 같이 도체나 첨예한 선단을 가진 도체를 통하여 방전되는 형태로, 미약한 발광과 소리를 수반한다. 그러나 코로나 방전은 방전 에너지가 적기 때문에 특별한 재해나 장해를 동반하지는 않는다.

(2) 스트리머 방전(**streamer discharge**)

상당한 양의 대전 전하량을 갖는 물체가 곡률 반경을 갖고 있는 도체와의 사이에서 발생하는 수지상의 발광과 펄스상의 파괴음을 수반하는 방전이다. 이 방전은 방전 에너지가 상대적으로 많아 재해나 장해의 원인이 될 가능성이 크다.

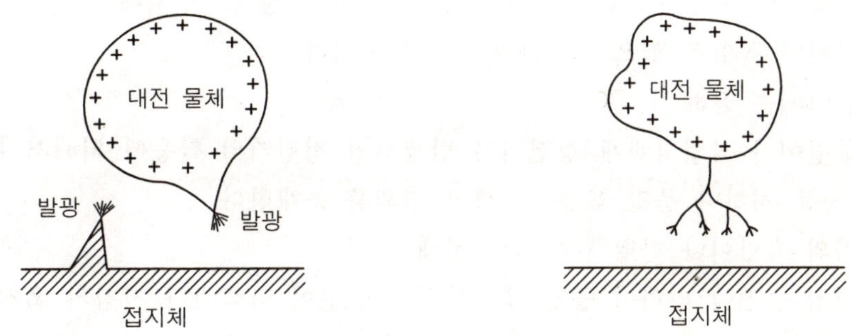

[그림 2-15] 코로나 방전과 스트리머 방전

(3) 불꽃 방전

정전기로 대전된 물체가 넓은 면적의 접지체에 방전하는 형태로 강력한 빛과 열 그리고 파괴음을 동반한다. 이 방전은 방전 에너지가 크고 밀도도 높아 재해나 장해의 원인이 되고 있다.

(4) 연면 방전

정전기로 하전된 물체가 엷은 층상의 형상이나 넓은 접지체를 통하여 방전하는 형태로 수지상(tree phase)의 발광을 동반하여 방전한다. 이 방전도 불꽃 방전과 같이 재

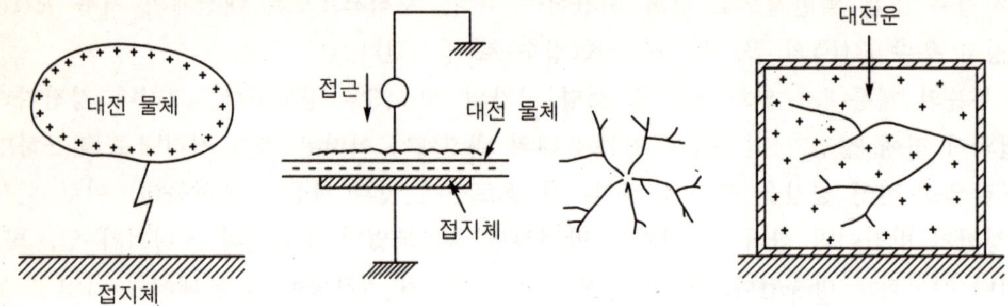

[그림 2-16] 불꽃 방전, 연면 방전, 뇌상 방전

해나 장해의 원인이 된다.

(5) 뇌상 방전

공기중에 부유하고 있는 하전 입자가 모이면서 규모가 커지고, 주위에 다른 구름이 있으면 번개를 동반한다. 방전 에너지가 대단히 크고 강력하여 여러 가지 재해나 장해의 원인이 된다.

4. 정전기 재해

정전기에 의해 일어나는 장해는 생산 계통에 미치는 장해, 인체에 영향을 주는 재해, 그리고 화재나 폭발을 일으키는 재해로 나누어진다.

(1) 생산에 미치는 장해

취급하는 물질이나 작업자에게 정전기가 발생하면 정전기의 작용에 의해서나 방전에 의하여 작업 능률 저하나 품질 불량 등 생산 장해를 초래한다.

① 정전기의 흡인이나 반발력에 의한 장해

㉠ 대전된 분진에 의하여 공정 계기류의 눈금선이 막히거나 지침의 오지시에 의한 장해

㉡ 제사 공장에서 자주 일어나는 실의 절단이나 얽힘, 보풀 발생, 분진에 의한 품질 불량

㉢ 직포의 건조와 정리 작업중의 보풀 발생, 접기 불량

㉣ 인쇄시 종이에 일어나는 파손, 흐트러짐, 겹침, 더러움 등

② 방전에 의한 장해

㉠ 방전시 흐르는 정전기 전류에 의한 반도체 소자와 같은 전자 부품의 파괴나 오동작

㉡ 방전시 발생하는 전자파에 의한 잡음과 오동작

ⓣ 방전시 발생하는 빛에 의한 사진 필름 등의 감광 장해

(2) 정전기 쇼크(shock)

화학 섬유 옷에 의하여 정전기에 하전된 인체가 접지된 금속체에 닿았을 때 일어나는 방전으로 인한 쇼크와 정전기에 대전된 물체에 인체가 접촉될 때 인체를 통하여 흐르는 전류에 의하여 인체가 받는 쇼크가 있다. 이 쇼크로 인체가 받는 상해는 가벼운 것이지만, 이것에 의하여 균형을 읽고 넘어지는 등 2 차적 장해를 받을 수 있다.

인체의 정전 용량은 대개 100 PF 정도이고, 3 kV 정도의 정전기가 대전되었을 때에는 통증을 느끼게 되므로 3 kV 대전 전위를 위험 전위로 간주한다.

(3) 화재와 폭발

방전 에너지가 혼합 가스나 분진의 최소 착화 에너지를 넘을 때에는 화재나 폭발이 일어난다. 최소 착화 에너지가 수십 μJ인 혼합 가스는 대전 전위가 1 kV 이상이면 위험 전위이고, 수백 μJ인 분진은 5 kV 이상이면 위험 전위가 된다. 방전 에너지는 간단히 구할 수 있는 수치가 아니므로 대개 위와 같이 대전 전위에 의하여 위험 전위를 구하고 있으나, 대전 물체의 특성에 따라 대전 전위가 같아도 방전 에너지가 다른 경우가 많다. 대전 물체가 절연된 도체인 경우와 부도체인 경우가 특별히 다르다. 위에 적은 1 kV와 5 kV 대전 전위는 절연된 도체의 경우이고, 부도체의 경우에는 물체의 형상에 따라 30 kV 이상에 대전되었을 경우라도 최소 착화 에너지에 이르지 않는 경우가 있다.

5. 정전기 재해 예방 대책

정전기는 실체를 파악하기가 매우 어려워서 이제까지 연구된 바도 적고, 연구 결과 자료도 차이가 많으나 정전기 재해 방지 대책에 대해서는 대부분 일치를 보고 있다.

- 대책 1 : 정전기 발생의 억제
- 대책 2 : 발생 전하의 축적 방지
- 대책 3 : 축적된 에너지의 위험 분위기내에서의 방전 방지.

일반적인 대책 마련을 위해서 다음과 같은 순서에 따라 검토한다.

① 정전기 발생 원인이 되는 기기의 발생 전하량을 시간을 정수로 하여 예측한다.

② 정전기에 대전된 물체가 축적하는 전하를 시간을 정수로 해 대전량을 추정한다.

③ 방전을 일으키는 기구가 존재하는지 확인한다.

④ 주위 환경에 위험 분위기가 형성될 가능성이 있는지 확인한다.

⑤ 방전이 일어났을 때의 장해 정도와 범위를 예측한다.

위의 내용에 따라 방지 대책을 정리하면 표 8과 같다.

[표 2-8] 정전기 방지 대책

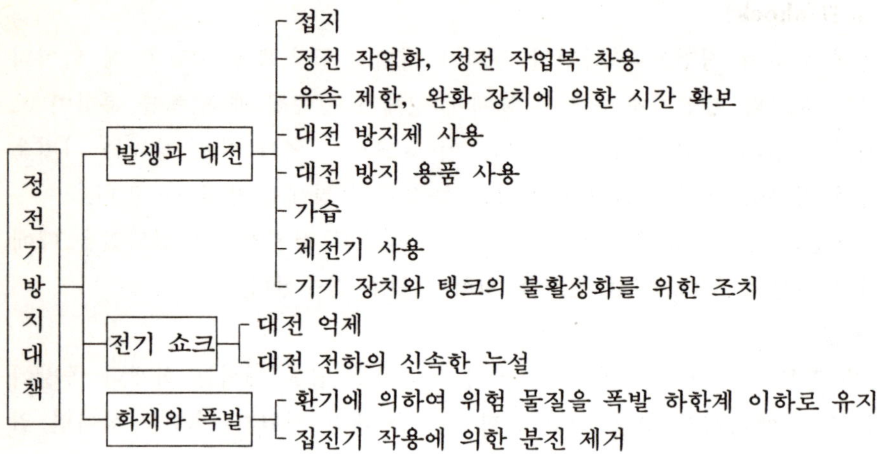

(1) 접 지

정전기 계통에서는 대지와 저항이 $10^4\,\Omega$ 이하이면 대지로 전류가 순간적으로 흘러 축적이 일어나지 않으므로 정전기 범위에 들지 않는다. 그리고 접지 저항이 $10^6\,\Omega$이면 정전기의 방전 전류(누설 전류)가 수 μA 정도의 미소 전류가 되어 장해를 일으키지 않는다. 이들 저항치를 전기 설비와 피뢰기 접지 저항치인 $100\,\Omega$ 이하와 비교하여 볼 때 정전기 계통의 접지 저항에 대한 개념을 상상할 수 있을 것이다. 정전기로 대전된 물체가 접지된 물체에 가깝게 접근하면 순간적으로 불꽃 방전이 일어나며 장해를 일으키는데, 이를 방지하기 위하여 고안된 제전기의 접지 저항이 $10^6{\sim}10^8\,\Omega$이므로 방전 전류가 수 μA의 누설 전류로 바뀌어 흘러 장해 발생을 억제한다. 이 범위를 제전 접지 저항이라 한다.

접지시 고정되어 있는 설비를 일반 접지 계통에 연결하는 것은 문제가 없으나 회전하고 있는 기기의 회전 부품을 접지하는데 있어서는 회전축과 베어링(bearing) 간의 유층이 두터워 정전기로 하전될 위험을 안고 있으므로 회전 부분에 도전성 윤활유를 사용하거나 슬립링(slip ring)을 설치하여 정전기를 대지로 누설하게 하며, 벨트(belt)나 콘베어(conveyor)에는 도전성 재료를 사용하여 정전기를 누설시킨다.

기기를 이동시키는 작업대에서는 작업대의 재료에 도전성 매트(mat)를 사용하여 접지하거나 가습기에 의하여 습도를 높여 정전기를 안전한 한계내의 전류로 방전시킨다.

액체를 취급하는 설비의 접지 방법에는 많은 곤란한 문제가 내포되어 있다. 석유류의 급유, 수송, 교반(agitation)과 시료 체취 등의 작업중에 정전기의 방전에 의한 화재나 폭발을 방지하기 위해서는 절연되어 있는 금속체들을 확실히 접지할 필요가 있으며, 이송용 배관의 플랜지는 확실히 본딩(bonding)하여 전류 통로를 마련해 주어야 한다. 고무 호스와 같은 절연 파이프에서는 금속제 노즐(nozzle)은 접지하고, 급유가 끝난 후에는 필히 일정한 정지 시간을 가진 후에 노즐을 분리한다. 탱크에서 시료 채취 작업을 할 때에는 도전성 로프(rope)로 접지를 시행한 후 작업을 시작하며 혹시 있을지도 모르는 인체 대전에 의한 화재나 폭발을 방지하기 위하여 작업 전에 접지체에 확실히 접촉하여 전하를 대지로 방출시켜야 한다.

한편, 정전기의 발생량을 정량적으로 계산하는 연구가 진행되어 왔으며 이 자료를 근거로 미국 석유 화학 협회(API)와 독일 화학 공업 협회에서는 석유 화학 제품을 배관으로 이송할 때의 유속에 대하여, 아래와 같이 규정하고 있다.

[표 2-9] **API** 기준

배관의 호칭경(inch)	1	2	4	8	16	24
관내경(mm)	25	50	100	200	400	600
제한 유속(m/sec)	3.5	3	2.5	1.8	1.3	1.0
독일 협회(m/sec)	5	3.5	2.5	1.8	1.3	1.0

독일 협회에서는 $v^2d < 0.64$, v는 제한 유속(m/sec), d는 내경(m)으로 규정하고 있고, 이를 계산하면 위의 항과 같은 결과가 나온다. 그러나 탱크나 용기에 주입할 때에는 관경에 관계없이 1 m/sec 이하로 규제하고 있다.

그리고 탱크나 용기에 설치된 급유관, 교반기, 시료 채취관은 용기 바닥까지 충분히 내려오도록 한 후에 작업을 시행한다.

이와 같은 설계나 제작이 완벽하지 않을 때에는 접지 등 기술 기준을 철저히 지켜 작업을 수행한다고 하여도 용기내의 유중에 이중층이 생겨 정전기가 발생하고 이로 인하여 화재나 폭발 사고가 일어나는 경우가 종종 있으므로 제작품의 철저한 검토가 요망되는 사항이다.

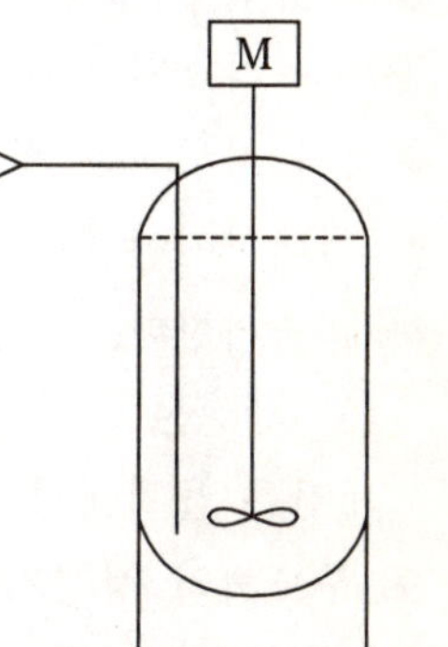

[그림 2-17] 교반기 설치 위치와 주입기 위치

(2) 인체 대전 방지

사람의 몸이 구두에 의하여 땅과 절연되어 있는 경우에 옷의 마찰, 구두와 땅 사이의 마찰, 또는 정전 유도에 의하여 대전되는데, 이 경우 불꽃 방전에 의하여 반도체 기기 등이 오 동작이나 동작 불능 상태에 이르거나, 가연성 가스가 있을 경우에는 화재나 폭발을 일으킨다. 일반 구두는 저항이 $10^{12}\,\Omega$ 정도이나 정전화한 작업화는 $10^5\,\Omega$ 정도이므로 정전기를 대지로 누설시킨다. 또한 약 $50\,\mu m$ 정도의 직경을 갖는 도전성 섬유를 넣어서 만든 정전화한 정전 작업복을 입으면 대전된 에너지를 코로나 방전에 의하여 열에너지로 방전시켜서 정전기를 제거한다. 다음과 같은 장소에서는 이러한 정전화한 작업복과 작업 구두를 꼭 착용해야 한다.

① 전산실처럼 전자 기기를 취급하는 장소와 반도체, 전자소제를 취급하는 작업장
② 분진이 발생하는 작업장
③ 습도가 낮아 정전기 발생이 많은 작업장
④ 위험 분위기가 항상 존재하는 작업장

(3) 가 습

가습에 의하여 공기의 상대 습도를 높여 물체의 표면 저항률을 낮추어 습기가 있는 공기로 정전기를 누전시켜 정전기 축적을 억제한다. 이 때의 공기의 상대 습도는 60~70% 범위가 적당하다.

(4) 도전성 향상

플라스틱과 합성 섬유의 대전 방지에 보편적으로 사용하는 방지 방법에는 대전 방지제, 즉 제전 물질을 첨가하거나 탄소나 금속분을 첨가하여 도전성을 높여줌으로써 대전된 전하를 누설시킨다. 또한 절연물의 표면을 도포하여 흡습성이나 이온(ion)성을 높여 표면 저항을 낮추어 주는 방법도 이용되고 있다. 대개 $10^{14} \sim 10^{20}$ Ω치의 범위까지 높은 플라스틱이나 섬유 제품의 표면 저항을 $10^{10} \sim 10^{11}$ Ω치까지 낮추면 대전된 전하의 축적이 저하되는 것으로 알려져 있다. 대전 방지제에는 여러 종류가 있으나 특성에 따라 선택하여야 하며, 식품 포장제와 기구에 독성이 있는 약품이 들어가지 않도록 세심하게 주의한다.

(5) 제 전

제전은 물체에서 발생하는 정전기 또는 대전되어 오는 정전기를 제거하는 것으로 주로 부도체의 정전기를 대상으로 하는 정전기 축적 방지 대책이며, 이를 제거하는 기구를 제전기라 한다. 제전기는 원리상 전압 인가식 제전기, 이온식 제전기(방사선식 제전기)와 자기 방전식 제전기가 있다.

① 전압 인가식 제전기는 방전침에 7,000 V의 전압을 인가하면 공기가 이온화하여 코로나 방전을 일으켜 정전기를 중화시키고 영전위까지 제전할 수 있다.
② 이온식 제전기는 방사선 동위 원소의 이온화 작용에 의하여 정전기를 중화하는 방법으로 방사선에 의한 장해를 주의해야 하고, 제전 능력이 낮고, 이동하는 물체에는 부적당하다.
③ 자기 방전식 제전기는 스테인리스(5 μm), 카본(7 μm), 도전성 섬유(50 μm)에 의해 코로나 방전을 일으켜 제전한다. 완전히 제거되지 않는 것이 단점이다.

(6) 정전 완화

정전 완화는 전기 누설에 의한 대전 전하가 시간이 경과함에 따라 감쇄하는 현상을

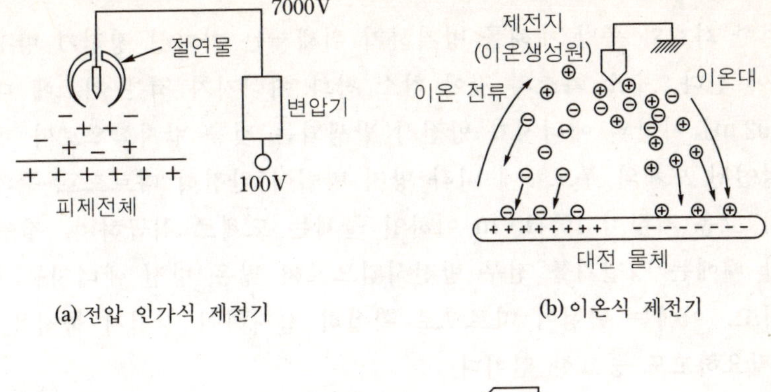

(a) 전압 인가식 제전기   (b) 이온식 제전기

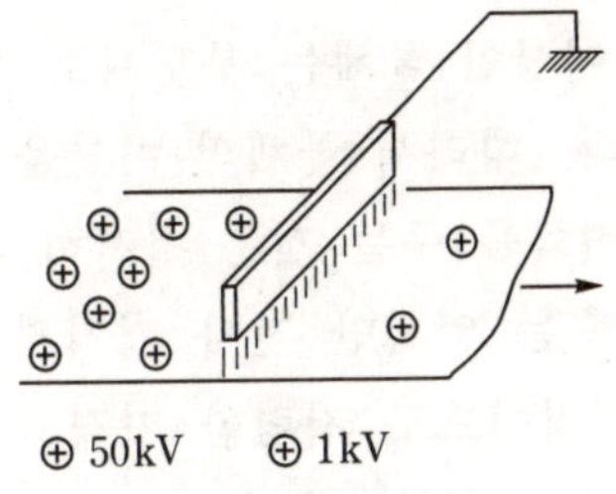

(c) 자기 방전식 제전기

[그림 2-18] 제전기의 종류

[표 2-10] 제전기 설치의 예

설치 장소	물체의 예	제 전 기
표면 대전 물체	필름, 종이, 포	전압 인가식, 자기 방전식
체적 대전 물체	분체, 액체, 수지	전압 인가식
이동 대전 물체	인체, 이동 제품	전압 인가식
고속 이동 물체	인쇄 필름, 유동 분체	전압 인가식, 자기 방전식
가연성 위험 장소	가연성 액체, 분체	전압 인가식, 자기방전식, 방사선식

말한다. 정전 완화를 이용하는 장치는 도전율이 작은(절연 저항치가 높은) 액체나 분체의 저장 시설의 정전기 축적과 방전 재해 방지에 이용된다. 정전 완화의 정치 시간은 도전율과 대전체의 용적과 형상에 따라서 다르고 접지 방법에 따라서도 다르므로 모의 실험에 의한 자료로부터 신중히 선택하여 사용해야 한다.

(7) 정전 차폐

정전기에 하전된 물체를 접지한 금속체로 둘러 쌓아 대전 물체가 일으키는 재해를 방지하는 방법이다.

(8) 화재와 폭발 방지 대책

정전기에 의한 화재와 폭발 재해를 방지하기 위해서는 착화성 정전기 방전이 일어나는 것을 막아야 한다. 수소 가스와 같이 최소 착화 에너지가 적은 가스에 대해서는 적은 양, 즉 0.02 mJ 이상의 에너지가 방전시 발생되는 것을 방지함으로써 재해를 예방한다. 또한 절연된 도체와 부도체에 따라 방지 방법이 완전히 다르므로 주의한다.

① 물질의 고유 저항이 $10^6 \, \Omega \cdot m$ 이하인 물체는 도체로 취급하며, 절연된 도체가 방전할 때에는 정전기를 전부 방전시킴으로써 많은 방전 에너지를 한 번에 방출시키고, 이에는 위험이 따르므로 확실히 접지하여 정전기 축적을 막는 일이 가장 필요하고도 중요한 일이다.

② 고유 저항이 $10^6 \, \Omega \cdot m$ 이상인 물체는 부도체로 취급되며, 정전기 발생을 방지하는 것이 매우 중요하다. 따라서 물체의 마찰을 막기 위하여 물체의 속도, 압력, 장력 등 과도적인 변화를 주는 것은 철저히 피한다. 전기가 주는 위험이라고는 직접적으로 말할 수는 없지만 전자 기기의 발전 방향이 고집적도, 저전압, 소전류를 사용하는 것이므로 저렴한 가격, 경량화와 더불어 소비 전력이 낮아짐에 따라 전자파 장해(EMI : electro magnetic interference)가 발생한다. 이 장해는 광범위하고 전문적인 사항이므로 여기서는 다루지 않겠다.

③ 전기 설비의 접지와 안전 운전

앞 절에서 다루었던 전기의 위험성에서 알 수 있었던 바와 같이 접지 방법은 전기 재해의 방지 대책에서 아주 중요한 기능을 수행한다. 또한 이 접지 기술은 전기 설비 계통 운전에 있어서도 매우 중요한 역할을 수행하므로 접지에 대한 기술을 살펴보고자 한다.

1 전기 계통

전기 계통은 기능면에서 두 가지로 구분된다.
① 전력 계통
② 보호 계통

전력 계통은 말할 것도 없이 전력을 생산하는 발전기에서 전기를 사용하는 전기 기기까지 전기를 보내는 계통과 전기를 사용하는 기기를 포함하는 계통을 말한다.

보호 계통은 전기를 발생하고 보내고 사용하는 기기에서 일어날 수도 있는 각종 재해를 방지하기 위하여 시설하는, 안전을 담보하는 보호 장치를 말한다. 전기를 안전하게 사용하는 방법에는 보호 계통 외에도 절연 등 많은 것이 있으나 여기에서는 이 책의 목적에 따라 접지에 관련된 사항만을 다룬다.

사람에 대한 전기 장해는 직접 접촉에 의한 재해와 간접 접촉에 의한 재해가 있다.

1. 직접 접촉에 대한 보호 방법

절연되지 않은 나동선과 같은 충전된 전기 기기에 접촉하여 일어나는 재해는 전기에 대한 지식이 없는 일반인도 분명하게 알고 있는 사실이다. 이러한 재해에 대한 보호는 전기 시설에서 일정한 거리를 유지하거나 시설물을 격리시키고 시설물과의 사이에 장해물을 설치함으로써 쉽게 예방할 수 있다. 이는 결국 어떠한 방법이든 전기 시설물로부터 사람이나 움직이는 물체가 접촉되지 않도록 철저하게 격리시키면 되는 일이다.

2. 간접 접촉에 대한 보호 방법

간접 접촉이란 절연된 전선이나 기기 외함과 같은 비충전부에 접촉하였을 때에 사고나 계통상의 기능 부조화 현상에 의하여 재해를 받는 경우로, 이러한 접촉에 대한 보호는 직접 접촉에 대한 보호 방법에 더하여 별도의 보호 방법이 요구된다. 이들 방법 중에는 보호선(protective conductor)를 포함시켜서 고려할 때 특성면에서 명백하게 다른 두 종류의 보호 기준이 있다.

(1) 계통 구성 형태에 따른 보호 방법

계통의 중성점과 기기 외함을 포함한 전기 계통에 어떠한 접지 방법을 선정하였는가에 따른 보호 방법 선택 기준, 여기서는 중성점 비접지 방법도 하나의 기준으로 선택에 포함된다.

(2) 보호 기기의 선택 기준

사고를 인지하여 표시만 할 것인가 또는 위험을 초래하는 접촉 전압을 차단할 것인가 또는 양자를 같이 사용할 것인가를 정하는 기준이다.

위 두 종류의 보호 기준이 정해지면 다음 사항이 그에 따라 자연히 정해진다. 계통 구성 형태는 직류 전원인가, 교류 전원인가, 교류 전원인 경우 단상인가, 삼상인가 그리고 단상인 경우 단상 이선식인가($1\phi 2\,w$), 단상 삼선식인가($1\phi 3\,w$), 삼상인 경우 삼상 삼선식인가($3\phi 3\,w$), 삼상 사선식인가($3\phi 4\,w$) 그리고 접지 방법은 어떤 형태인가도 자연히 규정된다.

보호 기기의 형태에는 과전류를 감지하여 사고가 발생한 기기나 계통을 보호할 것인가, 사고 전류를 감지하여 보호할 것인가, 사고 전압을 감지하여 보호할 것인가, 또는 계통과 저항으로만 연결된 감지기에 의하여 보호할 것인가가 규정된다.

(3) 보호선을 이용한 계통의 보호 방법

간접 접촉의 경우 전기 기기의 외함을 보호 접지 계통이나 전력 계통의 중성점에 연결하는 연결선으로 보호선을 이용하고 있고, 보호선에 의한 보호 방법의 특성은 다음과 같다.

① 보호선을 이용한 보호 방법은 자유로이 선택되지 못하고 계통 구성 형태가 미리 설정되면 그에 따라 보호 방법도 정해진다.

② 보호 방법은 사람에 미치는 위험을 제거하는 것으로 접촉 전압이 위험 수위에

이르면 즉시 전원을 차단하게 하거나 경고를 발하여 장해를 예방한다.

2 접지의 기본 사항

접지는 전기 설비가 대지에 전기적으로 접속을 실현하는 방법으로 보통 강전용 접지와 약전용 접지로 나눈다.

강전용 접지는 사람에 대한 장해를 방지하고, 전기 계통과 전기 기기의 안전한 운전을 보증하는 안전을 위한 접지라고 할 수 있으며, 그 반면에 약전용 접지는 전기, 전자, 통신 기기와 그 계통의 안전한 운전을 보완하여 기능을 높이는 기능 접지라 할 수 있다.

현재 여러 가지 용도로 이들 접지를 사용하고 있으며, 이를 정리하면 아래와 같다.

① 감전 방지용

② 전위의 균등화를 위한 기준용

③ 정전기 장해 방지용

④ 피뢰기의 전류 방류용

⑤ 대지를 회로의 일부로 이용하는 계통의 단자용

⑥ 통신 장해 억제용

그리고 목적에 따라 접지를 분류하면, 아래와 같다.

1. 계통 접지

일반적으로 변압기의 내부 고장이나 전선의 단선 등의 사고에 의하여 고압과 저압의 혼촉이 일어나 고압측의 전기가 저압 계통으로 들어옴으로써 일어나는 재해를 방지하기 위하여 주로 저압측에 접지하는 것을 계통 접지라고 한다.

전기 설비 기술 기준에 관한 규칙 23 조에서는 고압 또는 특고압 전로와 저압 전로를 결합하는 변압기의 저압측 중성점에서는 제 2 종 접지 공사를 시행하도록 규정하고 있다.

이와 같은 접지 공사를 시행하면 사고가 일어나 접지선에 흐르는 고압측 1선 지락 전류에 의한 저압측 대기 전압 상승이 150 V 이하로 억제되어 저압 전로에 접촉한 사람이나 연결된 기기가 치명적인 장해를 입을 가능성이 비교적 적어진다. 그러나 제 2 종 접지 공사가 절대적인 안전을 보증하는 것은 아니므로 가능한 접지 저항을 적게 하는 것이 중요하다.

현재 이용되고 있는 여러 결선 방식은 다음 그림과 같다.

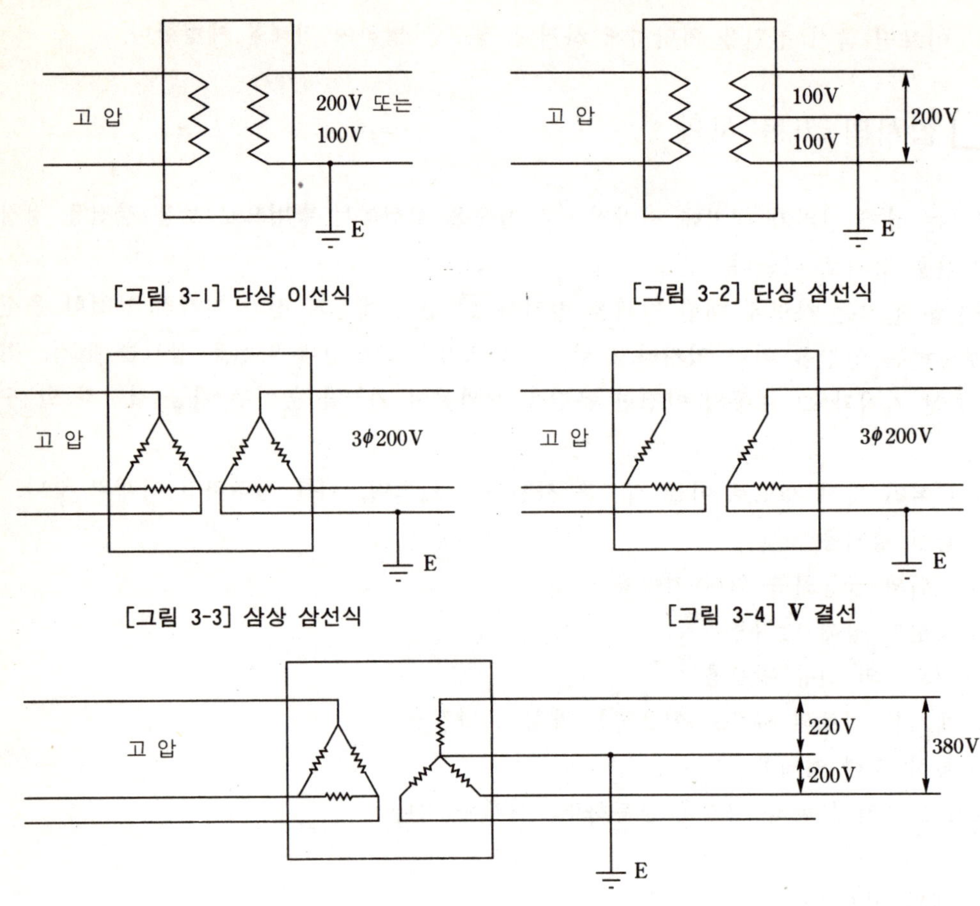

[그림 3-1] 단상 이선식   [그림 3-2] 단상 삼선식

[그림 3-3] 삼상 삼선식   [그림 3-4] V 결선

[그림 3-5] 삼상 사선식

그리고 전압 변성기(PT : potential transformer)와 전류 변성기(CT : current trans
-former)의 저압 2차측 전로는 1차측이 고압이면 제3종 접지 공사를 하고, 특별 고
압인 경우에는 제1종 접지 공사를 시행한다. 다음 그림을 참조한다.

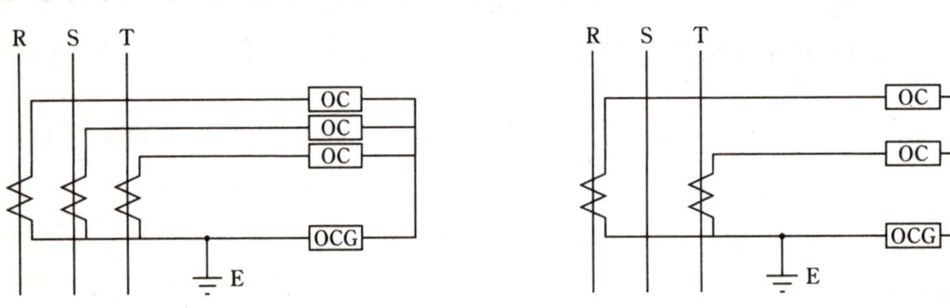

· OC : 과전류 릴레이 (overcurrent relay)
· OCG : 지락 과전류 릴레이 (ground overcurrent relay)

[그림 3-6] **CT**의 **Y** 결선   [그림 3-7] **CT**의 **V** 결선

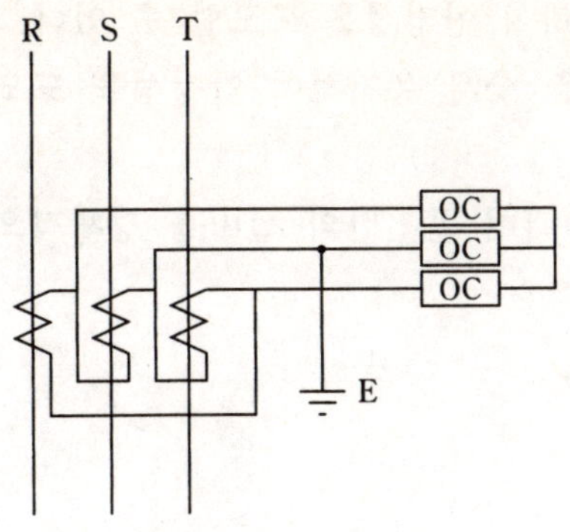

[그림 3-8] CT의 △ 결선

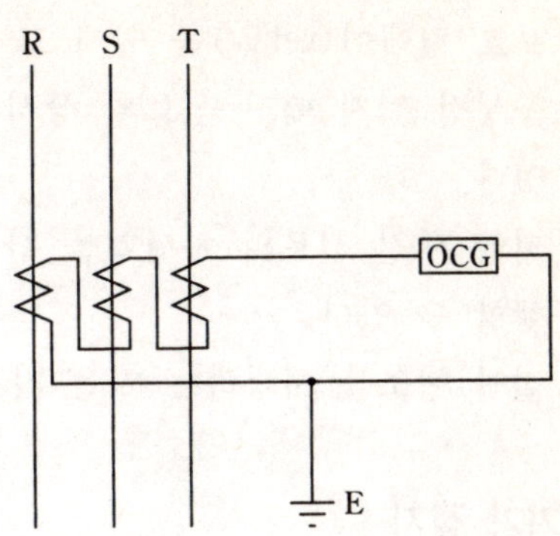

[그림 3-9] CT의 △ 결선 영상 전류

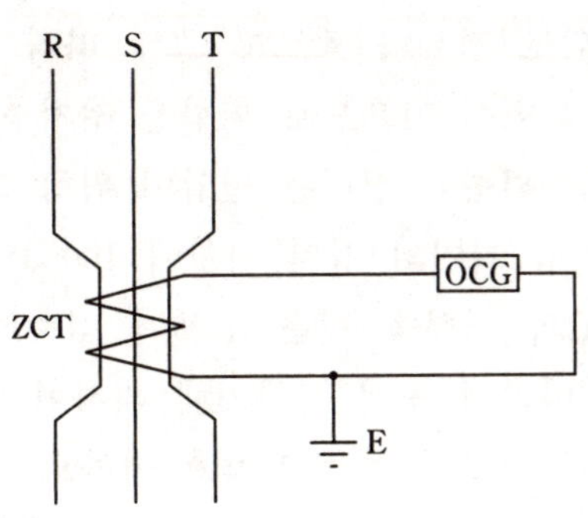

[그림 3-10] 영상 변류기(ZCT : zero CT)

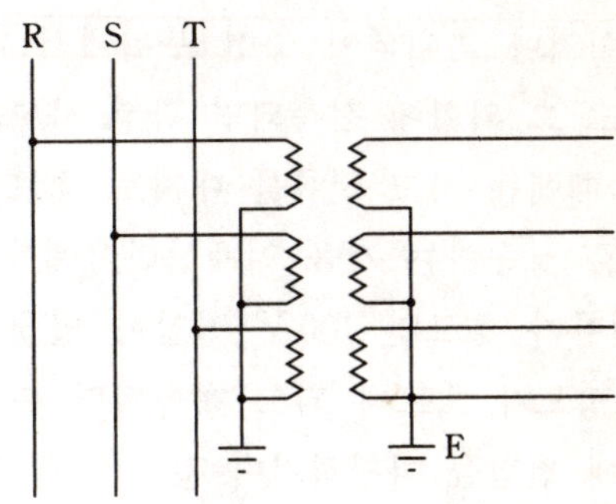

[그림 3-11] PT의 Y 결선

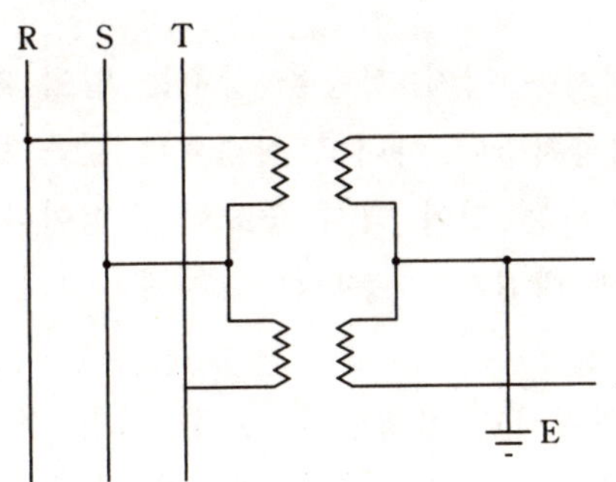

[그림 3-12] PT의 V 결선

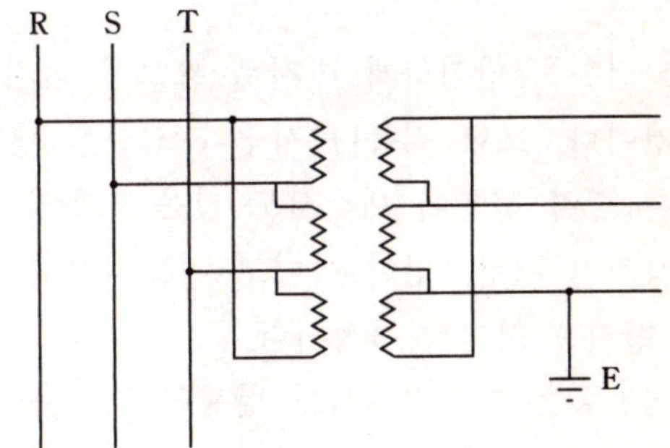

[그림 3-13] PT의 △ 결선

이와 같이 계통 접지를 함으로써 얻을 수 있는 효과는 아래와 같다.

(1) 낙뢰, 개폐 서지(surge), 정전 유도, 공진에 의하여 일어나는 이상 고전압 억제가 가능하다.

(2) 1선 지락이 일어났을 때 다른 상의 대지 전압 상승을 억제할 수 있다.

(3) 보호 릴레이(relay)를 쉽게 고속으로 차단하여 안정성을 도모할 수 있다.

(4) 중성점 접지 배전 선로의 상시 대지 전압을 낮게 유지하여 안정성을 도모할 수 있다.

(5) 저압 배전 선로의 차단기를 단극화(1 pole)하여 분전반의 설비를 경제적으로 시행할 수 있다.

(6) 절연 협조를 시행하는 일을 가능하게 한다.

2. 기기 접지

전기 28조에서는 전원에 연결된 기기의 외함은 위험 정도에 따라 제 1 종 접지, 제 3 종 접지, 특별 제 3 종 접지 공사를 하도록 규정하고 있다. 이는 전기 기기의 절연이 열화하거나 파괴되어 충전 부위에서 비충전 부위로 전류가 흐르고 그에 따라 전압이 걸리고 그 외함에 접촉되면 감전 사고가 일어날 위험이 있으므로 외함을 접지한다.

이 때에는 사고 전류를 대지로 흐르게 함으로써 외함에 걸리는 전압이 위험 전압 이상으로 상승하는 것을 억제한다. 예를 들어 저전압 기기의 접지 저항이 $100\,\Omega$일 때 1 A 전류가 흐르면 $100\,V$ 전압이 발생한다. $2\,k\Omega$의 저항을 갖은 인체가 접촉하면 50 mA 정도가 흐르게 되고 계속되면 위험해진다. 따라서 누전 차단기에 의하여 0.03 초 이내에 전원을 차단하거나 접지 저항을 $50\,\Omega$ 이하로 낮게 하여 25 mA 이하로 하면 안전 한계치내로 들어오게 된다.

3. 낙뢰 방지용 접지

뇌전류를 안전하게 대지로 흐르게 하기 위해서는 접지 저항을 낮추는 일이 제 1 의 요건이다. 또한 직류나 저주파 교류에 대한 저항치만이 아니고 직격뢰와 같은 변화가 빠른 충격 전류에 대해서도 낮은 저항을 갖게 하는 것이 역시 중요한 요건이다. 즉, 정상적인 저항치만이 아니고 과도기적인 특성에 대해서도 충분히 고려해야 하는 일이 뇌 방지용 접지의 특성이다.

뇌전류는 직격뢰에서도 발생하지만 유도에 의해서도 발생한다. 또한 접지 전류치가 매우 크다는 것이 또 다른 특성이다. 이 접지의 대표적인 사례는 피뢰침 접지, 가공지선 접지, 피뢰기 접지이다.

저항을 낮게 유지하는 일 이외에도 큰 전류가 대지로 흘러들어감에 따른 접지극 주위에 전위차가 발생하여 위험 전위에 이르게 된다. 따라서 접지 전위 경도를 가능한 한 완만하게 하기 위한 접지극 배치의 유용한 방법으로 방사상 접지와 환상 네트워크(network) 방식으로 접지극 공사를 시행하는 일도 검토해 볼만한 일이다.

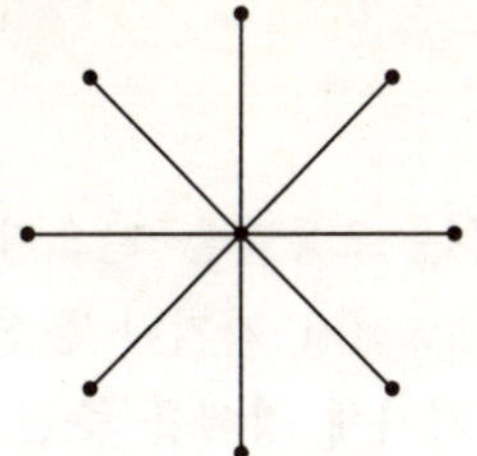

[그림 3-14] 방사상 접지극

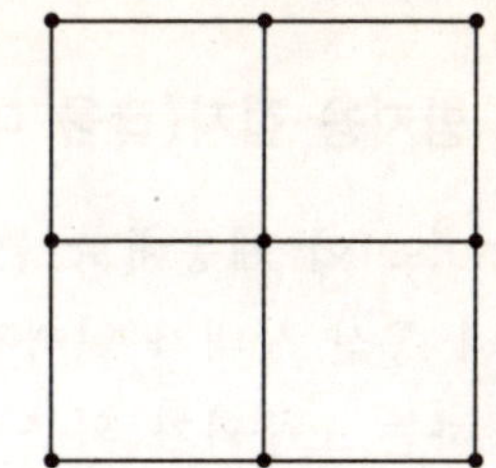

[그림 3-15] 환상 네트워크 접지극

4. 정전기 재해 방지용 접지

마찰과 같은 물체의 상호 이동으로 발생한 정전기가 축적되면 여러 가지 장해를 일으킨다. 이 때는 적당한 저항을 통하여 대지로 정전기를 흐르게 함으로써 장해를 제거하거나 억제한다. 현대는 화학 섬유나 플라스틱 제품과 같이 정전기를 발생시키는 물체가 많아지고, 한편에서는 반도체 칩(chip)을 내장한 전자 제품과 같이 정전기에 장해를 받을 만한 제품들이 많아지므로 정전기 방지를 위한 접지의 중요성이 날로 높아지고 있다.

5. 지락 검출을 용이하게 하기 위하여 설치하는 접지

저압 회로의 배전 선로에 누전 경보기나 누전 차단기와 같은 지락 보호 장치가 설치되어 운영되는 사례가 점점 많아지고 있다. 선로의 어떠한 지점에 지락이 발생하는 경우 릴레이나 누전 차단기의 정확한 작동을 보증하기 위해서는 검출 가능한 지락 전류가 흘러야 한다. 이를 확보하기 위하여 변압기의 저압측에 설치하는 접지를 지락 검출용 접지라 한다.

6. 등전위용 접지

병원에 설치하는 접지 계통이 대표적인 사례로, 환자가 사용하는 침대 등 접촉할 수 있는 모든 금속 기기에 위험한 전위차가 발생하는 것을 막기 위하여 사전에 금속 부분을 모두 서로 결합시켜 접지함으로써 전위차를 제거하기 위한 접지를 말한다. 한편 공정 조정실(process control room)이나 방송국과 같이 계기류와 통신 장비가 많이 설치되어 있는 장소에서는 기기의 정상적인 동작을 확실히 하기 위하여 전위의 안정화를 유지시키는 전위 기준점이 필요하며, 전위 기준점은 접지에 의하여 확보된다. 이외에도 컴퓨터(computer)실도 같은 이유로 전위 기준점을 잡기 위하여 접지를 시행하고, 이를 기준점으로 삼는다.

7. 전파 장해 방지용 접지(잡음 대책용 접지)

외부의 잡음(noise)이 계통내로 들어오면 전자 기기는 오동작을 일으키고, 통신 장비는 잡음에 의해 통신 상태가 나빠진다. 이를 억제하고 전자 기기나 통신 장비내, 즉 계통내에서 발생하는 고주파가 외부로 새어나가 다른 기기에 장해를 주는 것을 억제하는 기능을 갖은 접지를 잡음 방지 접지라 한다.

문화가 발달함에 따라서 전파 장해를 일으키는 원인을 만드는 기기는 아주 많아지고, 이 장해를 방지하는 일은 대단히 중요한 사항이 되고 있다. 형광등, 전자 레인지, 텔레비전 수상기, 네온 사인(neon sign), 자동차, 전기 철도, 컴퓨터 등 우리 생활에서 일상적으로 사용하는 전기 기기와 극초단파 치료기, 고·저압 배전선, 충전기, 정류기 등 특수 장소에 사용하는 기기 등 헤아릴 수 없이 많은 기기들이 전파를 발생시키고 있다.

이들이 발생시키는 장해를 방지하는 방법을 아래와 같이 3 가지로 나눌 수 있다.

(1) 잡음 방지용 필터(filter) 설치

전자 기기의 송신부 출구나 수신부 입구에 필터를 설치하고, 이를 접지한다.

(2) 금속망 등으로 실드(shield)를 설치

차폐실(shield room), 실드된 전선, 정밀 측정 기기의 가드(guard) 등을 접지하여 외부의 잡음을 봉쇄하는 기능을 갖는 접지를 말한다.

(3) 기기 부품 접지

변압기의 철심과 저압 배전 선로를 접지하여 외부에 나가는 전파를 억제한다.

이들 잡음 방지를 위한 접지는 리액턴스(reactance) 성분을 최소로 하고, 실드 기구는 가능한 넓은 것을 사용하여 실드 효과를 높인다. 이 때 커패시턴스(capacitance) 접지를 시행하는 것이 효과적이다.

다음은 그 예로 네온 사인용 변압기 접지를 표시한 것이다.

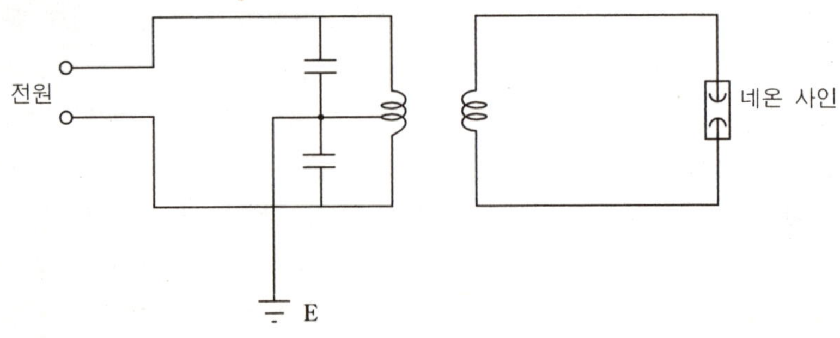

[그림 3-16] 네온 사인 변압기 접지

8. 유도 장해 방지용 접지

전력선과 약전 전선이 평행으로 설치되어 있는 경우에는 정전 유도 작용에 의하여 약전 전선에 정전 유도 장해가 일어난다. 특히, 전력선이 중성점 접지 방식으로 운전 되는 계통에 1선 지락 사고가 일어나 지락 전류가 흐르면 유도 장해를 크게 하는 원 인이 된다. 이와 같은 유도 장해는 정전 결합에 의하여 일어나는 것과 전자 유도 (electro magnetic induction) 결합에 의한 두 종류가 있다.

정전 유도는 유도를 받은 전선 주변에 분포되어 있는 정전 용량에 의하여 발생하고, 전자 유도는 선간 유도형(normal mode)과 대지형(common mode)으로 나누어진다.

대지형 유도는 지락 전류와 같이 영상 전류에 의하여 발생하는 자속에 의한 유도로 실제 중성선과 가상 중성선 및 대지간의 유도를 말하고, 선간형 유도는 전력선에 흐르 는 전류에서 발생되는 자속에 의한 유도로 중성선을 포함한 전력선간의 상호 유도, 즉 선간 상호간에 일어나는 선간 유도를 말한다.

특히, 이들 유도는 미약한 전력에 영향 받기 쉬운 통신선과 계장용 전선에 많은 장 해를 일으킨다.

정전 유도는 차폐(shield)를 시행함으로써 제거가 가능하다. 그러나 전자 유도, 특 히 선간형 유도는 차폐 효과가 없어 제거 불가능하다. 그래도 가장 가능한 억제 방법 은 전력선과 약전 전선 사이에 도전율이 좋은 금속을 사용하여 격리 접지를 하는 방법 과 두 전선간을 격리시키는 것뿐이다.

9. 금속 부식 방지용 접지(전식 방지용 접지)

일반적으로 물이나 흙과 같은 전해질과 접촉하는 금속 표면은 용존 산소의 농도 차 이나 온도 차이 등 환경적인 조건과 금속에 포함된 불순물, 금속의 잔류 응력, 가공상 의 부조화, 표면에 부착된 이물질 등 주위 조건의 차이에 따라 전위가 다른 부분이 무 수히 많아 부식 전지를 형성하고, 금속을 부식시킨다. 이러한 부식을 억제하기 위하여 희생 양극에 의해 대신 부식시키는 일과 외부에서 직류 전압을 금속과 대지간에 가하 여 부식 전지의 전압을 상쇄하여 부식을 방지하는 데 접지를 이용한다.

10. 기능용 접지

설비의 기능상 반드시 접지를 시행해야 하는 경우가 있는데, 위에서 말한 부식 방지 용 접지와 등전위화용 접지, 안정된 전위의 기준점을 제공하는 접지도 이 범위에 든다. 그리고 전파 송신용 안테나에 접지하는 것도 일종의 기능용 접지에 속한다.

3 저전압 전력 계통의 사양에 따른 접지 방법

계통의 중성점 접지 방법(계통 접지)과 기기의 외함 접지 방법(기기 접지)의 여러 조합에 따라 전력 계통을 운영하는 방법에는 여러 종류가 있다. 이 방법은 국제 전기 기술 위원회(IEC : international electrotechnical committee)내의 건축 전기 설비 전문 위원회(TC-64)에서 제안하였고, 저압 계통의 접지 방법으로서는 거의 유일하게 널리 채용되고 있는 사항을 여기에서 검토하기로 한다.

(1) 첫번째의 영문 글자는 전력 계통의 접지 방법을 표시한다.

① T : 한 지점만을 직접 접지하는 방식

② I : 모든 전력 계통, 즉 충전부가 대지로부터 절연되거나 한 지점에서 고저항 접지하는 방식

(2) 두번째의 영문 글자는 전기 기기의 외함을 접지하는 방식을 표시한다.

① T : 전력 계통의 접지나 계통과는 관계 없이 외함을 직접 접지하는 방식

② N : 교류 전력 계통에서 외함을 계통의 접지계에 직접 접지하는 방식으로, 접지 지점은 계통의 중성점에서 시행하는 것이 일반적 관행이다.

(3) 다음에 부가적으로 붙는 영문 글자는 TN 계통의 중성선(neutral conductor)과 보호선(protective conductor)의 배열 관계를 표시한다.

① S : 중성선의 기능과 보호선의 기능이 별도의 전선에 의하여 수행되는 사항을 표시한다.

② C : 중성선의 기능과 보호선의 기능이 하나의 전선에 의하여 수행됨을 표시한다. 문자적으로는 PEN(protective earth neutral)으로 표시한다.

· PE : 보호선 - 보호 접지(protective earth)

· N : 중성선(neutral conductor)

(4) 국제 전기 기술 위원회에 의한 기본적인 전력 계통은 다음과 같다.

① TN 계통

② TT 계통

③ IT 계통

4 TN 계통

이 계통에서는 계통내의 한 지점을 직접 접지하고(계통 접지), 기기의 외함 접지(기

기 접지)는 보호선(PE 선)을 통하여 계통 접지에 연결되거나 혹은 보호 중성선(PEN 선)에 연결되어 운전된다.

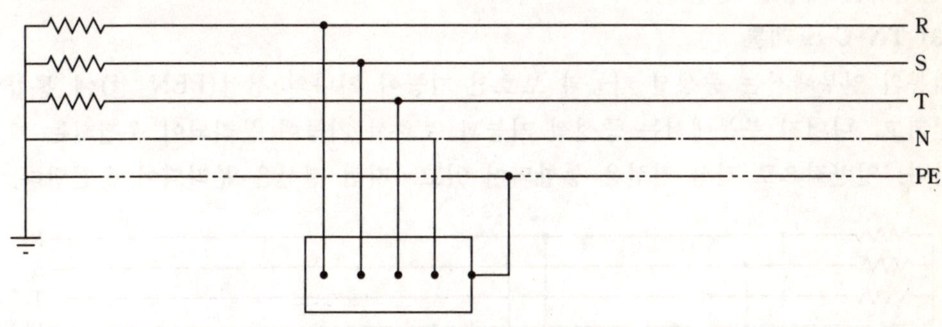

[그림 3-17] **TN** 계통

TN 계통은 중성선과 보호선의 배열에 따라 세 종류의 방식으로 다시 나누어진다.

(1) **TN-S** 계통

계통 전체를 통해 중성선 기능과 보호선 기능이 분리되어 운전되는 계통을 말한다.

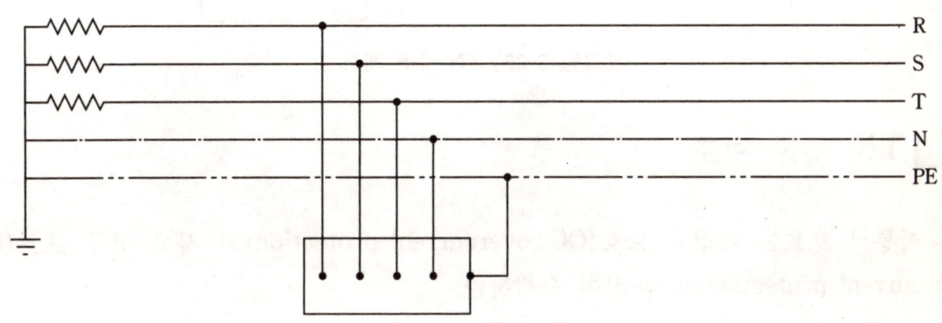

[그림 3-18] **TN-S** 계통

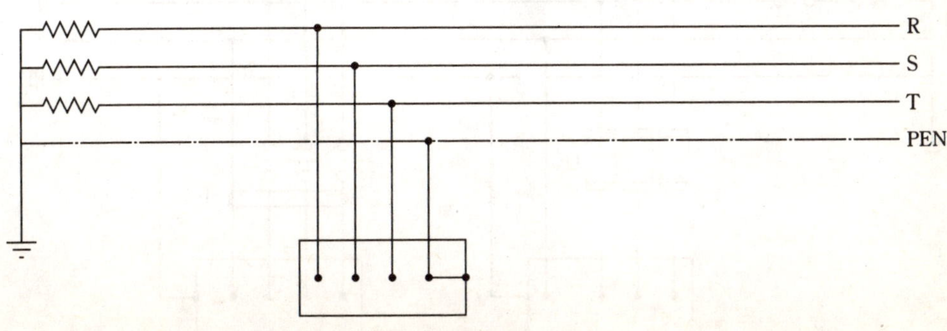

[그림 3-19] **TN-C** 계통

(2) **TN-C 계통**

계통 전체를 통하여 중성선 기능과 보호선 기능이 하나의 전선(PEN 선)에 통합되어 운전되는 계통을 말한다.

(3) **TN-C-S 계통**

계통의 일부에서는 중성선 기능과 보호선 기능이 하나의 전선(PEN 선)에 통합되어 운전되고, 나머지 부분에서는 중성선 기능과 보호선 기능이 분리되어 운전되는 계통을 말한다. 일반적으로 간선 전선은 통합되어 있고, 지선 전선은 분리되어 운전된다.

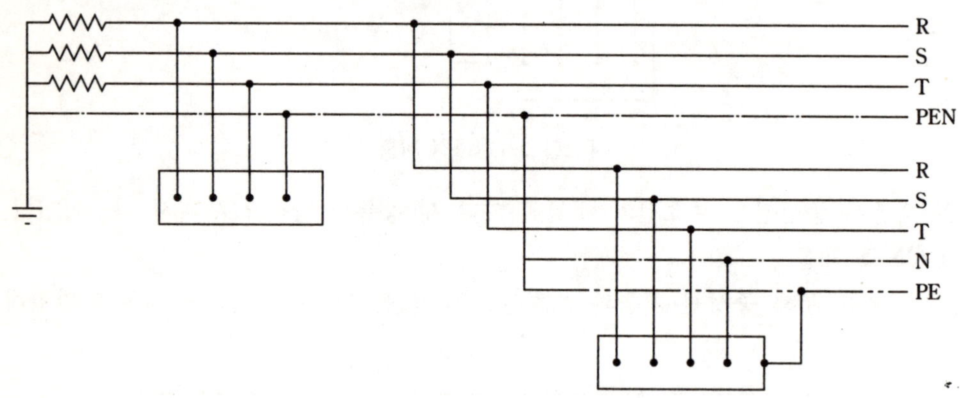

[그림 3-20] TN-C-S 계통

5 TN 계통 보호

이 계통의 보호는 과전류 보호(OC : overcurrent protection)와 사고 전류 보호(FI : fault current protection)에 의하여 수행된다.

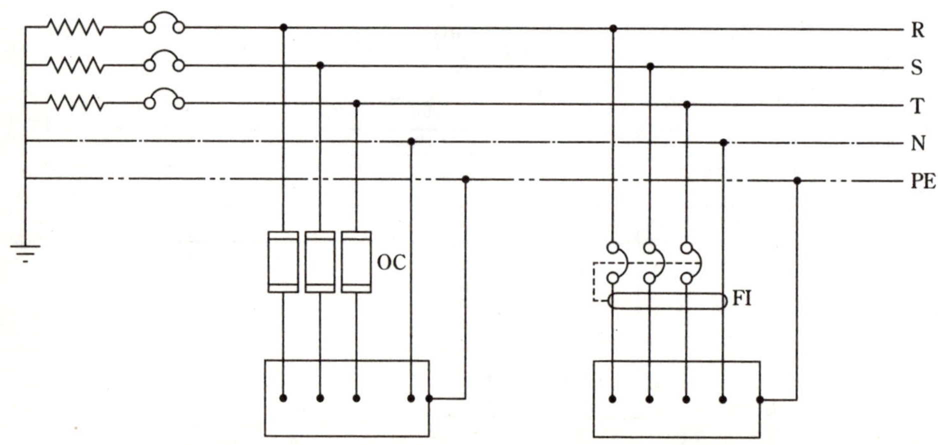

[그림 3-21] TN-S 계통의 과전류 보호와 사고 전류 보호

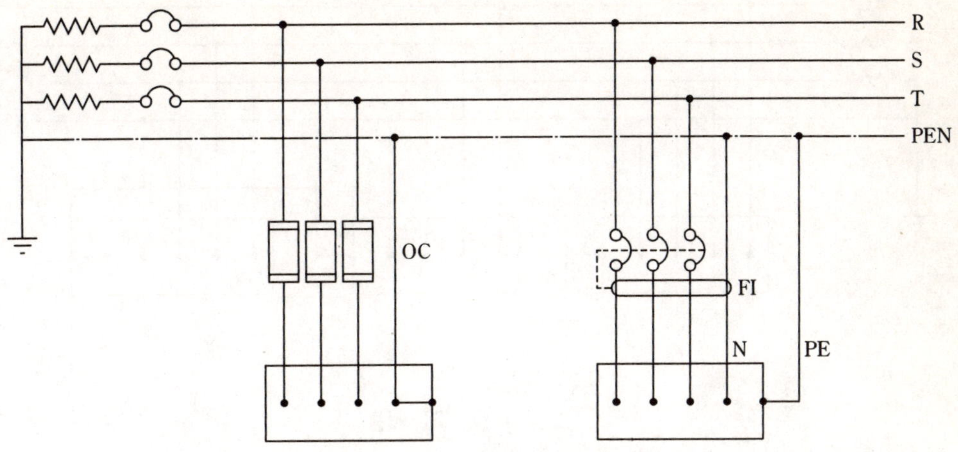

[그림 3-22] **TN-C** 계통의 과전류 보호와 사고 전류 보호

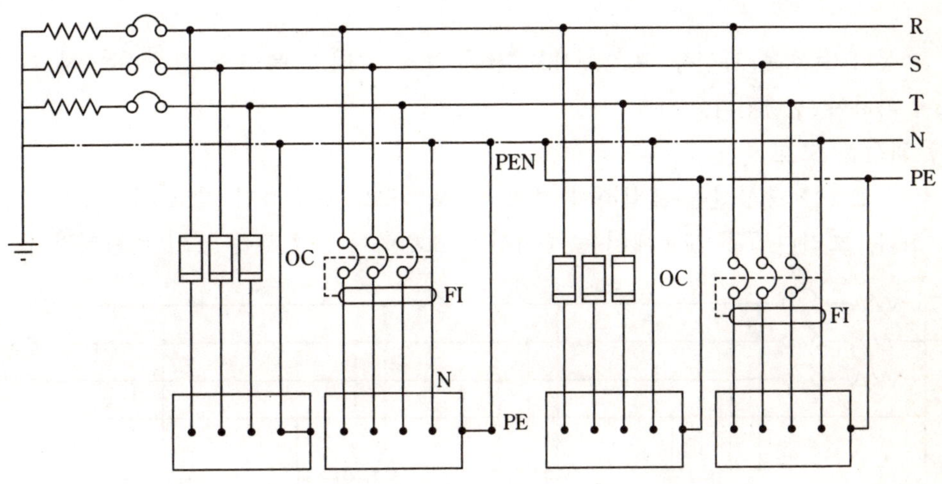

[그림 3-23] **TN-C-S** 계통의 과전류 보호와 사고 전류 보호

6 TT 계통

　이 계통에서는 계통내의 한 지점에서 직접 접지(계통 접지)하고, 전기 기기의 외함 접지(기기 접지)는 계통 접지와 분리하여 별도의 독립된 접지 전극에 연결하여 운전되는 계통을 말한다.

　그리고 이 계통은 계통 접지와 기기 접지가 서로 어떠한 관계도 없이 분리되어 운영되는 계통이다.

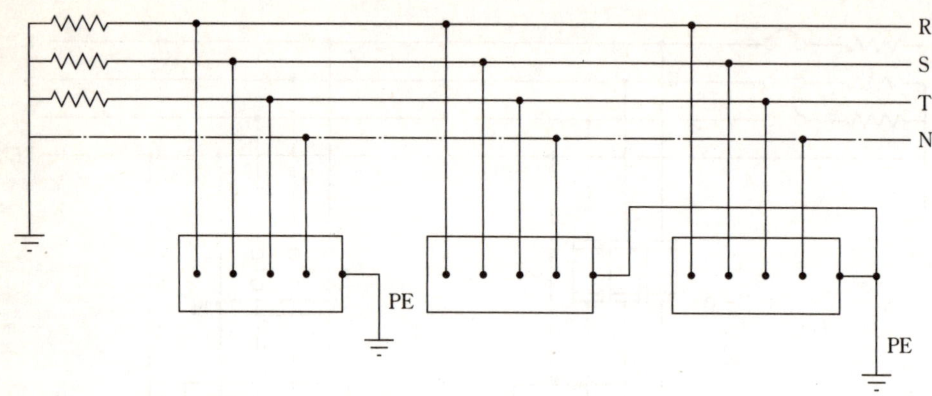

[그림 3-24] **TT** 계통

7 TT 계통 보호

이 계통의 보호는 과전류 보호, 사고 전류 보호 그리고 특별한 경우에는 사고 전압 보호에 의하여 수행된다.

(1) 과전류 보호

과전류 보호는 중성선를 포함하여 보호하기도 하고, 포함하지 않고 전력선만 보호하기도 한다. 그러나 TT 계통에서는 중성선을 포함하여 보호하는 것이 바람직하다.

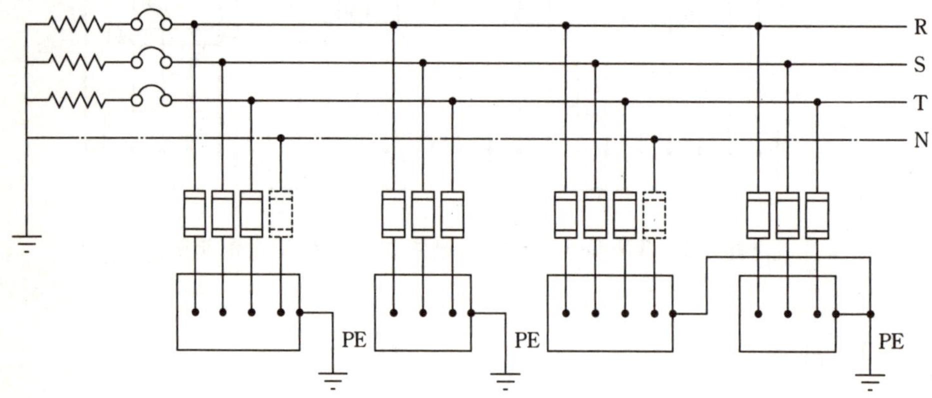

[그림 3-25] **TT** 계통과 과전류 보호

(2) 사고 전류 보호

사고 전류 보호는 과전류 보호와 같이 중성점을 포함한 경우와 포함하지 않고 전력 선만을 보호하는 경우로 나누어지고 있으나 중성점을 포함하여 보호하는 방식이 바람 직하다.

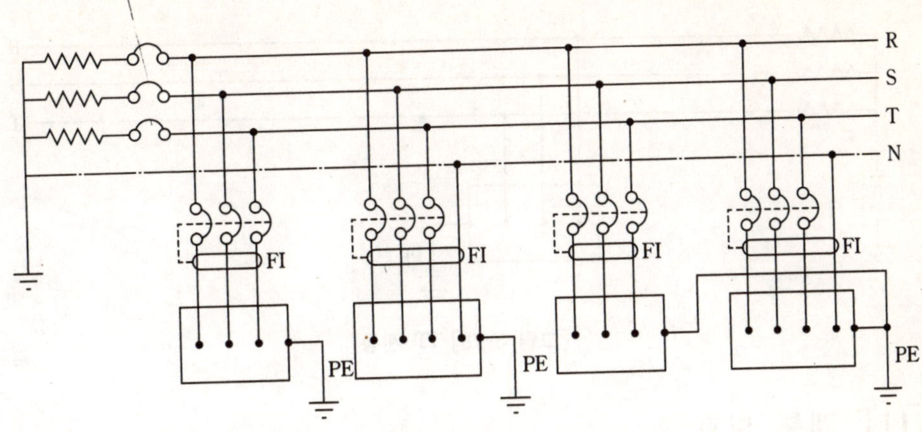

[그림 3-26] **TT** 계통의 사고 전류 보호

(3) 사고 전압 보호

사고시 접촉 전압이 안전 한계 전압을 넘어 위험하게 되는 것을 방지하는 보호 방식이다.

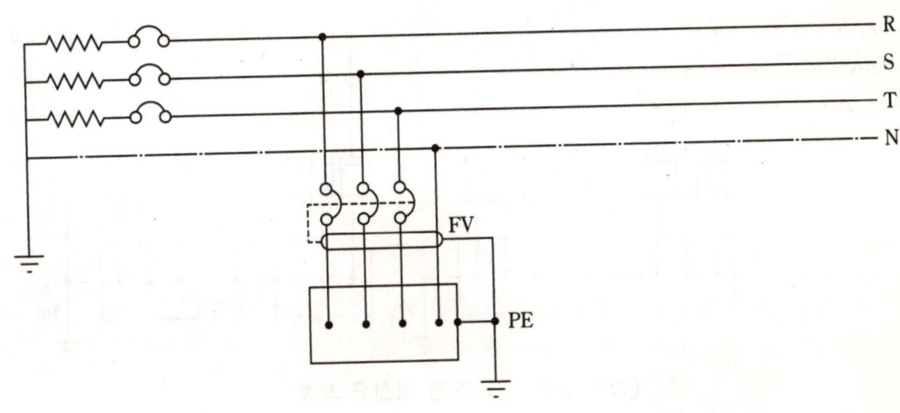

[그림 3-27] **TT** 계통의 사고 전압 보호(fault voltage protection)

8 IT 계통

IT 계통의 전력 계통은 비접지로, 접지되어 있는 어떠한 시설물하고도 연결되지 않고 운전되거나 높은 저항을 통하여 접지되어 운전된다. 그리고 전기 기기의 외함 접지 (기기 접지)는 계통과는 독립된 접지 전극에 접지한다.

이 계통은 특성상 1선 지락 사고에서는 큰 영향을 미치지 않으나 다른 상에서 일어나는 2선 사고에서는 큰 재해를 유발시키므로 첫번째의 1선 사고시에 사고를 검증하여 대책을 세워야 한다.

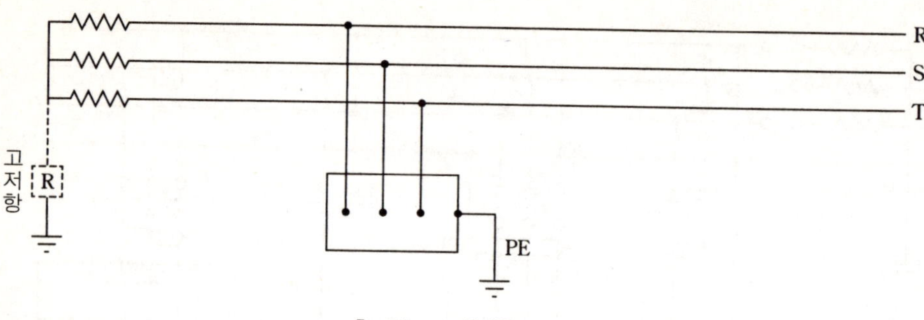

[그림 3-28] **IT** 계통

___9___ IT 계통 보호

이 계통에 대한 보호는 과전류 보호, 사고 전류 보호, 사고 전압 보호 그리고 사고
감시 장치 기구에 의하여 수행된다.

(1) 과전류 보호

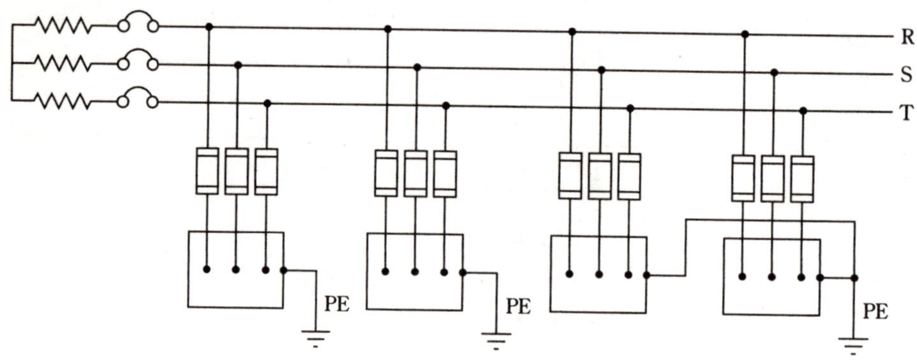

[그림 3-29] IT 계통 과전류 보호

(2) 사고 전류 보호

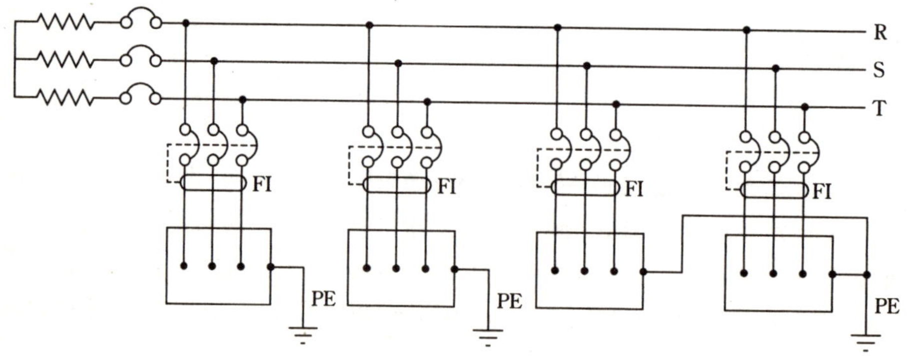

[그림 3-30] **IT** 계통 사고 전류 보호

(3) 사고 전압 보호

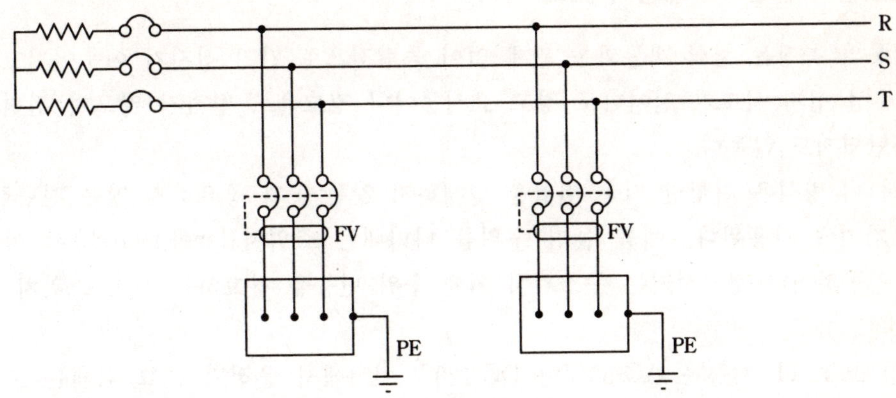

[그림 3-31] **IT** 계통 사고 전압 보호

(4) 사고 감시 장치

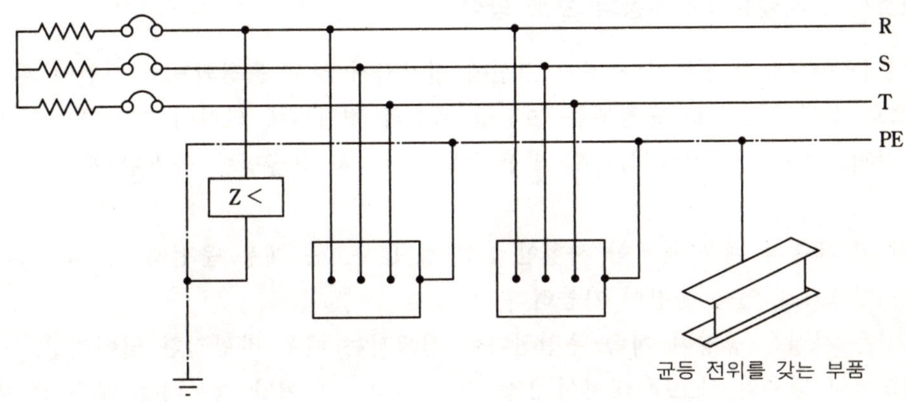

[그림 3-32] **IT** 계통 사고 감시 장치 보호 기구

10 저압 계통 운전과 보호

현재까지 저압 계통의 운전에는 TN-S, TN-S-C 방식이나 TT 방식이 거의 대부분 사용되었고, 예외적으로 특별한 경우에 고저항 접지 또는 IT 방식이 실용화되었다.

그러나 절연 재료가 장족의 발전을 거듭해 왔고, 비접지 계통이 갖고 있는 특수한 이점 때문에 근래에는 1선 지락 사고시에 예방할 수 있는 조치가 개발되어 IT 방식도 채용되고 있다. 이 IT 계통에서는 보호선이 설치되어 있는 경우와 보호선 없이 운영되는 경우가 있다.

1. 보호선이 없는 IT 계통의 보호 방식

이 계통의 특징은 전력 계통과는 관계 없이 독립적으로 기기 접지가 이루어지고, 계통내에 1선 접지 사고가 일어나도 경고 표시등이나 경고음도 발하지 않으며 전원으로부터 차단되지도 않는다.

따라서 이 방식은 위험한 접촉 전압을 발생하지 않는 곳과 중요하지 않은 간단한 계통이나 기기에 사용된다. 예를 들면 수위를 나타내는 스위치(level switch)에 있어서 펌프를 기동하거나 정지시키는 주스위치 외에 수위 변동을 경고하는 예비 스위치 등에 이용된다.

저전압 보호 IT 계통은 AC 50 V나 DC 120 V 이하에서 운전되고 그 외에는 고전압 계통과는 절연 변압기에 의하여 확실하게 절연되어 상호 혼촉 사고가 일어날 수 없는 곳에 사용된다.

2. 보호선이 시설된 IT 계통의 보호 방식

이 계통은 중성점을 통하거나 전력 전선에 접지되지 않고 운전되므로 저전압 계통은 일반적으로 접지 계통으로 운전되는 고전압 계통의 변압기에 의하여 전기적으로 절연되어 독자적으로 운전되거나 독립된 발전기에서 전력을 공급받아 독립된 계통으로 운전된다.

따라서 이 계통의 매우 독특한 사항인 1선 접지 사고는 계통 운전에 어떠한 장해도 일으키지 않으므로 연속 운전이 가능하다.

이와 같은 사실은 공장이 계속 운전된다는 점에서는 매우 바람직한 일이지만, 사고가 확대되거나 별도의 사고에 의하여 2선 접지 사고가 일어날 경우에는 매우 큰 재해가 일어나게 된다.

그러므로 계통의 안전성과 기기의 정상적인 운전을 보증하기 위하여 최초의 1선 지락 사고시 사고 발생을 경고등이나 경보음으로 인지하여 2선 사고로까지 이어지는 위험성을 예방하기 위하여 절연 검증기(사고 감시 장치)를 전력선과 보호선 사이에 설치하여 운전중에 일어나는 1선 사고를 감시하도록 대책을 세운다. 이를 위하여 모든 전기 기기나 도전성을 갖은 물체는 보호선에 연결하여 운전중에 일어나는 누전 사고를 계속적으로 감시하여 누전 전류가 설정된 한계치를 넘으면 경고를 발하도록 한다. 물론 여기에는 모든 전기 기기의 외함뿐만 아니라 파이프, 철구조물, 전선관 등도 포함된다.

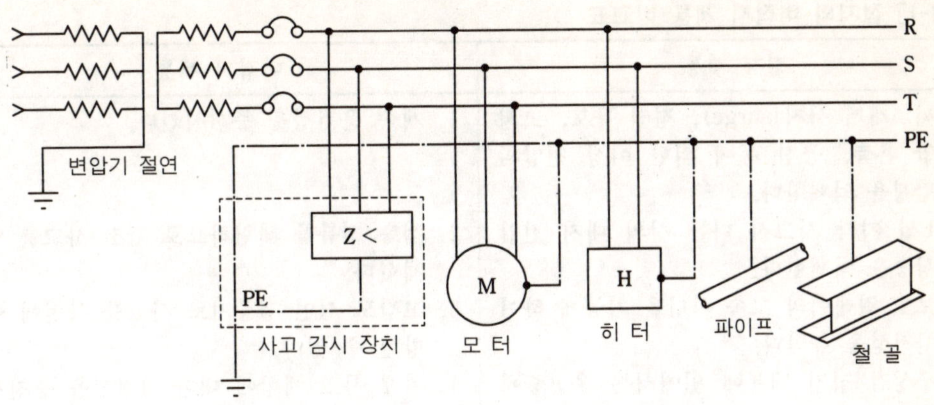

[그림 3-33] **IT** 계통의 사고 감시 장치와 보호 계통

여기서 절대적으로 주의해야 할 사항은 Y 결선과 같은 중성점이 있는 삼상 회로에서 1상 접지 사고가 일어났을 때에는 다른 건전한 상의 대지 전압이 선간 전압까지 상승되므로 특별한 주의가 요구된다.

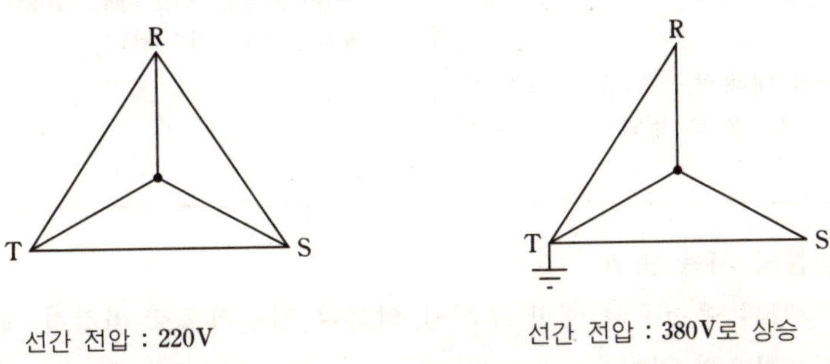

[그림 3-34] 1선 접지 사고시의 전압 상승

위에서 보는 바와 같이 열화된 절연 물질의 전기 기기가 1선 지락 사고시 전압이 상승됨에 따라 절연 파괴를 일으켜 제 2의 접지 사고에 이를 가능성이 높아지므로 절대적인 대책을 세워 예방 조치를 갖추어야 한다. 이 대책의 하나로 절연 검증기를 설치하고 그 성능을 높여서 정상 운전중에도 누전 전류를 연속적으로 기록하여 절연 열화를 사전에 알 수 있도록 하는 방법이 많이 사용되고 있다.

3. 접지 계통과 비접지 계통의 비교

(1) 장점
다음 표는 접지 계통과 비접지 계통의 장점을 비교하여 나타낸 것이다.

[표 3-1] 접지와 비접지 계통 비교표

접지 계통	비접지 계통
1. 뇌, 개폐 서지(surge), 정전 유도, 고저압 혼촉, 공진 등에 의한 이상 전압의 발생을 억제한다.	1. 계속 운전성을 증진시킨다.
2. 1선 지락 사고시 다른 상의 대지 전압 상승을 억제한다.	2. 접촉 전류를 제한하므로 감전 사고를 억제한다.
3. 보호 릴레이의 고속 차단을 가능케 하여 안전성을 높인다.	3. 고감도 절연 검증기로 사고를 사전에 예방할 수 있다.
4. 중성점 접지 계통에 있어서는 운전중에 대지 전압을 낮게 유지하여 안전성을 증진 시킨다	4. 화재 사고 예방에 대한 안전성을 증진시킨다.
5. 저압 배전용 차단기(MCCB)를 단극화하여 설치 비용을 줄인다.	5. 기기의 접지 저항치가 높아도 감전 사고시 위험이 적어서 접지극 설치에 비용이 적게 든다.
6. 절연 협조가 용이하다	6. 절연 상태를 검증하는 검증기는 이 계통에서만 사용가능하다.
7. 비접지 계통에 대해서도 제3의 접지 변압기를 설치하면 접지 릴레이를 사용할 수 있다.	

(2) 비접지 계통의 사용 범위

절연 재료의 향상과 운전중의 예방 조치에 의하여 점진적으로 비접지 계통이 사용되기 시작한 범위는 다음과 같다.

   ① 병원의 수술실, 마취실, 중환자실

   ② 땅 속이나 노천 광산

   ③ 배(ship)

   ④ 조정과 조절 회로(control & regulating circuit)

   ⑤ 용광로(furnace)

   ⑥ 제강소(steel work)

   ⑦ 발전소

   ⑧ 화학 공장

   ⑨ 폭발 위험이 많은 산업 설비

   ⑩ 실험실

   ⑪ 컴퓨터 전력 계통

11 비접지 계통의 운전 상태 검토

비접지 계통의 사용이 증가되는 추세에 따라 이 계통의 고유한 운전 상태를 살펴보면, 다음과 같다.

(1) 계통의 절연 상태를 운전 시작 전이나 운전중에도 계속 감시할 수 있는 절연 검증기는 오직 비접지 계통에서만 사용할 수 있으므로 절연 열화에 의한 사고를 사전에 예방할 수 있다.

(2) 1선 접지 사고가 일어나도 운전을 계속할 수 있다.

(3) 기기 운전 전이라도 계통에 전압이 가해지면 즉시 계통내의 접지 사고 유무나 절연 열화 상태를 알 수 있다.

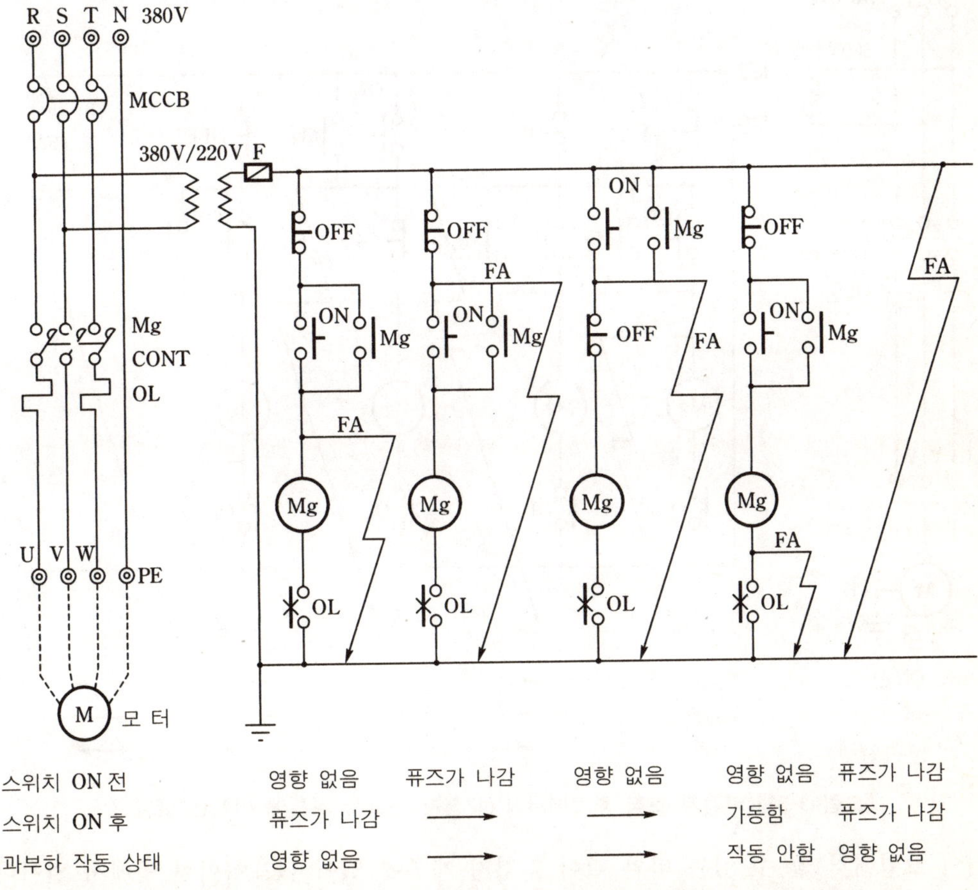

[그림 3-35] 1선 접지 조정 회로에서 접지 사고시 계통에 미치는 영향

(4) 기기 운전 전에 계통의 점검이나 각 기기의 점검을 시행할 수 있다.

(5) DC 계통의 감시도 시행할 수 있다.

(6) 특별히 조정 회로(control circuit)에 있어서 1선 접지 사고가 일어나도 운전이 가능하므로 비상 조치를 취할 수 있는 시간적 여유가 있다.

예로서 모터 기동 회로를 검토하면, 그림 36 과 같다.

이 접지 조정 회로에 있어서 주의할 사항은 ON 스위치 보다 OFF 스위치가 전원에 더 가까이 있어야 한다는 사실이다. 과전류 릴레이(OL)가 작동하지 않는 접지 사고가 있다는 사항도 유의해야 할 점이다. 그림 35 와 36 을 비교하여 보면 비접지 계통의 유익을 알 수 있다.

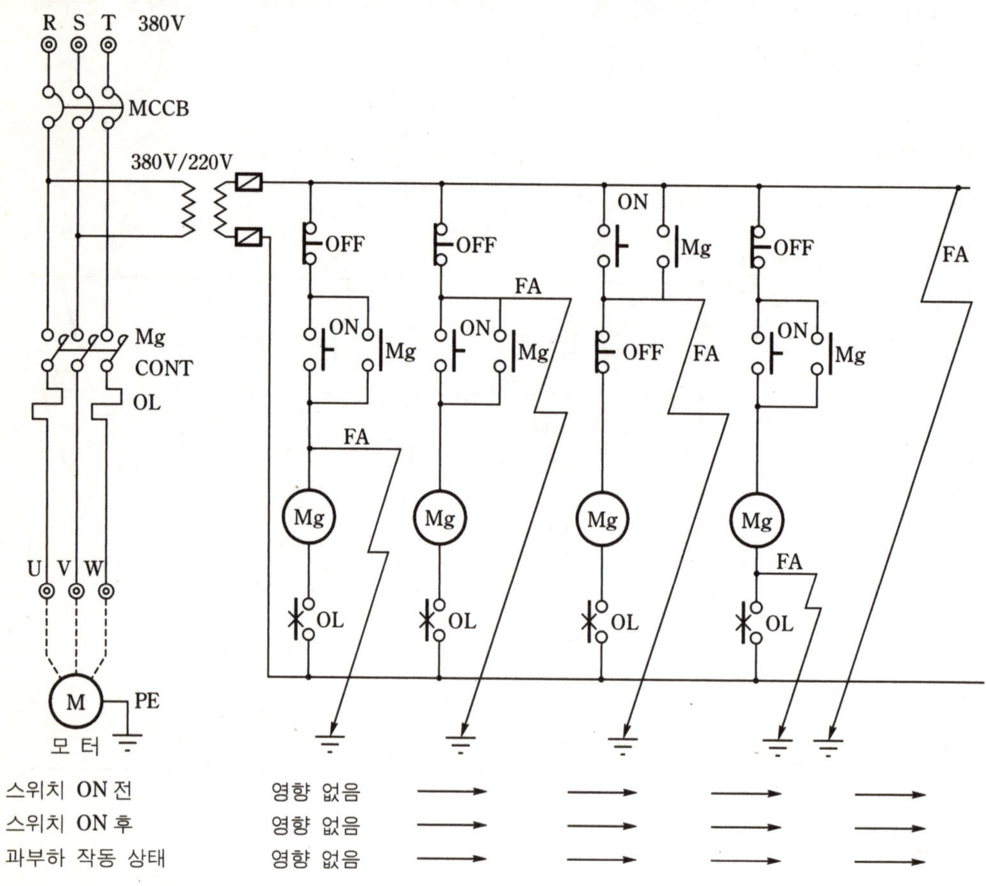

[그림 3-36] 비접지 조정 회로에서 1선 접지 사고시 계통에 미치는 영향

위의 그림에서 알 수 있는 바와 같이 비접지 계통에 있어서는 어떠한 곳에서 일어나든 1선 접지 사고는 모터 운전에 영향을 주지 않을 뿐만 아니라 잘못한 설계에 의하

여 일어날 수 있는 재해도 예방된다는 사실이다.

1. 접촉 전류의 제한에 따른 인체 사고 억제

비교적 작은 규모의 계통에 있어서는 계통 전체의 용량 성분(capacitance)에 의한 누전 전류는 제한되어 있어 사람의 부주의한 행동에 의하여 직접 접촉이나 간접 접촉을 하여도 인체를 통하여 흐르는 감전 전류는 25 mA 이하로 제한되어 위험한 사고는 일어나지 않는다. 따라서 만일 계통내의 누전 전류가 25 mA 이상이 될 위험성이 있으면 계통을 분리하여 별도로 운영함에 따라 근원적으로 위험을 제거하고 있다. 또한 절연 검증기에 의하여 누전 전류를 항시 감시하므로 계통 절연 상태를 사전에 예지하여 대책을 세울 수 있다.

2. 화재 사고 방지의 안전성 증진

전기 설비에 의한 화재 사고의 경우 비접지 계통은 다음과 같은 이점이 있다.
(1) 절연 검증기에 의하여 점진적인 절연 열화를 감지하여 대책을 세울 수 있다.
(2) 일반적으로 화재 사고의 원인이 되는 아크(arc) 발생이 없다.
(3) 위험 분위기내에서 사용되는 기기 등은 절연 변압기를 통하여 별도의 관리가 가능하다.
(4) 값이 높은 고마력 모터 등은 별도 관리로 아크에 의한 손상을 제거할 수 있다.
(5) 접지계에서는 어떠한 접지 계통이든 접지 저항을 가능한 모든 수단을 동원하여 낮게 유지하는 것이 계통 운전의 관건이지만 비접지 계통에 있어서는 기기 접지의 저항이 반드시 낮아야 할 이유가 없으므로 환경에 적응시켜 접지할 수 있다.
   (100 Ω까지 사용가능)

결론적으로 비접지 계통은 접지 계통에 비하여 많은 장점을 갖고 있지만, 최초의 1선 접지가 고쳐지기 전에 다른 선에 의해 제 2 의 접지가 발생하면 위험한 재해가 발생하므로 절연 검증기를 설치하여 접지시에 경고 표시나 경고음을 발하여 조치를 취하도록 하여야 한다.

예로서 모터 기동 조정 회로에 대한 사항을 검토하면, 그림 37 과 같다.

그림과 같은 접지 사고가 일어나면 모터는 제 2 접지 사고가 일어나자마자 기동 스위치의 작동이 없어도 기동을 시작함에 따라 큰 재해가 유발되므로 주의를 요한다. 따라서 정비나 다른 이유로 운휴중에는 모터의 주차단기를 'OFF' 위치에 놓아서 가급적 재해를 방지하여야 한다.

위의 사실들과 관련하여 국제 전기 기술 협회(IEC)에서는 다음과 같이 규정하고 있다.

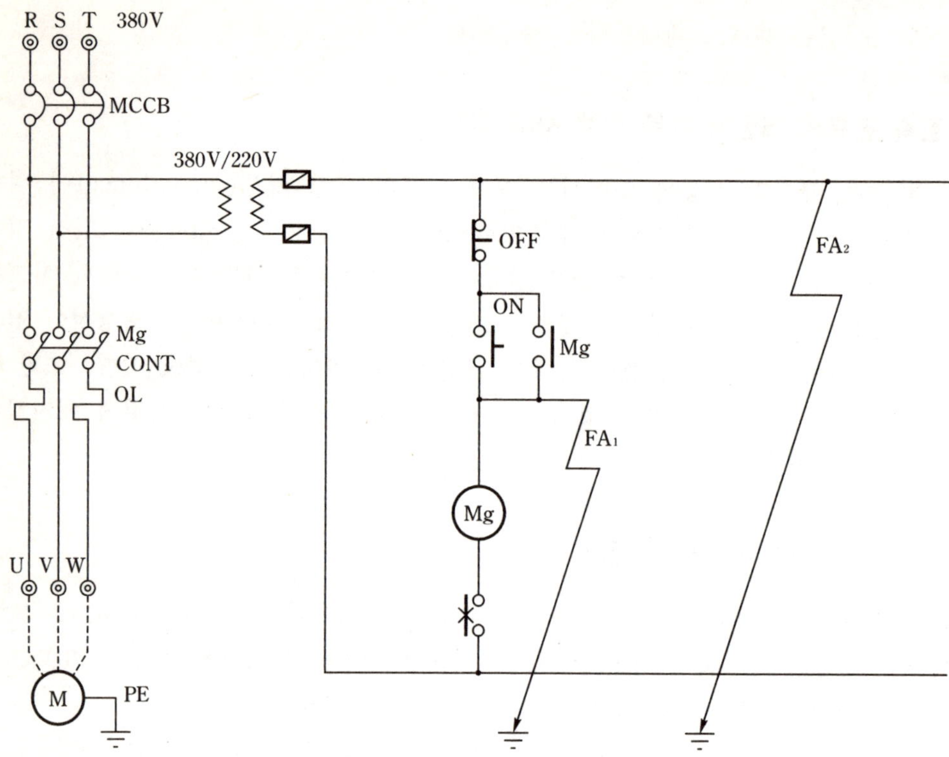

[그림 3-37] 비접지 조정 회로에서의 2개의 접지 사고

위험 분위기가 존재할 가능성이 있는 지역의 전력 계통으로서 IT 계통(비접지나 고저항 접지 계통)에서는 최초의 1선 접지 사고를 감시할 수 있도록 절연 감지기를 설치하여 사고시 표시등과 더불어 경고음을 발하도록 규정하고 있다. 특별히 0종 장소에서는 1선 접지 사고시 즉시 전력원을 차단하도록 규정하고 있다.

12 접지 공사의 종류와 시설 장소에 따른 접지 공사 규정

1. 접지 공사의 종류

전기 설비 기술 기준에 관한 규칙 제19조에 따르면 접지 공사의 종류에는 4종류가 있고, 다음과 같다.

(1) 제1종 접지 공사

제1종 접지의 접지 저항치는 10Ω 이하가 요구된다. 1종 접지가 요구되는 전기 시설물에는 다음과 같은 기기가 있다.

① 특별 고압과 고압의 혼촉 등에 의한 위험 방지 시설로서 변압기에서 특별 고압

전로에 결합되는 고압 전로에 시설되는 방전 장치의 접지 저항(전기 26 조)

② 특별 고압 계기용 변성기의 2 차측 전로의 접지 저항(전기 27 조)

③ 고압용 기기의 외함 접지(전기 34 조)

④ 고압 전로에 시설되는 피뢰기와 그에 동등한 특성을 갖는 기기 접지(전기 44 조)

⑤ 고압 시설물에 사용되는 전선관, 전선 접속함 등 금속 제품의 접지 저항(전기 103 조)

　단, 사람이 접촉할 우려가 없는 장소에서는 제 3 종 접지 공사

⑥ 고압 시설물 옥내에 시설하는 전선관, 전선 접속함 등의 금속 제품의 접지 저항(전기 217 조)

　단, 사람이 접촉할 우려가 없는 장소에 시설되는 물체에는 제 3 종 접지 공사

⑦ 방전등용 안정기의 외함, 방전등용 전등 기구의 금속 제품에서 전등 회로의 사용 전압이 고압이고 또한 안정기의 2 차 단락 전류나 동작 전류가 1 A를 넘는 경우의 접지 공사(전기 221 조)

⑧ 방전 회로의 사용 전압이 1,000 V를 넘는 경우의 접지(전기 235 조)

⑨ 전극식 온천 온수기의 차폐 장치의 접지(전기 247 조)

⑩ 풀(pool)용 수중 조명등용 절연 변압기의 1 차 권선과 2 차 권선간에 시설하는 금속제의 혼촉 방지판 접지(전기 249 조)

(2) 제 2 종 접지 공사

제 2 종 접지에서는 변압기의 고압측과 특별 고압측에 1 선 지락 사고가 발생하였을 시에 흐르는 전류로 150 을 나눈 수치의 저항치 이하로, 단 5 Ω보다 작은 수치는 요구하지 않는다. 사용되는 단위는 전류는 A, 저항은 Ω이다.

단, 변압기의 고압측 전로와 저압측 전로 사이에 혼촉이 일어나 저압측 전로의 대지 전압이 150 V를 넘는 경우에 2 초 이내에 고압측 차단기가 자동 차단되는 계통에서는 위의 150 수치가 300 으로 대치된다.

2 종 접지가 요구되는 시설물은 다음과 같다.

① 고압 전로와 저압 전로를 결합하는 변압기의 저압측 중성점 접지

　단, 저압측 사용 전압이 300 V 이하로 중성점 접지가 어려울 경우에는 1 선 접지(전기 24 조)

② 고압 전로와 저압 전로를 결합하는 변압기에 있어서 고압 권선과 저압 권선 사이에 시설하는 혼촉 방지판 접지

(3) 제 3 종 접지 공사

3 종 접지의 접지 저항치는 100 Ω 이하가 되어야 한다. 단, 저압 전로에서 당해 전

로에 접지 사고시 0.5초 이내에 자동적으로 전로를 차단하는 기기가 시설되어 있는 경우에는 표 2의 값을 갖는다.

[표 3-2] 누전 차단기와 접지 저항치

정격 차단 전류	접지 저항값
30 mA	500 Ω
50 mA	300 Ω
100 mA	150 Ω

제 3 종 접지를 필요로 하는 전기 기기에는 다음과 같은 것이 있다.

① 고압 계기용 변성기의 2 차측 전로의 접지(전기 27 조)

② 400 V 이하의 전기 기기의 외함 접지(전기 34 조)

③ 저압 가공 전선 또는 고압 가공 전선이 케이블(cable)로 시설되는 경우의 메신저 와이어(messenger wire)의 접지와 케이블 피복에 이용되는 금속제의 접지(전기 71 조)

④ 지중선의 피복 금속제와 전선 보호 장치의 금속체 그리고 금속제의 전선 접속함 접지(전기 147 조)

⑤ 고주파 전류에 의한 장해 방지를 위하여 설치한 콘덴서(condenser)의 접지와 네온(neon) 점멸기에 발생하는 고주파 방지용 접속 단자 접지(전기 184 조)

⑥ 400 V 이하의 합성 수지관 공사에 사용하는 금속제 풀 박스(pull box)와 분진 방폭형 플렉시블 피팅(flexible fitting) 접지(전기 194 조)

⑦ 400 V 이하의 금속관 배선에 사용하는 금속관의 접지(전기 195 조)

⑧ 금속 몰드(moulding) 공사에 있어서 몰드 금속의 부품 접지(전기 196 조)

⑨ 400 V 이하의 금속제 플렉시블관 접지(전기 197 조)

⑩ 400 V 이하의 금속제 덕트(duct) 공사시 덕트 접지(전기 198 조)

⑪ 400 V 이하의 버스 덕트(bus duct) 공사시 덕트 접지(전기 199 조)

⑫ 플로어 덕트(floor duct) 공사시 덕트 접지(전기 200 조)

⑬ 400 V 이하의 케이블 배선에 사용되는 금속제 접속함과 금속제 피복 등의 접지(전기 201 조)

⑭ 방전등용 안정기 외함과 방전등용 기구의 금속 부분 접지(전기 221 조)
  단, 제 1 종 접지와 특별 제 3 종 접지 분야는 제외

⑮ 400 V를 이상 1,000 V 이하인 방전등용 배선 공사에서 다음과 같은 사항의 항목 접지(전기 222 조)

㉮ 합성 수지관 배선에 있어서 금속제 풀 박스와 분진 방폭형 플렉시블 피팅 접지

㉯ 금속관 배선 공사의 금속관 접지

㉰ 금속관 몰드 공사의 금속 제품 접지

㉱ 플렉시블 전선관 공사시 플렉시블관 접지

㉲ 케이블 배선 공사시 금속제 부품 접지

㉳ 에스컬레이터(escalator)내의 전등 회로의 전선과 접속하는 금속관과 그 지지대 철 부품 접지

⑯ 네온관 변압기를 안에 갖고 있는 금속제 외함 접지(전기 223 조)

⑰ 옥외에 설치하는 방전등 공사에서 1,000 V를 넘지 않는 방전등 기구의 접지(전기 235 조)

⑱ 전열 보드(board)와 전열 시트(sheet)의 금속 피복제 접지(전기 145 조)

⑲ 전극식 온수기에 사용되는 변압기의 철심과 외함 접지(전기 247 조)

⑳ 전기 욕탕기에 사용되는 절연 변압기의 철심과 외함 접지(전기 248 조)

㉑ 아크 용접기로 용접하는 제품과 이와 전기적으로 연결되는 금속제 부품 접지(전기 254 조)

㉒ X-선 발생 장치의 변압기와 콘덴서의 금속제 외함 접지(전기 255 조)

㉓ X-선관 도선에 사용되는 케이블 금속 피복 접지(전기 255 조)

㉔ X-선관을 포함한 금속 제품 접지(전기 255 조)

㉕ X-선의 배선과 X-선관을 지지하는 금속제 접지(전기 255 조)

(4) 특별 제 3 종 접지 공사

특별 3 종 접지의 접지 저항치는 10 Ω 이하가 요구된다. 단, 저압 전로에서 당해 전로에 접지 사고시 0.5 초 이내에 자동적으로 전로를 차단하는 기기가 시설되어 있는

[표 3-3] 누전 차단기와 접지 저항치

정격 차단 전류	접지 저항값
30 mA	500 Ω
50 mA	300 Ω
100 mA	150 Ω
200 mA	75 Ω
300 mA	50 Ω
500 mA	30 Ω

경우는 표 3 의 값을 갖는다.

① 400 V를 넘는 저압용 기기의 외함 접지(전기 34 조)

② 400 V를 넘는 합성 수지 배선에 사용하는 철제 풀 박스와 분진 방폭형 플렉시블 피팅 접지(전기 194 조)

③ 400 V를 넘는 금속관 배선에 사용되는 금속관의 접지(전기 195 조)
   단, 사람이 접촉할 우려가 없는 곳은 제 3 종 접지 공사

④ 400 V를 넘는 플렉시블관 배선에 사용되는 플렉시블관 접지(전기 197 조)

⑤ 400 V를 넘는 금속 덕트 배선에 사용되는 덕트 접지(전기 198 조)
   단, 사람이 접촉할 우려가 없는 곳은 제 3 종 접지 공사

⑥ 400 V를 넘는 버스 덕트 배선에 사용되는 덕트 접지(전기 199 조)
   단, 사람이 접촉할 우려가 없는 곳은 제 3 종 접지 공사

⑦ 400 V를 넘는 케이블 배선에 사용되는 금속제 관, 전선 접속함, 전선의 피복에 사용되는 금속제 부품 접지(전기 201 조)

⑧ 400 V를 넘는 방전등용 변압기의 2 차 단락 전류나 방전등의 동작 전류가 1 A를 넘는 경우의 변압기 외함과 등기구의 금속제 부품 접지(전기 221 조)

⑨ 옥외에 설치하는 방전등 회로의 사용 전압이 1,000 V 이하인 방전등 기구의 접지(전기 235 조)

⑩ 풀용 수중 조명등에 사용되는 자동 차단기 외함 접지(전기 249 조)

⑪ 풀용 수중 조명등을 넣은 외함과 방호 장치의 금속제 외함 접지(전기 249 조)

이상에서는 접지 공사에 대하여 일반적인 사항을 살펴 보았다. 이들은 최소한으로 요구되는 기준 사항 일뿐이다.

그러므로 공정 위험성 평가에 의하여 특별히 위험한 장소로 판명된 장소는 접지 공사를 강화하여 재해를 예방하는 조치를 취해야 할 것이다.

13 표준 접지극

여기에서 제시하는 접지극의 표준 사양은 어디까지나 접지극에 대한 대략적인 개념을 표시하는 것이다.

그러므로 실제의 공사에서는 장소와 접지 공사의 종류에 따라 각각의 접지극의 사양을 검토하여 접지 저항이 전기 설비 기술 기준에 맞는 저항이 되도록 하는 것은 당연한 절차이다.

[표 3-4] 표준 접지극의 사양

종 류 ＼ 재 료	동 판(mm)	동피복 강철봉
제 1 종 접 지	900×900×1.5 t 1 매	보조 접지극으로 14φ×1.5 m 6 개
제 2 종 접 지	900×900×1.5 t 1 매	—
제 3 종 접 지	—	14φ×1.5 m 1 개
특 별 제 3 종 접 지	900×900×1.5 t 1 매	보조 접지극으로 14φ×1.5 m 6 개
피 뢰 침 접 지	900×900×1.5 t 1 매	보조 접지극으로 14φ×1.5 m 6 개

단, 부식성이 심한 것으로 예상되는 토양에서는 900×900×1.5 t 동판 대신에 900×900×2 t 동판을 사용한다.

14 전기 재해 예방의 기본 조건

지금까지 전기 재해와 그 예방 대책에 대하여 여러 사항을 검토하였다. 결론적으로 필히 놓쳐서는 안 될 3 가지의 기본 사항을 특기하고, 이 장을 마치려고 한다.

(1) 완전한 접지 공사를 시행하는 것이다. 모든 기기는 사용 기간이 경과하면 열화 (aging)되어 성능이 떨어진다. 이 경우 안전을 보증하는 기구는 전기 계통에서는 접지뿐이다. 최소한 전기 설비 기술 기준에 기록된 규정이라도 완벽하게 지켜야 할 것이다.

(2) 계통에서 요구되는 차단 용량을 충분하고도 확실하게 차단할 수 있는 각종 차단기를 계통의 꼭 필요한 개소에 설치하여 예고 없이 일어나는 각종 사고를 완벽하게 차단하여 재해를 제거하거나 적어도 재해의 확산은 막아야 할 것이다.

(3) 모든 전기 기구에 대한 확실한 절연을 시행하는 일이다. 전압 수위에 맞은 절연을 시행하여 외부로 노출되는 전기 기기의 부위가 없도록 한다. 부득이한 경우는 견고한 외함으로 둘러 쌓아서 어떠한 경우에도 허락된 요원 외에는 접촉할 수 없도록 할 것이다.

만일 이들 사항이 잘 지켜진다면 전기 재해의 90%는 예방되었다고 확증할 수 있다.

전 기 방 폭

폭발은 문자적으로 에너지가 순간적으로 격렬하게 방출하는 형태를 일컫는 말이다. 그리고 항상이라고 말할 수 있을 만큼 폭발은 파괴력을 동반하는데, 이는 전적으로 방출 속도 때문이므로 폭발이라고 말할 수 있는 경우는 단시간에 많은 에너지가 방출되는 경우를 뜻한다.

폭발은 대개 다음과 같은 3가지의 기본적인 형태를 갖는다.

1. 물리적 에너지에 의한 폭발
2. 원자 에너지에 의한 폭발
3. 화학적 에너지에 의한 폭발

1 물리적 에너지에 의한 폭발

물리적 에너지에 의한 폭발은 용기내에 높은 압력으로 채워져 있는 가스나 공기가 용기의 파열로 순간적으로 밖으로 방출되는 형태로, 이는 일반적으로 폭발 그 자체에 의한 장해보다는 2차적인 재해를 일으키는 조건을 부여한다는 점에서 더욱 중요한 파괴의 요인으로 인식되고 있다. 예를 들면, 수증기 폭발과 같이 고온의 수증기가 물을 기화시켜 상(phase)의 변화를 일으키는 것과 가압된 상태로 용기내에 들어 있던 가연성 물질이 용기 파괴에 의하여 순간적으로 압력이 상압으로 됨으로써 기체로 변화되거나 인화되어 화재가 일어나는 것과 같은 재해 등이다.

2 원자 에너지에 의한 폭발

원자 에너지에 의한 폭발은 원자핵의 분열이나 융합이 일어날 때에 극히 적은 양이지만 물질이 에너지로 변화되면서 많은 양의 에너지를 방출하여 일어나는 현상이다. 아인슈타인 박사에 의하면 에너지와 물질간의 변화는 $E = MC^2$으로 정의된다.

3 화학적 에너지에 의한 폭발

화학적 에너지에 의한 폭발은 전기 방폭의 주대상이 되는 폭발이다. 이는 화학 반응에 기인하는 현상으로 일반적으로 연소한다고 말하는 화학 반응(화학적 용어로는 발열 반응이라고 부른다)에 의하여 기체의 체적이 팽창하여 압력이 급격히 상승하는 현상을 말하며, 대개 같은 압력일 경우에는 체적이 수배에 달한다.

1. 발열 반응과 그 특성

폭발을 화학적 공정 과정이라고 보면, 이는 가스 상태에 있는 물질의 화학적인 발열 반응을 일컫는 말이다. 쉽게 이야기하면 화학적인 발열 반응은 가연성 물질이 산소와 결합되는 산화 작용으로 그 과정에서 열을 발생하는 반응 작용이다.

우리는 예로부터 이 과정을 연소라고 일컬어 왔다. 그렇지만 연소 과정은 필연적으로 빛을 낸다든지, 불꽃을 나타내거나 또는 폭발을 동반하지는 않는다. 그러나 불이라고 할 때 이 말은 연소 과정에서 빛을 발산하는 현상을 말한다.

연소는 화학적 과정인 반면에 불은 물리적 과정이다. 불은 그 과정에서 불꽃 형태의 불과 백열 형태의 불 2종류로 명확히 구별된다.

고체 상태의 가연성 물질이 불탈 때에는 백열 형태로 나타나며, 석탄이나 종이와 같이 높은 온도에서 가스 성분과 탄소 성분으로 분리되면서 타는 것은 불꽃 형태로 나타난다. 예를 들면, 코크(coke)나 숯(charcoal)과 같이 인위적으로 가스를 추출하는 고체 물질이나 철 분진이 연소할 때에는 백열 상태로 불타며, 파라핀(paraffin), 그리스(grease), 왁스(wax), 수지(resin)와 같은 가연성 물질이 높은 온도에서 가스로 변하여 불탈 때에는 불꽃 형태를 나타낸다.

2. 불꽃 연소

불꽃 연소는 가스 상태의 가연성 물질이 공기중의 산소와 혼합하여 불타며 빛을 발산하는 현상이지만, 그 내부는 3개의 구역으로 분류된다.

(1) 가스 지역(**gas zone**)

이 지역에서는 액체 상태의 가연성 물질이나 화석 연료가 가스로 변화한다.

(2) 글로 지역(**glow zone**)

이 지역에서는 가연성 가스가 높은 온도에서 탄소와 수소로 분해된다. 이 지역에서 발산하는 빛은 아주 가늘게 부서지고 잘 혼합된 화석 연료가 열 분해되면서 나오는 백열 상태의 빛이다.

(3) 연소 지역(**combustion zone**)

불꽃의 가장 밖에 위치하여 공기중의 산소와 혼합이 일어나는 지역으로, 실제로 이곳에서 화학적 발열 반응이 일어난다. 이 과정중에서 열이 발생하여 연소 지역을 높은 온도로 유지시킨다. 이 높은 온도는 글로 지역에도 영향을 끼쳐 가연성 물질이 분해되도록 한다.

연소 지역은 불꽃 중에서 가장 뜨거운 곳이며, 불꽃 자체를 둘러 쌓고 있는 곳으로 공간적으로는 매우 적은 부분을 점유하고 있는 지역이다. 이 지역의 또 다른 유별난 특징은 스펙트럼(spectrum) 중 가시 광선 구역으로 사람의 눈에 보이며 그 빛은 연한 파란색 계열이다. 연소시의 온도는 물질에 따라 그 수치에서 발산하는 열에너지와 연소 속도에 따라서 매우 다르다.

연소시, 온도의 개념을 이해하는 데 도움을 주기 위한 몇 가지 물질에 대한 온도를 표시하면, 다음과 같다.

[표 4-1] 물질의 연소시 온도

물　　질	연소시의 온도(℃)
인 (phosphorus)	800
마그네슘 (magnesium)	2000~3000
나무 (wood)	1100~1300
코크 (coke)	1400~1600
석탄 가스 (coal gas)	1550
수소 (hydrogen)	2900
아세틸렌 (acetylene)	3100

3. 연소 속도

연소는 주위 조건과 물질에 따라 각각 다른 속도로 일어나므로 어떠한 연소도 같은 연소 속도를 갖을 수 없다.

표준 연소기인 분젠 버너(Bunsen burner)는 연소가 일정한 상태로 안정되게 일어나며, 그 속도가 느리므로 연소를 분석하기가 쉬울 뿐만 아니라 연소시 압력도 약간만 상승한다.

연소 속도는 산소와 혼합된 가연성 물질이 연소 범위내로 들어와 연소하기 쉬운 상태가 됨에 따라 상승된다. 또한, 가연성 물질이 산소와 얼마나 잘 혼합되어 고르게 분포되어 있는가와 연소시 발생되는 질소나 탄산 가스와 같은 불활성 물질을 어떻게 잘 처리하는가에 따라서도 연소 속도가 변한다.

연소의 속도가 상승함에 따라 불꽃 안에서 일어나는 현상은 더 이상 안정된 상태가 되지 못하고 소란하고 어지러운 난류 상태에까지 이른다. 따라서 불꽃은 3 개의 지역으로 구분하기 어려운 혼돈 상태가 되어 버린다.

연소는 연소의 속도에 따라 3 가지 연소 상태로 구분된다.

(1) 폭연(**deflagration**)

폭연으로 표현되는 연소 상태는 그 연소 속도 범위를 초당 센티미터(cm/sec)로 표기할 수 있다. 따라서 압력 상승도 미미하며, 소음도 사람의 귀로 거의 들을 수 없는 범주에 든다.

이와 같은 폭연 연소 상태는 가연성 물질의 하한값과 상한값에 가까운 범위에서 주로 일어나는 현상이다.

(2) 폭발(**explosion**)

폭발은 연소 상태를 포괄하는 의미로도 사용되지만 협의의 의미에서는 그 속도가 초당 미터(m/sec)로 표기할 수 있는 범위에서 일어나는 연소를 말한다.

전반적으로 연소 현상은 안정된 범위를 넘어서 불안정한 상태에 이르고, 압력 범위는 대개 3~10 바(bar)가 된다. 높은 연소 온도 때문에 소음도 사람의 귀로 인지할 수 있다.

(3) 폭굉(**detonation**)

폭굉이라고 말하는 연소 상태에서의 연소 속도는 초당 킬로미터(km/sec) 범위까지 이르고, 압력도 20 바를 넘는다. 이 상태에서는 소음도 째지는 듯한 날카로운 고음으로 사람의 귀에 매우 거칠게 들린다.

유의할 사항으로, 폭발 현상은 가연성 물질이 공기중의 산소와 잘 혼합되어서 일어나는 화학적인 반응인 반면에, 폭약 폭발로 대표되는 폭굉은 자체내에 연소에 필요한 산소가 화학적 성분으로 구성되어 있는 가연성 물질이 점화 에너지를 받아서 일으키는 연소 반응이다.

예를 들면, 가솔린(gasoline)과 같은 가연성 물질은 산소와 잘 혼합되면 그 연소 속도가 20~25 m/sec가 되는 폭발 연소를 일으키는 반면, 화약 폭발의 경우에는 그 속도가 0.3 km/sec에 이른다. 따라서 우리는 가연성 물질의 성분 특징에 따라 연소시 폭연 연소가 될 것인가, 폭발 연소가 될 것인가 아니면 폭굉 연소가 될 것인가를 경험으로 알 수 있다.

4 방 폭

위에서 화학적 에너지에 의한 폭발을 자세히 살펴 본 이유는 이와 같은 **화학적 반응**에 의하여 일어나는 폭발을 방지하는 분야에 전기 방폭이 있기 때문이다.

방폭이란 글자 그대로 폭발이 일어나는 것을 방지한다는 뜻이지만, 전기 방폭 분야에서는 방폭의 범위에 다음과 같은 사항도 포함시켜 넓은 의미로 해석하고 있다.

① 폭발성 혼합 물질의 생성을 방지하는 조치

② 폭발성 혼합 물질이 생성되더라도 특정 구역내로 한정시켜 확산을 방지하는 조치

③ 폭발이 일어나더라도 어떠한 용기내로 한정시켜 재해를 제한하는 조치

④ 점화원의 활성화를 방지하는 조치

이들 사항과 관련하여 폭발성 분위기가 생성될 위험이 있는 장소에서는 다음과 같은 절차에 따라 방폭을 시행한다.

① 점화 에너지 주위에 있는 폭발 분위기를 배제하여 공기와 혼합 가스가 존재할 수 없도록 한다.

② 폭발 분위기가 존재하는 곳에 점화 에너지를 배제한다.

③ 폭발 분위기가 존재하는 곳에 불가피하게 점화 에너지가 시설되어야 하는 경우에는 폭발의 재해를 위험 수위 이하로 억제하는 대책을 세운다.

위 사항들은 전기 방폭 개념에서 유효한 사항이므로 이에 대한 명확한 판단 기준을 갖는 것은 매우 중요한 일이다.

위의 개념을 확실히 하기 위하여 알기 쉽게 도시하면, 그림 1과 같다.

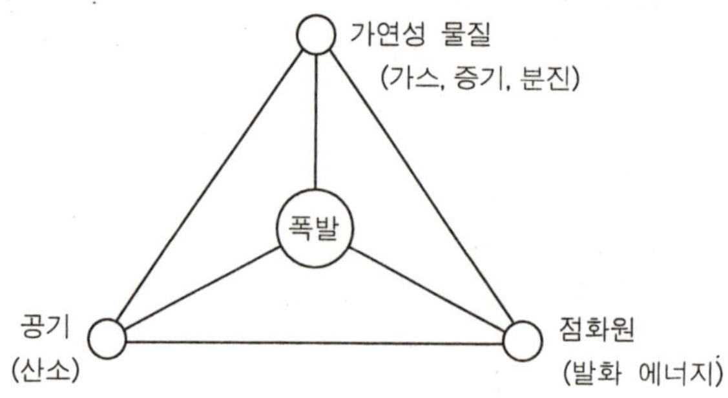

[그림 4-1] 폭발을 일으키는 연소의 3 요소

위 그림에서 쉽게 알 수 있는 바와 같이 폭발은 이들 3 종류가 공존할 때에만 일어난다. 따라서 방폭이란 이들 3 가지의 연결 고리에서 어느 한 가지라도 제거한다면 달성될 수 있다. 그렇지만 가연성 물질이 존재한다는 전제 아래서, 즉 위험 분위기가 생

성되어 있다는 조건 아래서만 방폭이 논의되어야 한다. 그러므로 남은 2가지 조건을 어떻게 통제 하느냐가 방폭의 대상이 되며, 그 통제 방식을 어떻게 취하느냐에 따라 방폭이 여러 종류로 나누어진다. 그렇지만 이율 배반적인 논리같지만 폭발의 근본 원인은 가연성 물질의 존재에 의한 위험 분위기의 생성이기 때문에 이를 방지할 수만 있다면 근원적으로 폭발을 막을 수 있다.

이와 같은 사실에 바탕을 두고 전기 방폭 분야에서는 위험 분위기의 생성 방지법을 일차적 방폭 대책이라 한다.

1. 오인(誤認)된 방폭 관련 개념

방폭 대책에 들어가기 전에 방폭 개념에 대하여 일반적으로 잘못 인식되어 있는 몇 가지 사례를 살펴보자.

(1) 방수 개념과의 사이에서 일어나는 혼돈이다. 방폭은 방수 개념이나 방부식 개념 (anti-corrosion)과는 전혀 다를 뿐만 아니라 취급 대상도 완전히 다르며, 이론 면에서도 관계가 없다. 다만, 실제적인 필요에 따라서 2가지 이상의 방지 대책이 요구되는 장소가 있으므로 지금도 관련이 있는 것같은 상황이 되고 있을 뿐이다.

(2) 공기, 즉 산소와 접촉하면 자연 발화하는 물질이 사용되는 장소에 대한 대책이다. 전기 방폭은 위험 분위기에서 전기적인 원인에 의하여 폭발이 일어나는 것을 다루는 학문이기 때문에 별도의 점화원 없이 공기와의 접촉만으로 자연 발화하는 물질은 공기, 즉 산소를 차단하는 특별 대책이 요구되는 사항으로 방폭 분야와는 관계가 없다.

(3) 화약을 취급하는 장소에 대한 대책이다. 탄약, 다이너마이트(dynamite), 발파용 폭약 등을 다루는 장소를 전기 방폭 분야로 분류하여 취급하는 규정이나 법률은 없다(미국 NEC 규정). 그렇기는 하지만 안전을 담당하는 기관에서는 단지 방폭 지역에서 사용되는 기기들이 일반 목적에 사용되는 기기보다는 안전하게 제작되고 있다는 이유 때문에 폭약을 취급하는 장소에서도 방폭 기기 사용을 요구하는 경우가 대부분이다.

2. 일차 방폭 대책

폭발은 위험 분위기의 생성을 막음으로써 방지할 수 있다. 이와 같은 사실은 위험한 일이 발생되지 않도록 예방하는 것이 사고 발생 후 그 위험으로부터 방호하는 일보다 훨씬 쉽고 더 바람직한 일이라는 명제로부터 명확히 알 수 있는 사실이다.

더욱이 이와 같은 명제에 따른 대책 수립에 있어서, 폭발은 단지 가연성 물질이 존재한다는 조건만이 아니라, 공기중의 가연성 가스의 농도가 폭발 하한값을 넘어야만 일어나기 때문에 위험 분위기의 생성을 막는 일뿐만 아니라 가연성 가스의 농도를 제한하는 방식에 의해서도 폭발을 방지할 수 있다.

(1) 가연성 물질의 사용 억제

최선책은 가연성 물질을 폭발 분위기를 생성하지 않는 물질로 대체할 수 있는가를 검토하는 일이다. 예를 들면 가연성의 용제(solvent)나 세제(cleaner)를 물과 혼합하여 사용함으로써 위험 분위기 생성을 방지할 수 있다. 또한, 그 용제나 세제를 할로겐화한 탄화수소(halogenized hydrocarbon)로 바꾸어 사용하여 위험 분위기 생성을 막을 수 있다. 그리고 동력 전달 수단으로 사용되는 가연성 액체를 할로겐화한 액체로 대체하여 위험 분위기의 생성을 방지하는 경우가 종종 있다. 그렇지만 이와 같은 방폭 대책은 그 사용 범위에 한계가 있다.

(2) 인화점(**flash point**)이 높은 액체 사용

연소 폭발은 항상 가스 상태의 가연성 물질에서만 일어난다는 사실을 상기할 때 인화점이 높은 액체로 대체하여 사용하는 방법은 방폭의 목적에 비추어 볼 때 깊은 의미를 갖는 대책이다. 실제로 액체의 인화점과 사용 상태의 온도 차이가 $5°K$ 이상이면 안전한 한계 범위에 든다. 이 온도차 $5°K$은 규정에서도 인정하고 있는 사실이다.

(3) 가연성 물질의 농도 조정

가연성 물질의 농도를 폭발 하한값 이하로 유지함으로써 위험 분위기의 생성을 방지하는 대책이다. 또한 용기내에서 주로 이용되고 있는 대책으로 가연성 물질의 농도를 폭발 상한값 이상으로 유지하는 방법에 의하여, 즉 연소에 필요한 산소의 농도를 낮추어 위험 분위기의 생성을 방지하기도 한다. 특히, 인화점이 대기 온도보다 많이 낮아서 많은 양이 기화되는 물질에는 이 방법이 유효 적절하게 이용되기도 한다.

여기서 주의해야 할 사실은 많은 양을 장시간 저장해야 할 경우에는 액체의 표면에서 상당히 떨어진 용기의 윗 부분에 폭발 상한값 이하로 내려오는 부분이 생길 수도 있다는 점이다. 그러므로 실제 상황에서는 특별한 경우를 제외하고는 폭발 하한값 이하로 농도를 유지하는 방법이 안전하게 사용되는 대책이다. 그렇지만 분진 방폭에 있어서는 국부적인 현상이 많이 일어나므로 실제로는 사용하지 않고 있다.

(4) 불활성화(**deactivation**)

불활성화는 잘 알려진 고전적인 방폭 대책의 한 가지 방법이다. 가연성 물질을 불활성화 상태로 바꾸기 위해서는 질소, 탄산 가스, 수증기나 할로겐화한 탄화수소가 사용되며, 어떠한 경우에서는 불활성 분진이 사용되기도 한다.

일반적으로 산소가 체적 비율의 10% 이하가 되면 대개 어떠한 위험 분위기도 불활

성화 되는 것으로 알려져 있다. 가연성 가스에 대하여 불활성 가스의 비율이 적어도 25 배가 넘으면 어떠한 조건 아래에서도 공기와 가연성 물질간의 위험 분위기는 생성되지 않는다.

표 2 는 이들의 관계를 표준 기압(20℃ 1 기압)에서 표시한 것이다.

[표 4-2] 불활성화의 조건

기연성 물질 \ 불활성 가스	N_2/B	CO_2/B	N_2/L	CO_2/L	O_2/N_2	O_2/CO_2
Ethane	13.0	7.5	0.82	0.49	11.0	13.3
Ethylene	16.0	9.0	1.00	0.67	10.0	11.7
Ehylene oxide	17.2	15.5	—	—	—	—
Benzene	21.0	13.0	0.79	0.45	11.2	13.9
Butadiene	19.5	13.0	0.89	0.51	10.4	13.0
Butane	17.0	9.5	0.70	0.39	12.1	14.5
Cyclo propane	15.5	8.0	0.75	0.45	11.7	13.9
Hexane	25.0	14.0	0.72	0.41	12.1	14.5
Carbone monooxide	4.0	2.2	2.13	1.13	5.4	5.4
Methane	6.0	3.3	0.61	0.34	12.1	14.6
Pentane	22.0	12.0	0.75	0.41	11.6	14.4
Propane	15.0	8.0	0.75	0.43	11.8	14.2
Propylene	14.5	8.0	0.75	0.43	11.5	14.1
Hydrogen	17.0	10.0	3.0	1.56	5.0	5.1
조 건	공기량에 관계 없이 가연성 물질(B)에 대한 불활성 가스의 최소 체적 비율		가연성 물질의 비율에 관계 없이 공기(L)에 대한 불활성 가스의 최소 체적 비율		불활성 물질, 가연성 물질과 공기가 혼합된 상태에서 불활성화를 위한 산소 최대량(%)	

(5) 환기(**ventilation**)

위험 분위기의 생성은 환기에 의하여 방지할 수 있다. 이 때 유의해야 할 사항은 어느 때, 어느 장소에서든 국부적으로 위험 분위기가 생성될 가능성에 대한 확실한 대책이 필요하다는 것이다. 이와 같은 사항에 대처하기 위해서 위험 물질을 취급하는 작업 구역에서는 연속적인 환기가 보장되어야 하고, 위험한 가스의 발생원과 그 누출량, 그리고 어떠한 경로를 통하여 전파되는가를 확실히 알고 환기 대책을 세우는 일이 매우 중요하다.

환기 방법에는 자연 통풍과 인위적 통풍 두 종류가 있다.

① 자연 통풍(natural ventilation)

자연 통풍에서 조건을 정량적으로 규정할 경우 지상 건물에서는 입구와 출구에 환기를 위한 특별 조치를 취하지 않아도 1시간에 한 번 정도 구역내의 공기를 새로운 공기로 바꾸어 주면 된다. 지하실은 공기의 흐름에 일반적으로 장해가 있으므로 1시간에 40%가 새로운 공기로 바꾸져야 한다. 이와 같은 공기 순환에 있어서 입구와 출구에 만일 적절한 도구, 즉 환기를 도울 수 있는 도구가 설치되면 대개 위의 수치에 2배의 환기량을 갖게 할 수 있다.

그러나 위험한 가스가 언제나 필연적으로 공기와 일정한 비율로 혼합되고 확산된다고는 상상할 수 없으므로 환기 대책을 세울 때에는 이를 필히 고려해야 한다. 특별히 위험한 가스가 공기보다 무거운 경우에는 환기 전문가의 조언을 듣는다.

② 인위적 통풍(artificial ventilation)

자연 통풍과 비교하여 인위적 통풍은 많은 양의 공기 순환을 일으키고 필요한 구역에 효과적으로 통풍을 집중시킬 수 있는 이점이 있다. 그러나 인위적 통풍에서는 환기를 일으키고 유도하는 팬(fan), 환기 덕트, 입구와 출구의 환기 유도 기구가 항상 작동되어야 한다. 필연적으로 위험 분위기가 생성될 수 있는 가연성 물질이 노출된 상태에서는 이들 기구의 고장은 치명적일 수 있으므로 주의가 요구되며, 가스 탐지기와 같이 사용되어서 불가피한 경우에는 전력을 차단한다. 또한, 인위적 통풍에서는 대개 1시간에 12회 이상의 순환이 일어나도록 설계하고 있다.

환기에 의하여 위험 분위기 생성을 억제하여 안전을 유지하기 위해서는 가연성 가스의 폭발 하한값의 25% 이하로 농도가 유지되도록 노출된 가연성 물질의 양과 비교하여 충분한 환기가 이루어지도록 한다.

(6) 노출 가스 농도 감시

배치(batch) 공정과 같은 작은 규모의 공장에서는 위험 분위기가 생성되면 자동이나 수동으로 공장을 정지시켜서 폭발을 방지한다. 이 경우 누출 가스 농도 감시 장치를 설치하여 위험 분위기 생성을 감시한다. 이 감시 장치는 안전을 위한 핵심적인 역할을 수행하고 있으므로 그 정확성과 기능 유지가 지상의 과제가 된다.

따라서 설치 후에 전문가가 그 정확성과 기능을 점검하여야 하며 사용중에도 정해진 절차에 따라서 그 기능과 정확도를 확인하여 기록, 보관하여야 하는 시간 간격을 설정해 놓아야 한다. 그리고 감시 장치가 비록 자동으로 작동하고 있더라도 경우에 따라서 언제든지 사람이 수동으로 작동할 수 있도록 계통이 설계되어야 한다.

감시 기구는 안전성을 확보하기 위하여 폭발 하한값보다 상당히 낮은 수치에 설정되어 있어서 경보뿐만 아니라 경우에 따라서는 공장의 가동까지도 정지시켜야 한다. 일반적으로 하한값의 20%에 달하면 경보를 발하고, 40%에 이르면 공장의 가동을 정지하도록 설정하고 있다.

(7) 용기의 고압 설계

가연성 물질을 내부에 갖고 있는 용기나 파이프 라인 등을 폭발이나 폭굉의 압력에 견디도록 설계하고 제작한다. 폭굉이 발생하지 않는다는 확증이 있다면 일반적으로 운전 압력의 8 배의 압력에 맞도록 설계하면 대개 폭발 압력에 충분히 견딘다.

폭발 압력에 견디도록 제작하는 일이 경제적인 면에서 비합리적이라고 판단될 때에는 압력 경감 방법을 이용한다.

압력 경감 방법은 영구적인 장치나 임시로 사용하는 장치에서 폭발이 발생한 즉시나 압력이 어떠한 설정된 값에 이르면 재해가 발생하지 않는 방식으로, 예를 들면 플레어 스택으로 내부 압력을 분출시켜 장치를 안정시키는 방식이다. 이와 같이 압력을 분출하는 방법에는 특별한 주의가 요구되는데 분출된 압력이나 불꽃 또는 공기중에 떠다니는 분진에 의하여 사람이나 기기가 위해를 받지 않도록 대책을 세운다.

압력 경감 기구는 압력 용기에 직접 설치하여 분출시 어떠한 방해도 개입하지 못하도록 하고, 분출물이 분출되는 범위를 한정하여 안전한 대책을 세운다. 분출되는 기구는 압력이 어떠한 하한값 이하로 내려오면 자동으로 닫히도록 설계되어야 하며, 이것은 전문가에 의하여 검사를 받고, 시험 받아야 한다.

(8) 폭발 억제재

점화 에너지에 의하여 폭발이 발생하는 즉시 적절한 폭발 억제 물질을 방출시켜 불꽃이 꺼지도록 하여 폭발은 일부분의 물질에서만 일어나도록 하고, 압력은 어떠한 설정치 이하에서 유지되도록 대책을 세운다.

폭발 억제재의 원리는 광학적 검사 기기에 의하여 불꽃을 감지하고 즉시 불꽃 발생 부분에 냉각제를 방출하여 불이 꺼지도록 하는 것이다.

이와 같은 대책이 효과적으로 작용하기 위해서는 적절한 냉각제의 선택과 냉각제의 적절한 분배 방법에 영향을 받으므로 전문가의 검사와 시험을 필히 받아야 한다. 예를 들면 석유 시추공과 같은 기구의 소화에는 높은 숙련도가 요구되므로 이 분야는 전문가에 의해서만 계획되고, 시행되어야 한다.

(9) 불꽃 진행 방지 대책

압력에 견딜 수 없는 장치에는 폭발 압력이 미치지 않도록 압력 방지 기기를 설치하여 압력이 진행하는 길을 막아 폭발 방지를 수행한다. 또 다른 대책으로는 화염 방지 기를 설치하여 불꽃 진행을 저지하여 폭발 자체가 특정 기기에서 일어나지 못하도록 하는 방법이 있다.

이상에서 논의한 바와 같은 1 차적 대책이 강구되어 사용되고 있지만 불가피하게 위험 분위기가 생성되어 위험을 줄 만큼 누출량이 많아지고 농도가 높아지는 사례가 많이 있다. 특별히 화학 공장이나 석유 관련 분야에서는 위험 분위기가 일반적인 형태를 취하고 있다.

이와 같은 상태에 대비하여 2 차적인 대책이 수립되어 적용되고 있는데, 이를 보통 방폭 대책이라 한다.

5 방폭 대책(2 차 대책)

폭발 위험이 있다고 확인될 때 효과적으로 방폭 대책을 수립하기 위해서는 폭발 위험 가능성이 어느 정도인지 아는 일이 최우선일 것이다.

1. 위험 장소의 구분

위험이 있다고 확인되었을 경우 위험 발생원으로부터 어느 지점까지가 위험 지역이 될 것인가를 판단한다.

우리가 위험 장소라고 일컬을 때, 이 위험 장소란 어디까지나 폭발성 가스에 의하여 위험 분위기가 생성될 가능성이 있는 장소를 말한다. 그리고 위험 물질이 사용되고 있는 현장에는 위험성 가스가 전혀 없다고는 어느 누구도 보장할 수 없으며, 또한 위험성 가스가 있을 가능성이 있는 장소에서 이용되는 장치가 점화 에너지원이 되지 않는다는 보장도 어느 누구도 할 수 없을 것이다.

그러므로 어떠한 장소에 폭발 위험 가능성이 있다고 확인될 때 효과적으로 방폭 대책을 수립하기 위해서 그 장소에 있어서 위험 분위기가 생성될 가능성의 정도와 위험 물질의 노출이 계속되는 시간과 빈도에 따라 위험 장소를 3 개의 구역으로 구분하고 있다. 이와 같이 구분된 위험 장소는 구분된 구역에 따라 방폭 기계, 기구 그리고 전기 배설 방법을 결정하는 데 중요한 정보를 제공한다.

(1) 위험 장소의 구분

국제 규격(IEC)과 한국 노동부 고시에 따라 가스에 의한 위험 장소는 0 종, 1 종, 2 종 장소로 구분된다.

   ① 0 종 장소 : 폭발성 분위기가 항시 또는 장시간 동안 존재하거나 수시로 폭발성 분위기가 생성될 가능성이 있는 구역을 포함한다.

   ② 1 종 장소 : 기기의 정상 가동시 폭발 분위기가 때때로 생성될 가능성이 있는 구역과 가스의 누출 사고와 점화 요인이 될 수 있는 전기 사고가 동시에 일어

날 수 있는 구역을 포함한다.

③ 2종 장소 : 폭발 분위기가 생성될 가능성은 극히 적다고 간주되지만 어떠한 경
우에 짧은 시간 동안 위험 분위기가 존재할 가능성이 있다고 간주되는 구역과
장치에 이상 발생시 폭발 분위기가 형성될 가능성이 있는 구역을 포함한다.

위의 추상적인 설명을 명확한 개념 제시를 위하여 수치로 나타내면, 다음과 같다.

① 0종 장소 : 폭발성 가스가 연간 전체로 누적되어 1,000 시간 이상 존재할 가능
성이 있는 장소

② 1종 장소 : 폭발성 가스가 연간 전체로 누적되어 10~1,000 시간내에 존재할 가
능성이 있는 장소

③ 2종 장소 : 폭발성 가스가 연간 전체로 누적되어 0.1~10 시간내에 존재할 가능
성이 있는 장소

(2) 위험 장소에 따른 위험 분위기 생성 확률

위와 같은 수치에 입각하여 각 위험 장소에 따른 위험 분위기가 생성될 확률을 나타
내면, 다음과 같다.

① 0종 장소 : $\dfrac{1}{10}$

② 1종 장소 : $\dfrac{1}{10} \sim \dfrac{1}{1000}$

③ 2종 장소 : $\dfrac{1}{1,000} \sim \dfrac{1}{10,000}$

위험 분위기가 생성될 가능성에 대한 위의 확률은 다음과 같은 의미를 갖는다.

0종 장소에서는 10 번의 점화 에너지가 나타났을 때, 1 회 정도의 폭발이 발생하게
되며, 그림 2 와 같이 표현할 수 있다.

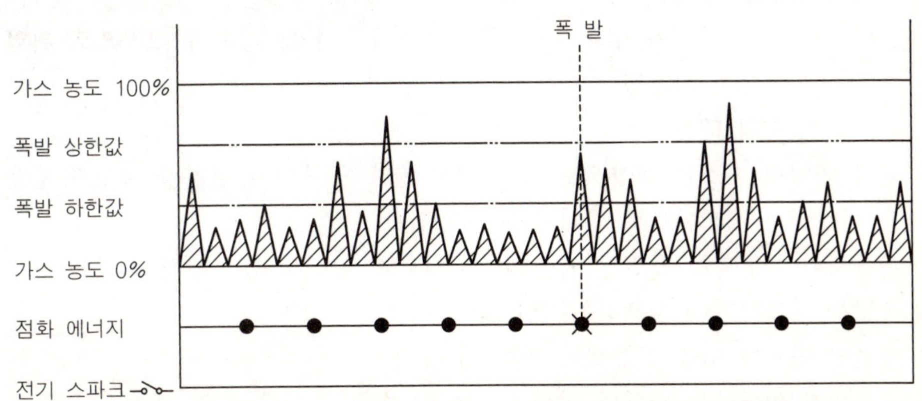

[그림 4-2] 위험 분위기와 점화 에너지에 의한 폭발 상황 전개도

그리고 만일 점화 에너지, 즉 전기 스파크(spark)가 하루에 2회 발생한다고 하면, 0종 장소에서는 방폭 대책을 시행하지 않으면 매 50일에 1회꼴로 폭발이 일어난다고 추정할 수 있다.

(3) 구체적인 위험 장소의 예

① 0종 장소

㉮ 설비의 내부 : 용기나 파이프 라인, 피팅

단, 용기나 파이프 라인의 내부를 불활성 가스로 채워 놓은 경우는 그 내부를 폭발성 위험 가스가 존재하는 장소, 즉 위험 장소로 분류하지 않는다.

㉯ 가연성 가스나 액체가 존재하는 웅덩이(pit)의 내부

② 1종 장소

㉮ 0종 장소의 인접 구역

㉯ 시설 장치의 입구나 출구 주변

㉰ 환기통(vent) 주변

㉱ 정상 운전시 위험물을 누출하는 연결부의 주변 그랜드 패킹(gland packing) 주변, 예를 들면 펌프의 그랜드 패킹

㉲ 공기보다 무거운 폭발성 가스가 모일 수 있는 웅덩이

㉳ 탱크의 이동 주입구 주변

③ 2종 장소

㉮ 0종 장소나 1종 장소 인접 구역

㉯ 공장 정지시에 해체가 가능한 연결부의 주변

㉰ 환기가 불충분한 곳에 설치된 배관의 연결부 주변

㉱ 1종 장소와 직접 파이프나 덕트, 트렌치(trench) 등으로 연결되어 가스 유입이 가능한 구역

㉲ 인위적 환기 장치가 설치되어 있는 구역내에 환기 장치의 고장으로 위험 분위기가 생성될 가능성이 있는 구역

(4) 위험 장소 제외 대상

위와 같이 위험성 가스를 대상으로 하는 위험 장소 구분에서 절차상 다음과 같은 장소는 적용 대상에서 제외되므로 주의가 요구된다.

① 탄광에서 생성되는 폭발성 메탄(methane) 가스가 있을 가능성이 있는 장소

② 폭약을 제조하거나 사용하는 장소

③ 가연성 먼지가 있을 가능성이 있는 장소

④ 공장에서 일어나는 장치나 파이프 라인의 파손과 같은 극히 예외적인 큰 사고에 의하여 생성된 위험 장소

⑤ 공장의 정비 작업시 위험성 가스가 생성될 가능성이 있는 장소로, 이에는 정비 작업 절차에 따라 폭발 방지 대책이 마련되어야 한다.

2. 위험 장소 구분에 대한 규정

세계적으로 위험 장소를 구분하는 규정에는 2가지 종류가 있으며, 이를 표시하면 표 3과 같다.

[표 4-3] 위험성 가스에 의한 위험 장소 구분 내역

적용 규격과 적용 지역	가장 폭발 위험이 큰 장소	대체로 위험이 있는 장소	위험 장소로 분류되지만 정상 상태에서는 위험이 발생하지 않는 장소
NEC 미국 등 북 미주	Division 1		Division 2
IEC 국제 규격	Zone 0	Zone 1	Zone 2
노동부 고시 한 국	0종 장소	1종 장소	2종 장소
Description	for long time hazard	intermittant hazard	harzard under abnormal condition
Commonly used figures	more than 1000 hours per annum	between 10 and 1000 hours per annum	between 0.1 and 10 hours per annum
정 의	장시간 또는 수시로 위험 분위기가 존재하는 장소	정상 가동시 때때로 위험 분위기가 존재하는 장소	위험 분위기가 존재할 가능성은 거의 없으나 기기 고장시에 때때로 위험 분위기가 존재하는 장소

지금까지 논의한 내용과 위의 위험 장소 구분 정의를 잘 음미하여 보면 2종 장소는 위험 장소라고 보기에는 약간 미흡하다고 생각된다. 이와 같은 내용은 미국과 더불어 북미 지역의 나라에서는 특히 강한 인상을 준다. 이와 같은 내용을 바탕에 두고 위험 장소를 지정할 때, 북미에서는 2종 장소(division 2)의 영역이 국제 규격(IEC)에서 보다 훨씬 넓은 영역을 지정한다.

위험 장소 범위가 미국적인 사상에 의하여 지정되는 경우에는 2종 장소(division 2)는 특정 기기, 즉 운전시 상시 스파크를 발생하는 기기 외에는 방폭 설비가 합당한지 신중히 검토하여 가장 경제적인 설비 투자가 되도록 노력한다.

3. 위험 장소에 관련된 용어

위험 장소에 관련된 용어를 명확히 규정함으로써 일어날 수 있는 혼란을 방지하고자 용어를 해설한다.

(1) 폭발 가스 분위기(**explosive gas atmosphere**) ; 위험 분위기

대기중에 가연성 물질이 화재나 폭발을 일으킬 수 있는 농도로 공기와 혼합되어 있고, 점화 후에는 연소가 전체의 가연성 물질에 전파되는 상태를 말한다.

농도가 폭발 상한값을 넘는 곳은 폭발 분위기라고는 말할 수 없으나 쉽게 폭발 분위기로 전환될 수 있으므로 위험 장소를 구분할 때에는 위험 지역으로 간주한다.

(2) 위험 장소(**harzardous area**) ; 방폭 지역

폭발 가스 분위기가 존재하거나 존재할 가능성이 있고, 설비의 설치나 운전에 특별한 주의가 요청되는 지역을 말한다.

(3) 비위험 장소(**non-harzarous area**) ; 비방폭 장소

폭발 가스 분위기가 위험할 정도는 아니고 설비의 설치나 운전에 대해 특별한 주의가 요청되지 않는 지역을 말하며, 절차상 다음과 같은 지역도 포함된다.

① 환기가 충분한 장소에 설치되어 개구부가 없는 상태에서 가연성 물질을 내부에 갖고 있는 배관 주위

② 환기가 불충분한 장소에 설치되어 있지만 밸브, 피팅, 플랜지 등이 없이 용접으로만 연결된 상태에서 내부에 가연성 물질을 갖고 있는 배관 주위

③ 가연성 물질이 완전히 밀봉되어 있는 용기 주위

④ 보일러(boiler), 화로, 가열로, 소각로 등 개방된 화면이나 고온 표면이 불가피하게 존재하는 기구의 주위

(4) 위험 발생원(**source of release**)

가연성 물질이 누출되어 주위에 위험 분위기를 생성시킬 수 있는 지점이나 장소를 말한다. 단, 주위 환경 조건에 따라서는 가연성 물질의 누출이 반드시 위험 분위기를 생성시킨다고는 가정하지 않는다.

(5) 누출 비율(**release rate**)

발생원으로부터 시간당 누출되는 양을 말한다.

(6) 정상 운전(**normal operation**)

기기가 설계된 정격내에서 운전되고 있는 상태를 말한다.

(7) 환기(**ventilation**)

바람과 온도 차이에 따른 자연적인 공기 움직임과 팬 및 배기 장치(extractor)에 따

른 인공적인 공기 움직임에 의하여 위험 분위기에 오염된 공기를 신선한 공기로 대체하는 현상을 말한다.

(8) 폭발 한계(**explosive limits**)

폭발 한계에는 폭발 하한값과 상한값이 있다. 폭발 하한값은 공기와 혼합한 가연성 가스가 폭발을 일으킬 수 있는 농도의 최소값을 말하며, 대개 가스와 공기 혼합체에서 가스의 체적 비율의 백분율로 표시한다. 폭발 상한값은 공기와 혼합한 가연성 가스가 폭발을 일으킬 수 있는 농도의 최대값을 말한다.

(9) 가스의 상대적 비중(**relative density of gas**)

같은 압력과 온도 상태에서 공기의 비중을 1이라고 할 때의 가스 비중을 말한다.

(10) 가연성 물질(**flammable material**)

가스 상태이거나 가스를 생성시킬 수 있는 물질로서 쉽게 점화되어 연소가 일어날 수 있는 물질을 말한다.

(11) 가연성 가스(**flammable gas**)

공기와 특정한 비율로 혼합될 때 폭발 분위기를 생성시키는 가스를 말한다.

(12) 인화점(**flash point**)

표준 대기 상태에서 점화할 수 있을 만큼 충분한 가스 농도를 생성하는 액체의 최저 온도를 말한다.

(13) 연소성 액체(**combustible liquid**)

연소성 액체는 휘발성의 정도에 따라 세 종류 또는 네 종류로 분류한다.

① 1종 연소성 액체(class I liquid)

대기 압력 276 kPa 절대 압력에서 인화점 40℃ 이하인 액체를 말한다. 미국 NFPA No. 321에서는 인화점 기준 온도가 100℉(37.8℃)로 되어 있다.

1종 연소성 액체는 대개 인화점 이상의 온도에서 사용되므로 누출되면 위험 발생원이 되어 폭발 가스 분위기를 쉽게 형성한다. 따라서 이 액체를 취급하는 지역은 위험 장소로 고려해야 한다.

② 2종 연소성 액체(class II liquid)

인화점이 40℃ 이상 65℃ 이하인 액체를 말한다. 미국에서는 기준 온도가 100℉(37.8℃) 이상 140℉(60℃) 이하인 액체로 규정하고 있다.

한국과 같이 온대 지역에 위치한 나라에서는 상온에서 누출되더라도 폭발 가스 분위기를 생성하지 않고 또한, 누출 부근에서 멀리 확산되지도 않는다. 그러나 인화점 이상의 온도로 사용될 때에는 적절한 방법에 의하여 인화점 이하로 온도를 유지시킬 수 없는 경우, 즉 높은 온도에서만 취급될 때에는 위험 장소로 설정하여 대책을 강구한다.

③ 3종 연소성 액체(class Ⅲ liquid)

인화점이 65℃ 이상 100℃ 이하인 액체를 말한다. 상온에서는 누출되어도 급속히 냉각되고 증기도 곧 응축되므로 위험 분위기가 생성된다고 하여도 극히 제한적이다. 혹시 인화점 이상에서 사용될 경우에는 위험 장소로의 설정을 고려해야 하며, 이 경우는 1종 연소성 액체에 대한 위험 장소 범위의 1/3 정도만을 고려하여도 충분하다. 미국에서는 140℉(60℃) 이상의 액체를 말한다.

④ 4종 연소성 액체

인화점 100℃ 이상의 액체를 말하며, 위험 장소 설정을 고려하지 않는다. 미국에서는 140℉(60℃)를 기준으로 하여 3종 연소성 액체로서 3종류로만 분류한다.

(14) 점화 온도(**ignition temperature**)

표준 대기 압력에서 점화를 시작하고, 연소를 계속할 수 있는 최저 온도를 말한다.

(15) 누출 등급(**grade of release**)

폭발 가스 분위기를 생성시키는 정도에 따라 3가지 등급으로 분류하고 있다.

① 연속 누출(continuous grade of release)

누출이 연속 또는 장시간 일어나거나 수시로 일어나는 상태를 말한다.

② 일차 누출(primary grade of release)

정상 운전중에 주기적으로나 때때로 누출이 일어나는 상태를 말한다.

③ 이차 누출(secondary grade of release)

정상 운전중에는 누출이 일어나지 않으나 비정상적인 운전 상태에서 불규칙적이거나 짧은 시간에 누출이 일어나는 상태를 말한다.

6 위험 장소의 범위

가연성 물질이 다뤄지는 장소에 설치되는 기구는 가연성 물질의 누출과 그에 따른 위험 장소 범위가 최소가 되도록 설계, 운전, 정비되어야 하며, 이는 정상 운전에서만이 아니고 비정상 운전중에 있을 수 있는 위험 가능성까지도 고려해야 한다. 여기서 최소가 되도록 한다는 사항은 누출 빈도, 누출 시간 그리고 누출 물량을 고려한 전반적인 개념이다.

단, 공장내 기구의 정비 작업중에 생성되는 위험 장소는 어디까지나 정비 절차에 따라서 처리 되어야 하며, 일반적인 방폭 대책에는 포함되지 않는다는 것이 관례로 되어 있다. 방폭 대책의 기본 사항에 대한 기억을 되살리기 위하여 여기에서 기본적인 점을 반복 기술하면 다음과 같다.

첫째 점화원이 될 수 있는 기기의 주위에 위험 가스 분위기의 생성을 방지한다.

둘째 위험 가스 분위기가 존재하는 장소에는 점화원을 설치하지 않는다. 여기서 점화원을 설치하지 않는다는 의미에는 점화원을 무력화시킨다는 의미도 포함하고 있다.

이와 같은 개념을 상기하면서 위험 장소 범위 설정에 관한 사항을 논의한다.

위험 장소의 설정은 그저 간단히 공장을 한 번 돌아다녀 본다든지, 공장 설계 도면을 슬쩍 살펴 보는 것만으로 가능한 일이 절대로 아니다. 더구나 위험 장소로 설정된 장소를 0종 장소, 1종 장소, 2종 장소로 결정하는 일은 생성될 위험 가스의 기본 특성, 공장의 운전 조건과 더불어 다음 사항을 검토하여 안전하고 경제적인 방안으로 결정한다.

① 누출 발생원과 누출 등급 결정
② 환기와 환기 등급 결정
③ 가연성 물질에 고유한 화학적·물리적 특성과 공정상의 특징적 사항 확인

이들 사항을 검토하면서 고려해야 할 절차상의 유의할 점은 다음과 같다.

① 0종 장소와 1종 장소를 최소화할 수 있는 방법 탐색, 즉 환원하면 2종 장소와 비방폭 구역으로 전환할 수 있는 방안 탐구
② 누출 등급을 2차 누출로 한정할 수 있는 방법 선택과 연속 누출과 1차 누출이 불가피한 환경이라면 누출 물량을 최소화할 수 있는 방안 강구
③ 비정상 운전시 일어날 수 있는 누출량을 최소화할 수 있도록 기기 설계와 운전, 장소 선정에 세심한 주의를 기하여 2종 장소의 범위를 줄일 수 있는 방안 강구

이 사실을 유념하면서 장소 범위 설정에 영향을 주는 사항 하나 하나를 구체적으로 조사한다.

1. 누출 발생원과 누출 등급 확인

위험 장소의 형태를 설정하는 데 가장 기본이 되는 요소는 누출 발생 지점을 구체적으로 하나씩 하나씩 확인하는 작업과 누출 등급을 결정하는 일이다. 그리고 폭발 가스 분위기는 가연성 가스가 공기와 혼합하여 존재할 때에 발생하므로 고려 대상인 장소에 가연성 물질이 있는지 가려내는 일이 첫번째 사항이다.

일반적으로 가연성 가스는 공정내의 용기에 들어 있고, 용기는 밀폐되어 있거나 반밀폐 상태로 운전된다. 따라서 위험 가스 분위기가 공정내의 구역에만 존재하는지 이들이 공정 외의 지역에까지 영향을 미치는지를 확인해야 한다.

이와 같이 발생원이 확인되고 그 영향이 미치는 범위가 검토된 다음에는 누출 등급을 결정하여 연속 누출인가, 일차 누출인가 또는 이차 누출인가를 확인하는 일이 두번째 사항이다.

(1) 누출 발생원

이들에 대하여 공정 지역과 그 주변 지역에 대하여 예를 들면, 다음과 같다.

① 연속 누출을 일으키는 발생원

㉠ 불활성 가스로 채워지지 않은 고정된 콘 루프(cone roof)형 탱크의 가연성 액체 표면

㉡ 유수 분리 장치(oil/water separator)와 같이 계속적으로 대기에 노출된 가연성 액체의 표면

② 일차 누출을 일으키는 발생원

㉠ 정상 운전중에 누출이 일어나는 펌프, 컴프레서(compressor), 밸브의 실

㉡ 정상 운전중에 가연성 액체로부터 물을 배수시켜야 하는 용기나 탱크의 배수구

㉢ 정상 운전중에 가연성 액체로부터 시료(sample)를 채취해야 하는 시료구

㉣ 정상 운전중에 가연성 물질을 배출하는 감압 밸브, 벤트(vent), 다른 목적으로 열려져 있는 배출구

③ 이차 누출을 일으키는 발생원

㉠ 비정상적인 운전 상태에서만 가연성 물질을 누출시키는 펌프, 컴프레서와 밸브의 실

㉡ 운전중 정상적인 상태에서는 가연성 물질을 누출하지 않는 프랜지 연결 장치나 파이프 피팅

㉢ 공정 기동시나 시운전중과 같은 비정상 운전중에만 실시하는 시료 채취구

㉣ 공정에 비정상적인 상태가 발생하였을 때에만 작동하는 감압 밸브, 벤트, 어떠한 목적으로 열려져 있는 배출구

다음으로, 누출이 발생하는 장소에 인접하여 상호 개통되는 배출구도 누출 발생원으로 간주하여 대책을 세워야 한다. 그리고 배출구에 대해서도 별도로 누출 등급을 결정해야 한다.

(2) 누출 등급 확인

누출 등급 결정에 영향을 미치는 중요한 요소는 다음과 같다.

① 인접한 구역의 위험 장소 형태

② 배출구의 배출 빈도와 시간

③ 상호 개통 될 수 있는 개통 연결 장치의 밀폐 정도

④ 인접하여 상호 개통될 수 있는 구역간의 압력 차이

이들 인접된 구역간에 개통이 얼마나 잘 이루어지는가 하는 정도를 결정하는 방편으로 개구부를 4가지의 등급으로 나누어 이용하고 있다.

① 개구부 등급 A(type A opening)

벽이나 천정 및 바닥에 설치된 덕트, 파이프, 팬의 개구부를 통하여 자유롭게 통풍되는 개구부를 말하며, 사람이 통행하기 위한 통로도 이 등급에 포함된다.

② 개구부 등급 B(type B opening)

정상적인 상태에서는 닫혀져 있으며 가끔씩 열릴 때에도 자동적으로 닫히는 개구부를 말한다.

③ 개구부 등급 C(type C opening)

정상적인 상태에서는 닫혀져 있으며 또한 개구부의 주변에 개스킷(gasket) 같은 실로 밀폐되어 있는 개구부를 말한다. 두 개의 B등급 개구부가 직렬로 설치되어 독립적으로 그리고 자동적으로 닫혀지는 경우도 C등급으로 간주한다. 예를 들면 내부 검사용 개구부 같은 것이다.

④ 개구부 등급 D(type D opening)

항상 닫혀져 있으며, 개구부 주변이 완전히 밀폐되어 있어 특별한 경우, 특별한 절차에 따라 열리는 개구부를 말한다. 개구부 등급 B와 C가 직렬로 인터로크(interlock) 상태로 작동할 때에는 등급 D로 간주한다. 예를 들면 기름 탱크의 청소를 위한 개구부가 여기에 해당된다.

이들 개구부 등급이 누출 등급에 미치는 영향을 정리하면 표 4와 같다.

[표 4-4] 누출 등급 결정에 미치는 개구부의 특성

개구부 앞의 위험 장소 형태	개구부 등 급	개구부 다음 장소의 누출 등급
0종 장소	A	연속 누출
	B	일차 누출(때로는 연속 누출)
	C	이차 누출
	D	누출이 발생하지 않으므로 비방폭 지역이 된다.
1종 장소	A	일차 누출
	B	이차 누출(때로는 일차 누출)
	C	누출이 발생하지 않고 비방폭 지역으로 간주한다(때로는 이차 누출)
	D	비방폭 지역
2종 장소	A	이차 누출
	B	비방폭 지역(때로는 이차 누출)
	C	비방폭 지역
	D	비방폭 지역

2. 환기와 환기 등급 확인

대기중에 누출된 가연성 가스는 확산에 의하여 대기중으로 희석되어 결국 농도가 폭발 하한값에 이른다. 이 때 환기, 즉 위험 발생원 주위의 공기를 신선한 공기로 치환하는 공기의 흐름이 이와 같은 확산을 촉진시킨다. 그 때문에 적절한 환기는 폭발성 가스가 지속되는 것을 방지하는 데 효과가 있고, 따라서 위험 장소의 형태에 영향을 미친다.

(1) 환기의 주요 형태

환기는 바람이나 온도 차이에 의하여 일어나는 공기의 흐름에 의하여 이루어지거나 또는 팬과 같은 인공적인 방법에 의하여 이루어진다. 그런 면에서 환기는 자연적인 환기와 인공적인 환기에 의하여 2 가지 종류로 나누어지고, 인공적인 환기는 전반적인 환기와 국부적인 환기로 나누어 진다.

(2) 자연적인 환기

자연적인 환기(natural ventilation)는 바람이나 온도 차이에 의한 공기의 흐름에 의하여 이루어진다. 사방이 노출된 구역에서는 자연적인 환기만으로도 폭발 가스 분위기를 처리하기에 충분하다. 뿐만 아니라 자연 환기는 어떠한 건물내의 구역에 대해서는 효과를 발휘하기도 한다.

노출된 장소에 있어서 환기의 효과에 대한 평가는 실제적으로 0.5 m/sec의 속도로 바람이 연속적으로 불고 있다는 가정에 기초하고 있고, 이는 어떠한 장소에 있어서 공기가 시간당 100 회 이상 신선한 공기로 치환되고 있다는 것을 의미한다. 그리고 대부분의 바람 속도는 2 m/sec에 이르는 경우가 많다.

화학 공장이나 석유 화학 공장에서 자연 환기에 대한 예는 파이프 설치 지역(pipe rack), 펌프실(pump bay), 컴프레서실(compressor shelter)과 같은 구역 등으로 지붕(roof), 바닥(floor) 그리고 기둥 등의 설치물이 전체 면적의 15%를 넘지 않으면 노출 장소로 간주한다. 그리고 때로는 노출된 건물이라고 일컬어지는 건물은 가연성 가스가 공기보다 가벼운 경우에는 지붕과 벽에 적절한 통풍구를 설치하여 환기가 잘 이루어지도록 설치되었거나, 가연성 가스가 공기보다 무거운 경우에는 바닥이 그레이팅(grating)으로 형성되어 있어서 충분한 환기가 일루어지는 건물이다. 물론 노출된 건물만큼은 환기 효과가 못하지만 환기가 잘 일어나도록 통풍구를 설치하여 자연 환기의 목적을 이루고 있는 건물도 많이 있다.

다음과 같은 건물은 절차상 충분히 자연 환기가 일루어진다고 간주한다.

① 지붕이나 바닥면의 형태와 관계 없이 전체의 벽 면적에 대한 50% 이상이 공간

으로 형성되어 통풍이 자유스러운 건물

② 바닥면이 그레이팅으로 형성되어 있고, 지붕이 없는 건물

③ 지붕이 없고, 벽 면적에 대한 25% 이상이 공간으로 형성되어 통풍이 자유스러운 건물

(3) 인공적인 환기

팬이나 배기 장치에 의하여 공기의 흐름이 이루어질 때, 이를 인공적인 환기라 한다. 물론 인공적인 환기는 건물이나 폐쇄된 기구에 설치되어 운전되는 것이 목적이나 불가피하게 장애물이 설치되어 있어서 자연 환기가 방해받는 노출 장소에 있어서도 자연 통풍을 보조하는 수단으로 인공적인 환기가 이용되고 있다.

인공 환기 장치를 설치하면, 다음과 같은 효과를 기대할 수 있다.

① 위험 장소의 범위를 줄인다.

② 위험 가스 분위기의 지속 시간을 줄인다.

③ 위험 가스 분위기의 생성을 방지한다.

그리고 인공적인 환기는 특히 건물 내부의 통풍에 효과가 크고, 또한 믿을 수 있는 환기임이 증명되었다. 그러나 폭발 방지를 목적으로 설치된 인공 환기 장치는 다음 사항을 고려하여 설계하고 설치한다.

① 환기 효과를 측정하고 조절할 수 있어야 한다.

② 환기 배출구 주위에 대한 배려가 있어야 한다. 비방폭 지역으로부터 공기를 흡입하여야 한다.

③ 환기 장치의 용량을 결정할 때에는 설치 위치 그리고 위험 장소의 누출 등급과 누출 물량을 확실히 확인하여야 한다.

위 사항과 더불어 환기 장치 효과에 영향을 주는 다음 사실도 고려하여 결정한다.

① 가연성 가스는 거의 대부분 공기의 비중과 다른 비중을 갖고 있으므로 바닥면이나 천정에 모이는 성질이 있다. 더욱이 이들 장소는 일반적으로 통풍이 장애를 받기 쉬운 곳으로 환기의 효과를 떨어뜨리는 경향이 있으니 유의해야 한다.

② 주위 온도 변화에 따라 가스의 비중이 변한다.

③ 공기 흐름을 방해하는 장해물이 있을 경우에는 통풍이 잘 수행되지 않으며, 심한 경우는 전혀 통풍이 이루어지지 않는 장소가 발생할 수 있으므로 유의한다.

어떠한 구역을 인공적인 환기로 통풍시킬 경우에는 전반적인 통풍과 국부적인 통풍으로 구분하여 검토하는 것이 환기 장치 설치에 도움을 준다. 이 구분은 환기 등급과 신선한 공기에 의하여 치환되는 횟수에 따라 구별하는 것이 일반적인 방법이다.

인공적인 환기에 의한 전반적인 통풍의 전형적인 방법에 대하여 예시하면,

① 건물내의 전반적인 통풍을 증진시키기 위하여 벽이나 천정 또는 2 이상의 장소

에 팬을 설치한다.

② 노출 장소의 적절한 곳에 팬을 설치하여 자연 통풍을 보조하여 전구역의 통풍을 증진시킨다.

그리고 국부적 통풍 방식을 예시하면,

① 가연성 물질을 연속적으로 또는 주기적으로 배출하는 특정 기구를 환기할 목적으로 공기와 혼합한 가스를 배기하기 위한 통풍 장치를 설치한다.

② 위험 가스 분위기가 생성될 가능성이 있는 지역에 집중적으로 통풍할 목적으로 배기 장치를 설치한다.

(4) 환기의 등급

위험 가스 분위기의 지속 시간과 확산을 조정하는 환기 장치의 효과는 환기의 등급 (degree of ventilation), 환기의 유효성(availability of ventilation) 그리고 환기 장치의 설계 목적에 크게 영향을 받는다.

설계 목적은 쉽게 말하면 환기 장치가 위험 가스 분위기의 생성을 방지하는 데에는 충분치 못하더라도 위험 가스 분위기가 지속적으로 존재하지 않도록 막는 데에는 충분한 것과 같은 경우이다.

정량적으로 표현하여 환기가 충분하다고 말할 수 있을 때는 공기와 혼합한 가연성 가스의 농도가 폭발 하한값의 25%를 넘지 않아야 한다. 그리고 건물내에서는 환기에 의하여 건물내의 공기가 신선한 공기로 적어도 시간당 6회 이상 치환되어야 한다.

여하튼 환기에 있어서 중요한 요점은 누출의 발생 형태, 즉 누출 등급과 누출 물량과 관련하여 환기의 등급, 즉 공기가 흐르는 양, 바꾸어 말하면 바람의 속도와 공기가 바꿔지는 횟수가 어떠한 관계를 맺고 있는가 하는 점이다.

결국 위험 장소에 있어서 환기에 의한 최적의 조건은 가능성 있는 누출 물량과 관련하여 환기의 양이 많으면 위험 장소의 범위는 작아지고 어떠한 경우에는 위험 장소가 무시할 수 있을 정도가 되어, 즉 비방폭 지역으로 분류되는 경우이다. 이들 사실을 감안하여 환기량을 판단하는 기준으로 다음과 같이 3가지의 등급으로 환기를 구분하여 사용한다.

① 상급 환기(high ventilation : HV)

누출 발생원에 있어서 가스의 농도가 순간적으로 폭발 하한값 이하로 내려가 위험 장소로서 무시할 수 있는 정도로 되어 비방폭 지역으로 분류될 수 있는 경우를 말한다.

② 중급 환기(medium ventilation : VM)

누출이 계속 진행되고 있는 동안에 어떠한 한계 영역내는 위험 지역으로 평가되나, 한계 영역 밖은 안정적으로 비방폭 지역으로 분류될 수 있을 만큼 가스 농도가 폭발 하한값 이하로 유지되며, 누출이 멈추면 더 이상 위험 가스 분위기가 지속되지 않아 위험 장소가 존재하지 않는 경우를 말한다.

③ 저급 환기(low ventilation : VL)

누출이 계속 진행되고 있는 동안에는 가스 농도를 환기에 의하여 조정할 수 없을 뿐만 아니라 누출이 멈춘 이후에도 일정 시간 동안 위험 가스 분위기가 계속 존재하는 경우를 말한다.

(5) 환기 등급의 추정

일반적으로 연속 누출은 0종 장소를 만들고, 일차 누출은 1종 장소를 그리고 2차 누출은 2종 장소를 만든다. 그러나 이와 같은 등식은 환기가 전혀 없고 확산에만 의지하여 위험 가스가 처리되는 경우이고 환기에 의한 효과를 고려하면 위험 장소의 형태가 달라진다.

이와 같이 환기의 효과를 판단할 때에는 환기 등급이 이용되므로 환기 등급을 산정하는 일이 긴요한 사실이 되었다. 또한 환기 등급 산정시 가장 중요한 요소는 누출 물량이다. 그러므로 경험에 의하거나 계산에 의하여 아니면 확실한 근거에 입각한 합리적인 추정에 의하여 누출 물량을 알아야 한다.

시간당의 누출 물량을 알면 이 물량과 더불어 주위 온도 그리고 폭발 하한값으로부터 쉽게 필요한 환기량을 계산할 수 있다. 물론 여기에서는 누출 가스가 공기와 일정한 비율로 균일하게 혼합되었다고 할 수 없으며, 또한 통풍에 대한 예상치 못한 방해도 있을 수 있으므로 얼마 정도의 여유는 주어 계산한다.

필요한 환기량과 환기 장치의 설계 자료에 의하여 환기에 의한 통풍이 상급인지, 중급인지, 저급인지가 결정된다. 그리고 환기의 등급이 결정되면 위험 분위기의 지속 시간을 고려하여 특정 누출원에 따른 위험 지역의 위험 장소의 형태, 즉 0종, 1종, 2종 장소 또는 비방폭 지역인지를 확인할 수 있다.

실제로 상급 환기는 일반적으로 낮은 누출 물량을 갖은 발생원에 대해서나 용적이 작은 건물에 대해 인공적인 환기로도 성취될 수 있는 성질의 것이다.

따라서 여러 개의 누출 발생원에서 독립적으로 누출이 일어나는 장소는 비방폭 지역이 될 개연성이 매우 적다. 또한 석유 화학 관련 공장에서 발생하는 누출 물량을 고려할 경우에는 자연 통풍에만 의지하여 비방폭 지역으로 전환하기에는 통풍량이 역부족임은 경험으로 알 수 있다. 특정 지역의 일부분에 대해서는 고려할 수 있을지는 모르지만, 공장 전 지역에 인공적인 통풍 장치를 활용한다는 사실은 경제적으로 매우 어려운 일이다.

상급 환기 상태에서는 누출이 계속되고 있는 도중이나 누출이 멈춘 후에도 위험 가스 분위기가 생성되지 못하므로 위험 가스 분위기의 지속 시간은 의미가 없으나, 중급 환기에서는 이 지속 시간이 큰 의미를 갖게 된다. 물론 중급 환기도 가연성 가스의 확산에 영향을 준다. 그리고 누출이 멈춘 후에 위험 가스 분위기가 얼마 동안 지속되느냐 하는 지속 시간이 누출 등급과 관련하여 위험 장소가 1종 장소가 되느냐, 2종 장소가 되느냐를 결정한다. 일반적으로 노출된 장소는 자연 통풍에 의하여 중급 환기 지역으로 분류된다. 저급 환기는 위험 장소의 형태를 결정하는 데 영향을 주지 못한다. 노출 장소에 있어서는 웅덩이나 도랑이 이에 해당되고, 이 경우에는 오직 누출 등급에 의해서만 위험 장소의 형태가 결정된다.

(6) 환기의 유효성

환기의 유효성(availability of ventilation)은 위험 가스 분위기의 생성과 존재에 대하여 영향을 미칠 뿐만 아니라 환기의 등급과 더불어 위험 장소의 형태를 결정하는 데 매우 중요한 역할을 수행한다.

환기의 유효성의 정도는 다음과 같이 세 종류로 구별된다.

① 좋음(good)

환기에 의한 공기의 흐름이 실제 계속적으로 존재하는 상태를 말한다.

② 상당함(fair)

정상적인 운전중에는 환기에 의하여 공기의 흐름이 존재하는 상태를 말한다. 절차상으로는 가끔식 일어나는 환기 장치의 고장 등에 의해 통풍이 멈춘 후 단시간내에 회복된다면 이 경우는 허락된다.

③ 나쁨(poor)

환기에 의한 공기의 흐름이 위 두 종류의 유효성에 미치지 못하는 경우이며 절차상 장시간 동안 통풍되지 않는 상태는 허락되지 않는다.

그리고 배치 공정이나 지극히 간단한 장치에 이용되고 운전 방식으로 상급 환기에 의하여 위험 가스 분위기가 생성되지 못하고 있는 경우, 환기 계통의 고장으로 통풍이 보장될 수 없을 때에 공정이 자동적으로 가동 중지된다면 이는 환기 상태가 좋은 경우로 간주된다. 또한 인공적인 환기를 할 때 환기 장치를 신뢰할 수 있고, 하나의 장치에 고장이 있는 경우 대기하고 있는 다른 장치가 자동적으로 가동하는 경우에도 환기 상태가 좋은 것으로 간주된다.

지금까지 검토한 환기를 일람표로 요약하면 표 5 와 같다.

3. 위험 장소 설정에 영향을 미치는 가연성 물질의 화학적 · 물리적 특성과 공정상의 특징적 사항

위험 장소의 범위는 다음과 같이 물리적 · 화학적 특성에 따른 변수에 영향을 많이

[표 4-5] 위험 장소에 대한 환기의 영향

누출 등급 \ 환기 등급 유효성	VH			VM			VL
	좋음	상당함	나쁨	좋음	상당함	나쁨	좋음 상당함 나쁨
연속 누출	비방폭 지역	2종 장소	1종 장소	0종	0종+2종	0종+1종	0종
일차 누출	비방폭 지역	2종 장소	2종 장소	1종	1종+2종	1종+2종	1종/0종
이차 누출	비방폭 지역	비방폭 지역	2종 장소	2종	2종	2종	1종

• 여기서 '+'는 둘러 싸여짐을 의미한다. 즉, 0종+2종은 0종 장소가 존재하며 그 주위를 2종 장소가 둘러 싸고 있음을 의미한다.

받는다. 이들 중 어떠한 것은 가연성 물질의 고유한 특성에 기인하고 어떠한 것은 공정의 특성에 기인한다.

(1) 위험 가스 누출 비율

단위 시간내에 누출되는 물량이 많으면 당연히 위험 장소의 범위는 넓어진다. 그렇지만 누출 비율 자체도 다른 변수에 의하여 변하고, 이들 요인은 다음과 같다.

① 누출 발생원의 기하학적 형태(geometry of the source of release)

누출 발생원의 물리적 형상으로 예를 들면 가연성 물질의 개방된 표면에서의 증발과 프랜지에서의 누출과 같은 사항이다.

② 누출 속도(release velocity)

누출 물량이 누출 속도에 따라 다르다는 것은 자명하며, 누출 속도 또한 공정 내의 압력과 발생원의 기하학적 형상에 따라 수치가 다르다.

구름 모양을 한 누출 가스의 크기는 누출 비율과 확산 비율에 따라 결정된다. 빠른 속도로 누출되는 가스는 부채꼴(cone) 형상의 제트(jet) 기류를 형성하며, 이 경우에는 제트 기류 자체가 공기를 흡인하여 희석된다.

따라서 위험 가스 분위기의 범위는 주로 자체의 제트 기류의 속도에 따라 결정되고, 바람의 영향은 거의 받지 않는다. 그러나 낮은 속도를 갖고 누출되는 가스는 바람에 의하여 운반되고 희석되기 때문에 바람의 속도에 큰 영향을 받는다.

③ 농도(concentration)

누출 물량이 누출 가스의 자체 농도에 따라 다르다는 사실은 자명하다.

④ 가연성 액체의 휘발성(volatility of a flammable liquid)

이는 원리적으로 액체의 증기 압력과 기화열에 관계 있는 사항으로, 증기 압력이 파악되지 않았을 경우 끓는 온도와 인화점이 좋은 지침이 된다. 인화점이 가연성 액체의 온도보다 상대적으로 상당히 높을 때에는 위험 가스는 존재하지 않으므로 위험 장소의 범위는 인화점이 낮을수록 넓어진다. 규정에 의하여 가연성 액체가 만드는 위험 장소는 액체의 온도가 인화점보다 5°K 낮은 온도를 기준으로 하여 사용하고, 이 경우 5°K는 안전을 위한 여유 온도가 된다. 가연성 액체가 분사될 때에는 인화점보다 낮은 온도에서도 위험 분위기가 형성되는 경우가 있으므로 유의한다.

⑤ 액체의 온도(liquid temperature)

증기 압력은 온도에 따라 증가하고 증발에 의한 누출 물량도 따라서 증가한다. 누출된 액체의 온도는 증가하는 경향이 있고, 이는 높은 주위 온도나 누출이 발생되는 물체의 표면 온도가 높기 때문이다.

(2) 폭발 하한값

발생한 누출 물량만을 고려할 때에 폭발 하한값(lower explosive limit)이 낮을수록 위험 장소의 범위는 넓어진다.

(3) 공기에 대한 누출된 가스의 상대적 비중

누출된 가스의 비중이 공기에 비하여 상당히 낮으면 그 가스는 위로 올라 갈 것이고, 상당히 높으면 내려와 바닥면에 모일 것이다. 따라서 지면 위의 수평적인 위험 장소 범위는 상대적인 비중이 높으면 넓어질 것이고, 발생된 위치에서의 수직적 범위는 상대적인 비중이 낮아야 높아질 것이다.

그러나 실제적인 문제에서 공기에 대하여 상당히 가볍다고 하는 경우는 비중이 0.8 보다 낮은 가스를 말하며, 상당히 무겁다고 하는 경우는 비중이 1.2 보다 높은 가스를 말한다. 비중이 0.8~1.2 사이인 가스는 위의 두 가지 특성을 모두 갖고 있으므로 주의를 요한다.

(4) 공장 지역의 기후와 지정적 조건

공장이 위치한 곳의 기후 조건과 지세적 특징을 위험 지역 범위 설정시 감안한다. 예를 들면, 해안 지역이나 특정 지세에 따라 바람이 부는 방향이 거의 일정할 때에 위험 범위 설정에 미치는 영향은 크다.

(5) 누출 비율과 누출 발생원에 관한 예제

① 오일 세퍼레이터(oil separator)와 같은 가연성 액체의 노출 표면에서 발생하는 노출

거의 대부분의 경우 액체 온도는 끓는 온도보다 낮은 온도에서 유지되므로 이 경우에 기체의 누출 물량, 즉 누출 비율은 주로 다음 사항과 관계가 깊다.

㉮ 액체 온도

㉯ 액체 표면 온도의 증기 압력

㉰ 증발면의 면적

② 제트나 분사 상태로 누출되므로 액체가 순간적으로 증발하는 누출 발생원

　방출하는 액체가 실제 순간적으로 증발하므로 기체 누출 비율은 액체의 유량과 같기 때문에 이 경우의 누출 비율은 다음 사항과 관계가 있다.

㉮ 액체의 압력

㉯ 발생원의 기하학적 형태

　그러나 이 경우에 액체가 순간적으로 증발하지 않고 액체 방울로 방출될 때에는 상황이 아주 복잡한 상태로 발전하여 위험 장소를 구축한다는 사실 자체가 위험을 내포하고 있으므로 유의해야 한다. 즉, 액체 방울과 액체 상태의 제트 기류가 이차적인 발생원이 되어 위험 가스 분위기를 생성하기 때문이다.

③ 공기와 혼합된 가스 누출

　용기내에서 혼합 가스 상태로 운전되고 있는 설비에서 누출이 일어나는 경우의 누출 비율은 다음 사항과 관계가 깊다.

㉮ 용기내의 압력

㉯ 발생원의 기하학적 형태

㉰ 누출되는 혼합 가스의 가연성 가스 농도

(6) 비중이 공기보다 무거운 가스의 누출

공기보다 무거운 가스는 언제나 지면보다 낮은 곳으로 흘러들어가 웅덩이나 도랑에 모여 이차적인 발생원이 되므로 지면보다 낮은 곳이 있을 경우에는 특별한 주의가 요구된다.

4. 방폭 자료 작성과 보관

　위험 장소의 범위를 설정하는 작업은 매우 중요한 사항이므로 결정된 결과뿐만 아니라 결정되기까지의 과정도 기록, 보관해야 한다. 왜냐하면 위험 장소가 결정되기까지는 여러 단계를 거쳐 많은 검토와 논의가 전개된 연후에 최후의 결정 단계에 이르므로 그 과정이 명백하게 밝혀져야 하기 때문이다.

　이들 자료철에 들어가야 할 자료를 배열하면, 다음과 같다.

(1) 적용된 규정과 세계적으로 추천된 지침서

① 국제 규격(IEC)과 미국 규격(NEC)

② 미국 석유 협회(API) 지침서 API-500

③ 국제 규격 지침서(IEC/TC : SC 31 J)

④ 노동부 고시 제 93-19 호 : 사업장 방폭 구조에 대한 지침

(2) 가스의 확산에 관한 특성

(3) 환기의 등급과 유효성

환기의 효과에 의하여 위험 장소의 형태와 범위가 더 낮은 단계로 바뀌는 사실을 기록한다.

(4) 가연성 물질의 특성

① 인화점(flash point)

② 끓는점(boiling point)

③ 점화 온도(ignition temperature)

④ 증기 압력(vapour pressure)

⑤ 가스 비중(vapour density)

⑥ 폭발 상한값과 하한값(higher and lower explosive limit)

⑦ 가스 분류와 온도 등급(gas group and temperature class)

(5) 위험 장소의 형태와 범위를 표시한 공정 구역 도표 작성

① 위험 장소의 형태와 범위를 표시한 공적 구역 평면도와 입면도

② 위험 장소 설정에 영향을 미치는 공장 지세도

③ 위험 가스 발생원을 표시한 공정 구역 평면도

④ 공정내의 건물 도면에 통풍구를 표시한 입면도

(6) 위험 장소 표시 기호

범세계적으로 사용되고 있는 위험 장소 표시 기호는 다음과 같다.

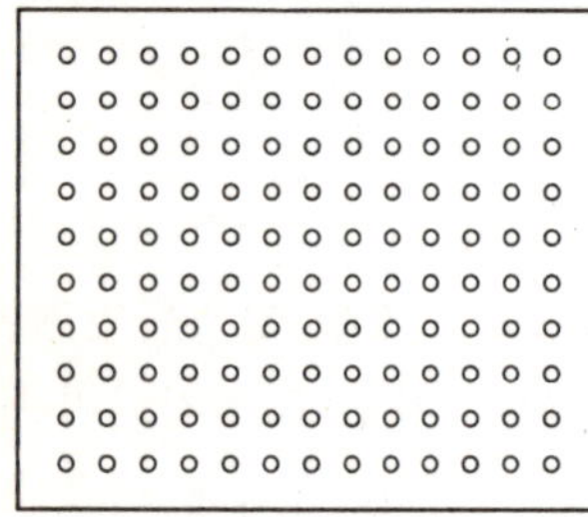
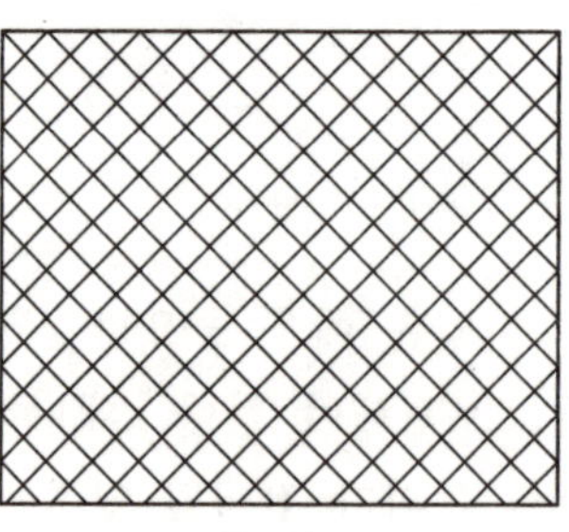
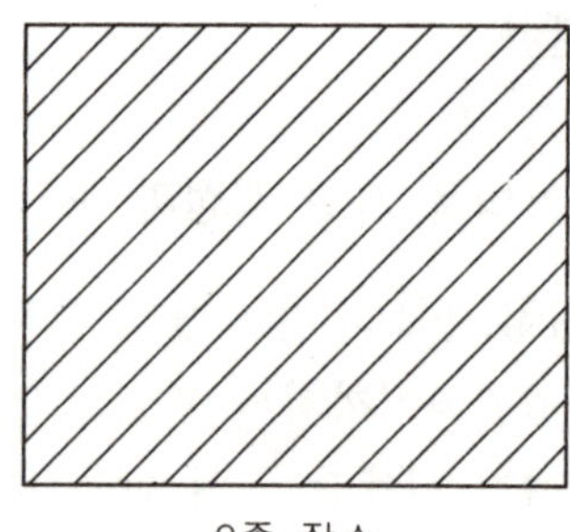

[그림 4-3] 위험 장소 표시 기호

(7) 위험 장소의 형태와 범위 설정에 관련된 자료 작성 예제

위험 장소에 관한 예제를 다음 표 6 과 7 에 나타낸다.

[표 4-6] 기름 탱크 지역 자료

가연성 물질		인화점	폭발 하한값		휘발성		공기에 대 한 비 중	점화 온도	가 스 분 류 와 온도 등급	비 고
명 칭	성분	℃	체적당 무 게 kg/m³	체적 비율 %	증기 압력 20℃ kPa	끓는점 ℃		℃		
휘발유 (Gasoline)	—	<0	0.022	0.7	50	<210	>2.5	280	ⅡA T₃	—
연료유 (Fuel oil)	—	55~65	0.043	1.0	6	200	3.5	330	ⅡA T₂	—
물과 혼합된 기름과 휘발유 (Water containing oil and gasoline)	—	<0	—	>0.7	—	—	>1.2	>280	ⅡA T₃	일반 적인 자료

[표 4-7] 기름 탱크 지역

장소 : 탱크 지역

1. 가연성 물질의 특성
   ☑ Class Ⅰ   □ Class Ⅱ   □ Class Ⅲ
   • 명칭 : 스티렌(styrene)
   • 화학적 성분 : $C_6H_5CH-CH_2$
   • 대기 온도 : 35℃
   • 인화점 : 32℃
   • 점화 온도 : 495℃
   • 탱크 지역 주위 온도 : 38℃
   • 환기 : 자연적 환기(중급)
   • 가스 비중 : 3.6
   • 폭발 한계 체적 비율(%) : 1.1~6.1

2. 위험 장소 분류
   • 바닥면 위 : Class 1 Division 2
   • 바닥면 아래(웅덩이나 도랑 등) : Class 1 Division 1

3. 전기 자재에 대한 기초 사항
   • 모터 : 전폐 구조(TEFC)
   • 아크 기구 : 방폭 구조, 밀폐형 구조 또는 유입 방폭
   • 전등 기구 : 밀폐형(vapor tight)
   • 전력 전선 : 전선관 작업
   • 조정 전선 : 전선관 작업 또는 본질 안전 방폭
   • 피팅(fitting) : 비방폭 방수형

예에서 알 수 있는 바와 같이 표 6은 국제 규격(IEC)에 기초한 예이고, 표 7은 미국 규격(NEC)에 기초한 위험 장소에 관한 예이다.

5. 위험 장소 분류에 대한 예

위험 장소의 형태와 범위 설정은 누출되는 가스의 특성에 대한 지식과 특정 조건에 따라 운전되는 공적 지역내 각각의 설비의 설계 조건과 기능에 대한 공학적인 판단에 기초한다. 그럼에도 불구하고 특정 공장 시설물과 가연성 물질에 의하여 생성되는 위험 장소의 형태와 범위를 설정하는 데 관련하여 모든 위험 요소를 전부 고려하여 결정한다는 일은 현실적으로 가능한 일이 아니다. 따라서 여기에 예시한 예제는 어디까지나 위험 가스 분위기내에서 사용되는 전기 기기의 보다 안전한 사용을 위하여 일반적인 기준을 표시하고자 하는 데 그 목적이 있다. 다음 예에서는 위험 범위를 설정 하는 데 미치는 요인들에 대하여 일부를 표시하고 있는 예제이다. 그리고 예제에 표시된 형태와 범위는 더욱 안전한 결과가 얻어지도록 요인들이 미치는 영향을 높게 평가한 결과임을 고려해야 한다.

따라서 특정 시설에 대한 위험 장소 설정시에는 앞 장에서 논의한 모든 사실을 고려하여 좀 더 세밀한 결과를 산출하고, 이에 따라 위험 장소 형태와 범위를 설정할 때에 더욱 안전한 운전과 경제적 이익을 보장할 수 있을 것이다.

위험 장소 범위를 그림으로 표시하고, 그 그림이 갖는 의미가 어떠한 것인가를, 공기보다 무거운 위험 가스가 한 개의 지점에서 누출하는 경우에 대하여 그림 4를 보면서 파악해 본다.

위험 가스 발생원의 주위 공기가 아주 잠잠하다면 위험 가스는 바닥면 위에 모이면

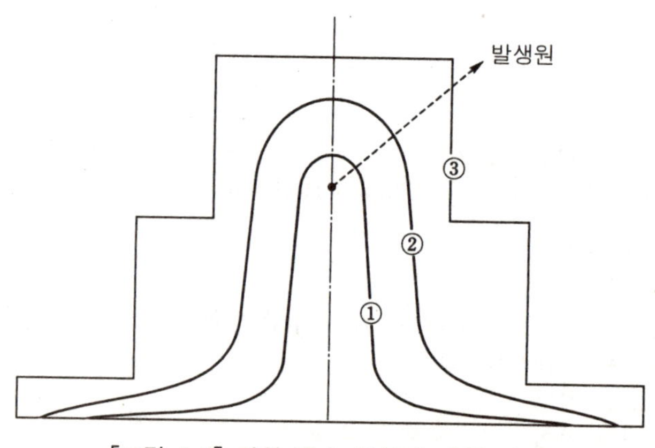

[그림 4-4] 위험 장소 범위에 대한 개념도

서 확산에 의해서만 희석되고, 그림에서 ①로 표시된 범위가 위험 장소로 간주된다. 그러나 약한 바람(2.5 m/s)이 불고 위로 향하여 움직이는 기류가 있는 것이 보통 상황이므로 이와 같은 경우를 고려하면 그림 ②로 표시된 범위가 위험 가스 분위기로 간주된다. 그림에서 ③으로 표시된 범위는 쉽게 그림으로 그릴 수 있고, 범위 측정이 용이하므로 위험 장소 범위를 설정하는 데에는 이와 같이 중첩된 사각형을 이용하는 것이 일반적인 관례이다. 따라서 여기서도 이와 같은 관례를 따를 것이다.

다음에 표시된 예는 일반적인 누출 가스 현상에 대한 위험 장소 설정에 대한 기본적인 개념을 표시하는 데 목적이 있으며, 법률적인 규정은 아니며 다만 참고 지침으로서 사용되기를 바랄 뿐이다.

예 1. 옥외 바닥면 위에서 누출되는 공기보다 무거운 가연성 가스

(1) 노동부 지침

· 발생원 : 바닥면 위에서 누출되는 물
　　　　　질로서 누출 즉시 가스가
　　　　　됨(펌프 실 등)

· 환기 : 충분

· 시설 규모 ⌈압력 : 4.0 MPa 이하
　　　　　 ⌊유량 : 100 m³/HR 이하

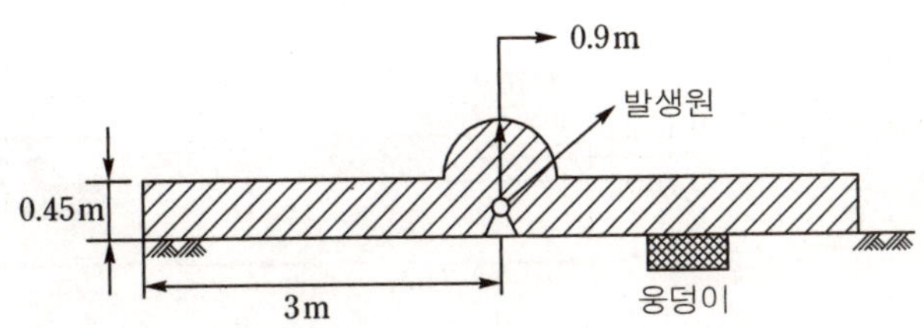

(2) 국제 기술 기준(**IEC**)지침

· 환기 ⌈자연 통풍
　　　 ├등급 : 중급
　　　 ⌊유효성 : 상당함

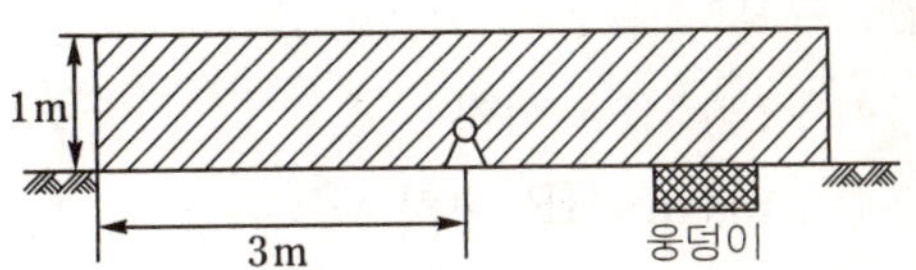

· 누출 등급 : 일차 또는 이차 누출

· 인화점 : 주위 온도보다 낮음

· 시설 규모 ⌈압력 : 1.0 MPa 이하
　　　　　 ⌊유량 : 50 m³/HR 이하

바닥면 위에서는 환기 작용에 의해 1종 장소가 무시될 수 있을 만큼 범위가 작다.

(3) 미국 **API-500** 지침

・환기 : 충분

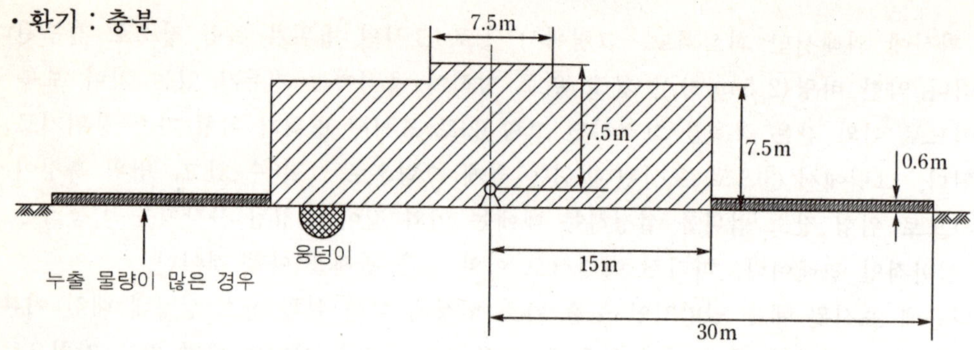

(4) 노동부 지침

시설 규모의 압력이 4.0 MPa를 초과하고, 유량이 100 m³/HR를 초과하는 경우에는 미국 API-500 지침을 채용하고 있다.

예 2. 옥내 바닥면에서 누출되는 공기보다 무거운 가스

(1) 노동부 지침

・환기 : 충분
・시설 규모
　┌ 압력 : 4.0 MPa 이하
　└ 유량 : 100 m³/HR 이하

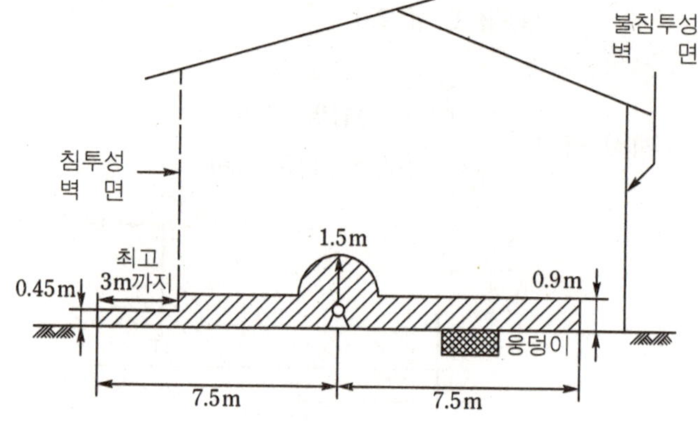

・환기 : 불충분
・시설 규모
　┌ 압력 : 4.0 MPa 이하
　└ 유량 : 100 m³/HR 이하

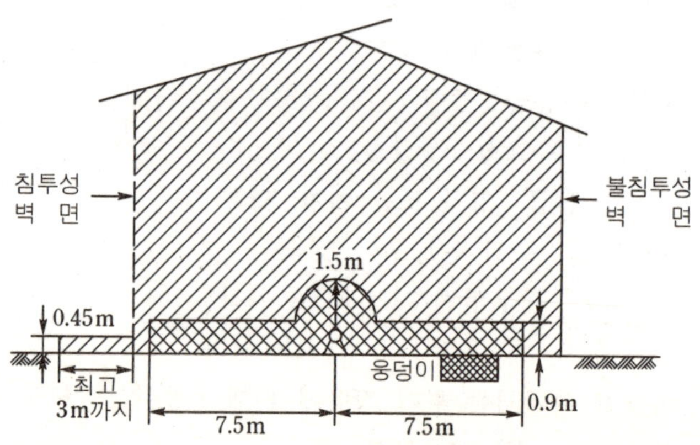

(2) 국제 기술 기준(IEC) 지침

· 환기 ─┬─ 인공 통풍
　　　　├─ 등급 : 중급
　　　　└─ 유효성 : 상당함

· 누출 등급 : 일차 또는 이차 누출

· 인화점 : 주위 온도보다 낮음

· 시설 규모 ─┬─ 압력 : 1.0 MPa 이하
　　　　　　　└─ 유량 : 50 m³/HR 이하

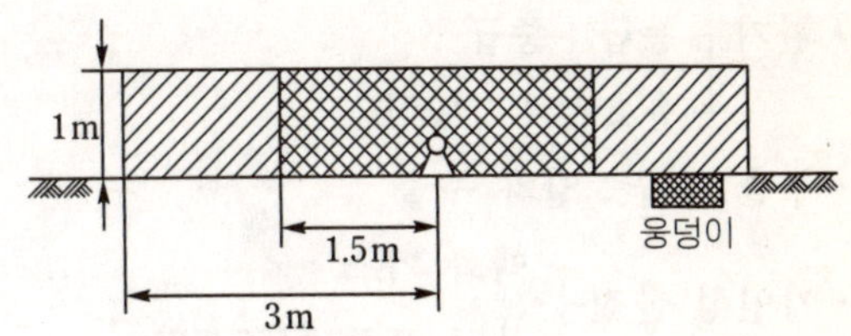

(3) 미국(API)500 지침

· 환기 : 옥내 불충분

· 발생원으로부터 15 m와 벽으로부터 3 m 중 더 큰 수치를 취한다.

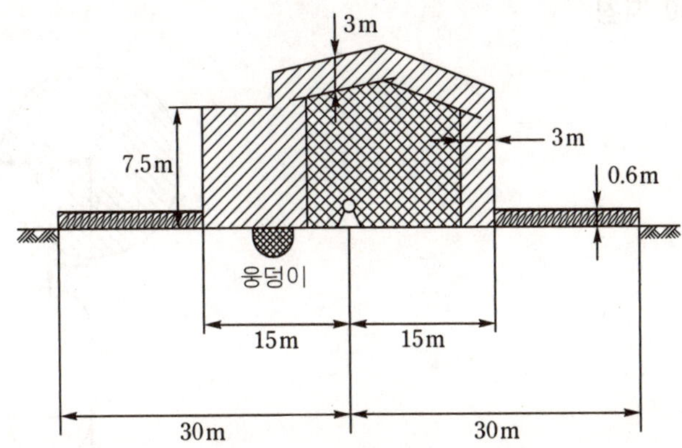

📖 3. 감압변(relief valve)에서 배기되어 누출되는 공기보다 무거운 가스

(l) 노동부 지침

· 환기 : 충분

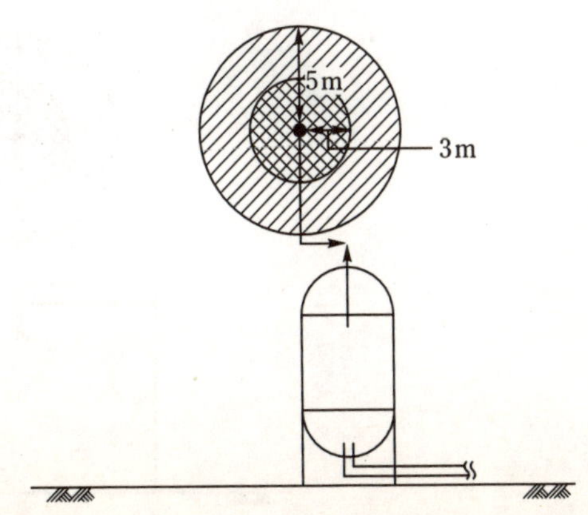

(2) 국제 기술 기준(**IEC**) 지침
- 환기 ┬ 자연 통풍
  ├ 등급 : 중급
  └ 유효성 : 상당함
- 누출 등급 : 일차 누출
- 가연성 물질 ┬ 액화 가스
  └ 부탄/프로판(50/50)
- 릴리프 밸브 작동 압력 : 1.6 MPa

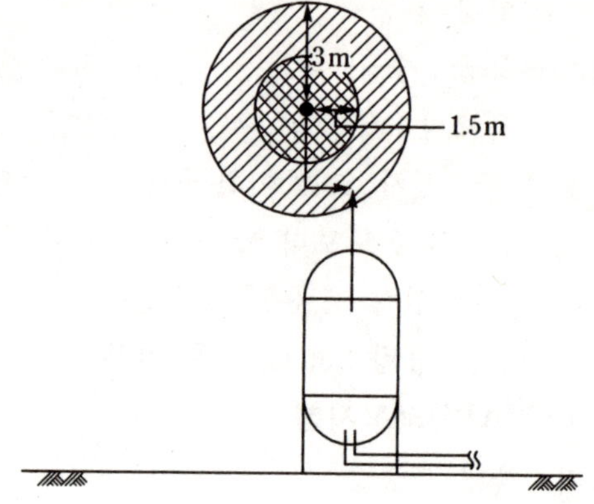

(3) 미국 **API**-500 지침
- 환기 : 충분

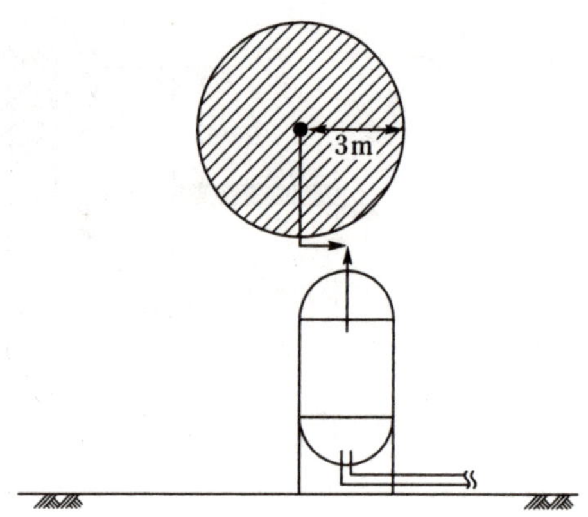

(4) 시설물에서 배기되는 공기보다 무거운 가스(미국 **API** 지침)
- 환기 : 충분

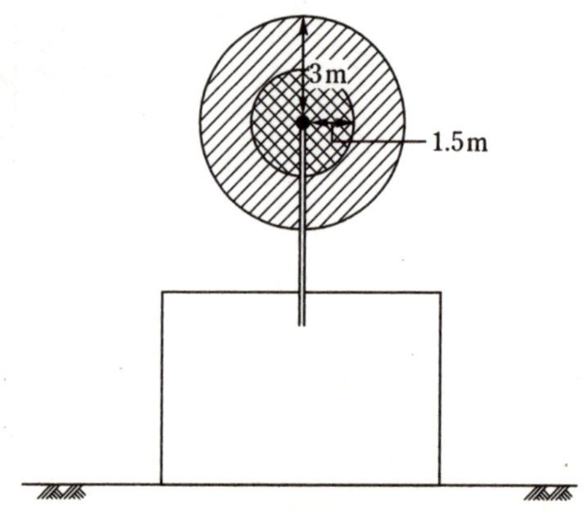

예 4. 조정변(control valve) 등 계기류에서 누출되는 공기보다 무거운 가스

(1) 노동부 지침

· 해당 항목 없음

(2) 국제 기술 기준(**IEC**) 지침

· 환기┬ 자연 통풍
　　├ 등급 : 중급
　　└ 유효성 : 상당함

· 누출 등급 : 이차 누출

· 가연성 물질 : 밸브 실에서 누출되는
프로판 가스

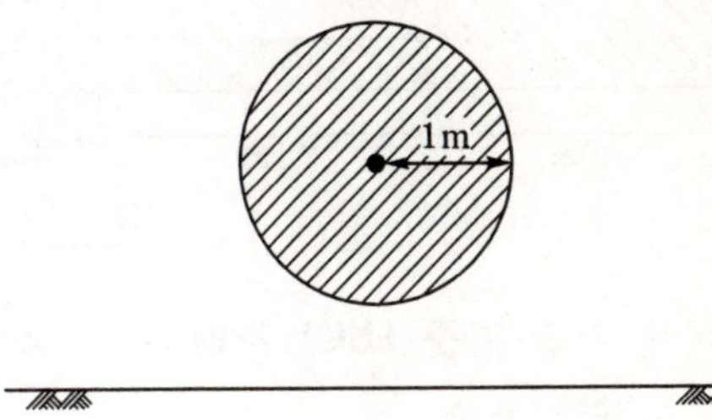

(3) 미국 **API-500** 지침

· 환기 : 충분

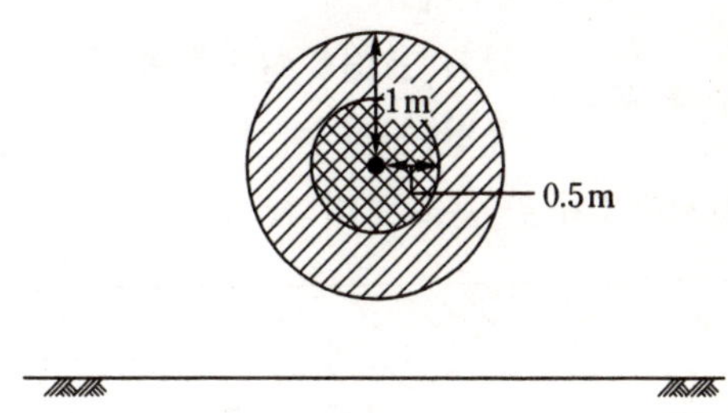

예 5. 옥내에 설치된 혼합 설비에서 누출되는 공기보다 무거운 가스

혼합 설비의 개구부는 운전 중간 중간에 열리는 것으로 가정한다.

(1) 국제 기술 기준(**IEC**) 지침

· 환기┬ 인공 통풍
　　├ 설비 내부 : 저급
　　├ 설비 외부 : 중급
　　└ 유효성 : 상당함

· 누출 등급
┬ 설비 내부 : 액체 표면에서는
　　　　　　 연속 누출
├ 개구부 : 일차 누출
└ 흘린 누출 : 이차 누출

· 인화점 : 주위 온도보다 낮음

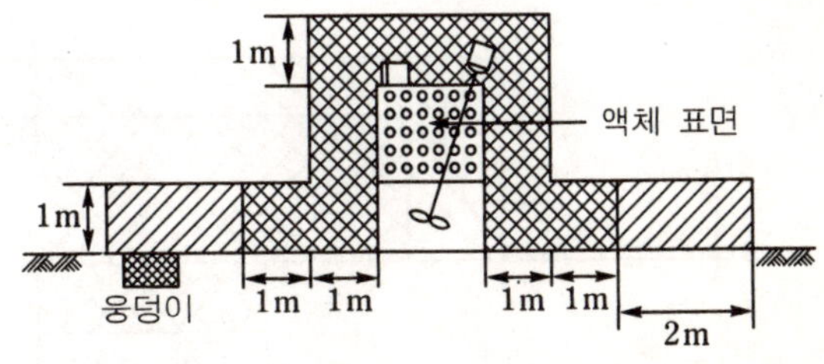

예 6. 유수 분리기(oil separator)

(1) 노동부 지침

· 환기 : 충분

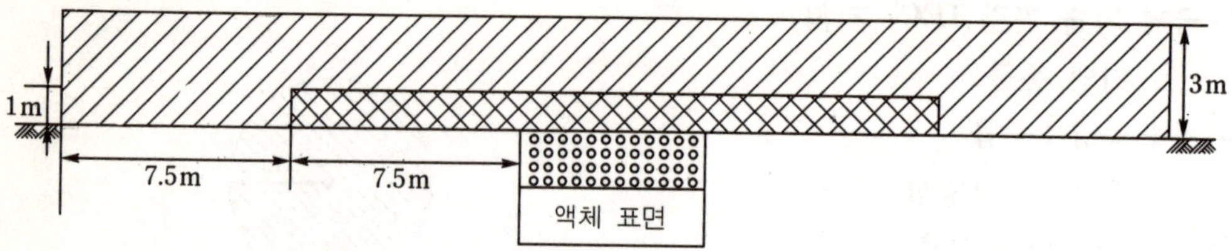

(2) 국제 기술 기준(IEC) 지침

· 환기 ─┬─ 자연 통풍
　　　　├─ 등급 : 중급
　　　　└─ 유효성 : 나쁨

· 누출 등급 ─┬─ 액체 표면 : 연속누출
　　　　　　└─ 공정 지역 이상 운전에 의한 누출 : 이차 누출

· 인화점 : 주위 온도보다 낮음

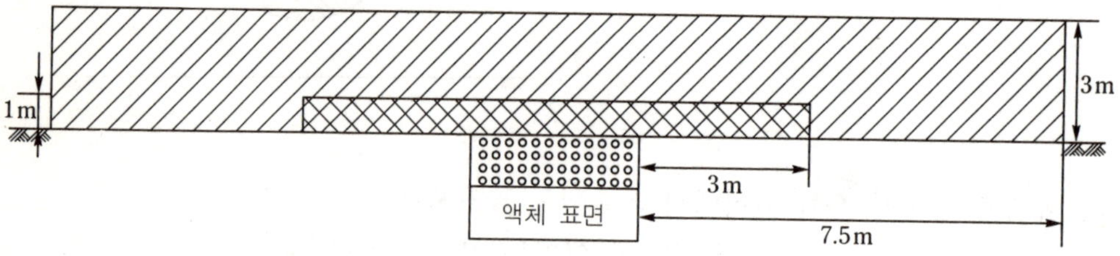

(3) 미국 **API**-500 지침

· 환기 : 충분

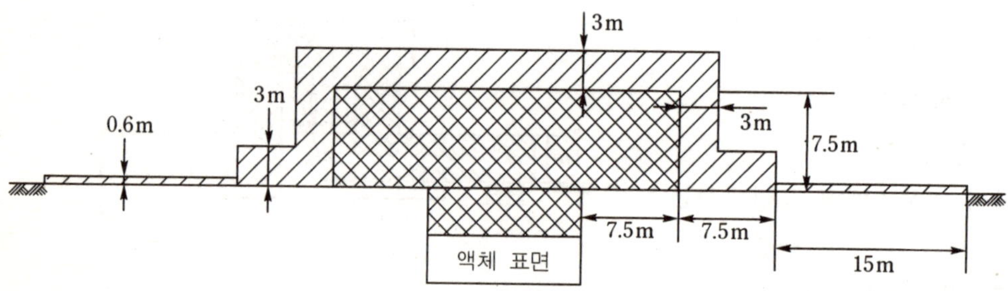

(4) 미국 **API**-500 지침

지하에 밀폐된 유수 분리기 또는 기름 웅덩이

· 환기 : 충분

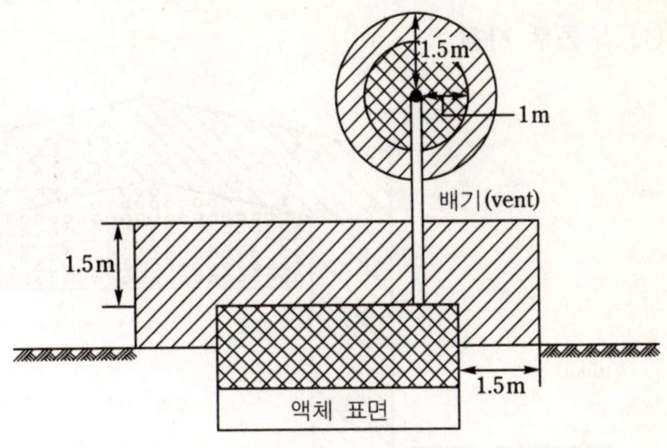

예 7. 옥내 압축기실(compressor shelter)에서 누출되는 공기보다 가벼운 가스

(1) 노동부 지침(미국 **API**-500 지침)

· 환기 : 충분

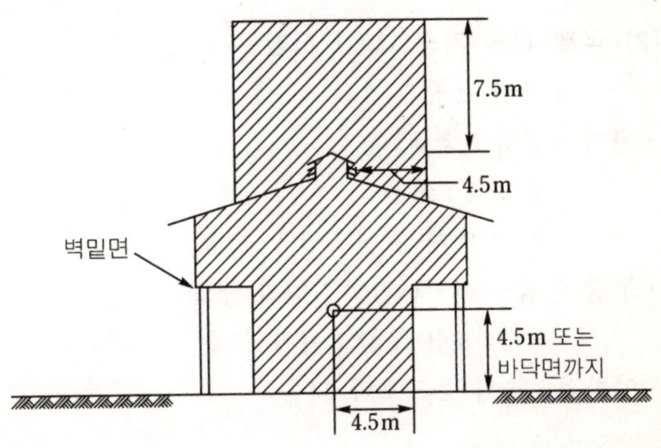

(2) 국제 기술 기준(**IEC**) 지침

· 환기 ┬ 자연 통풍
     ├ 등급 : 중급
     └ 유효성 : 좋음
· 발생원 : 압축기(컴프레서 실)
· 누출 등급 : 이차 누출
· 가연성 물질 : 수소

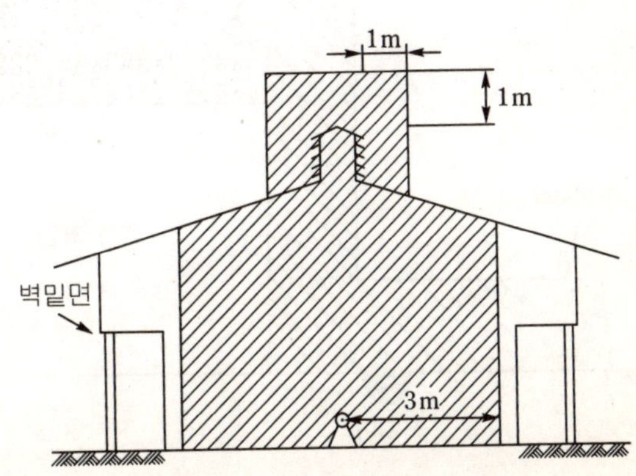

예 8. 옥외 저장 탱크에서 누출되는 공기보다 무거운 가스

(1) 노동부 지침

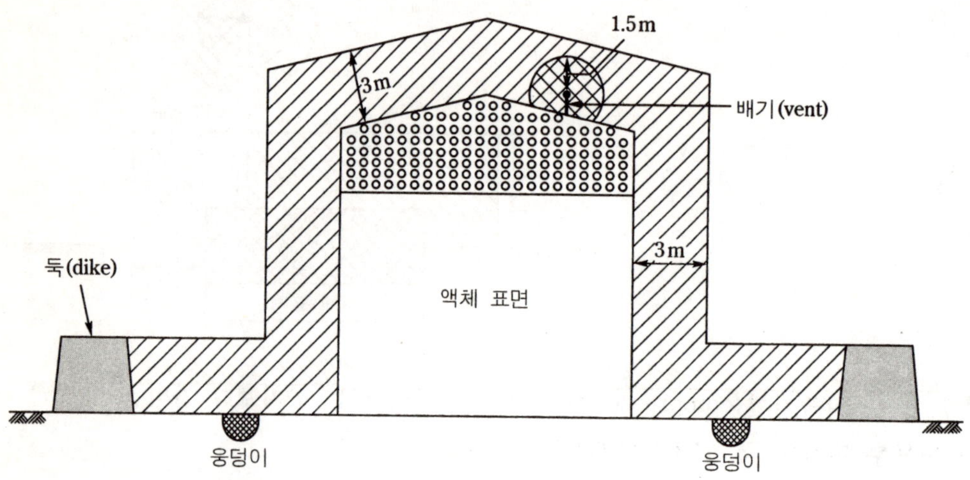

(2) 국제 기술 기준(IEC) 지침

- 환기 ┬ 자연 통풍
  ├ 등급 : 중급
  └ 유효성 : 좋음

- 누출 등급 ┬ 액체 표면 : 연속 누출
  ├ 배기(vent) : 일차 누출
  └ 흘린 누출 : 이차 누출

- 인화점 : 주위 온도보다 낮음

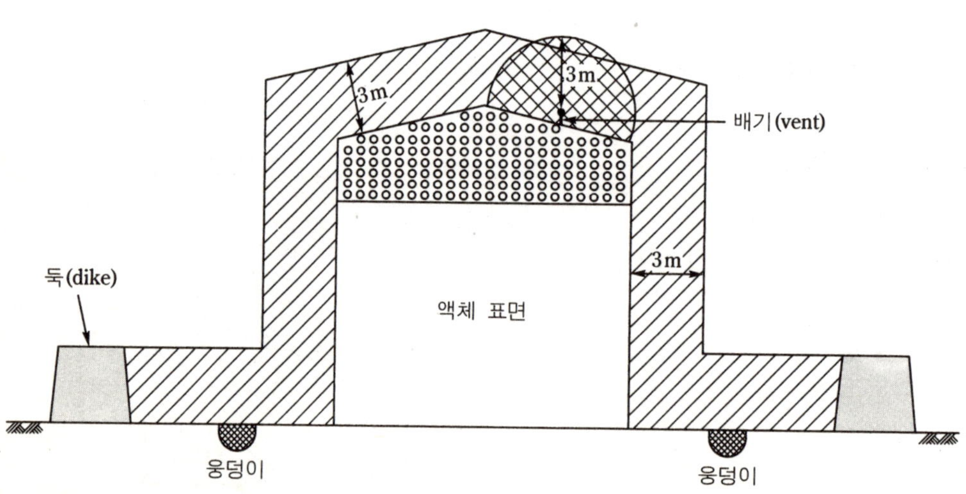

(3) 미국 **API-500** 지침

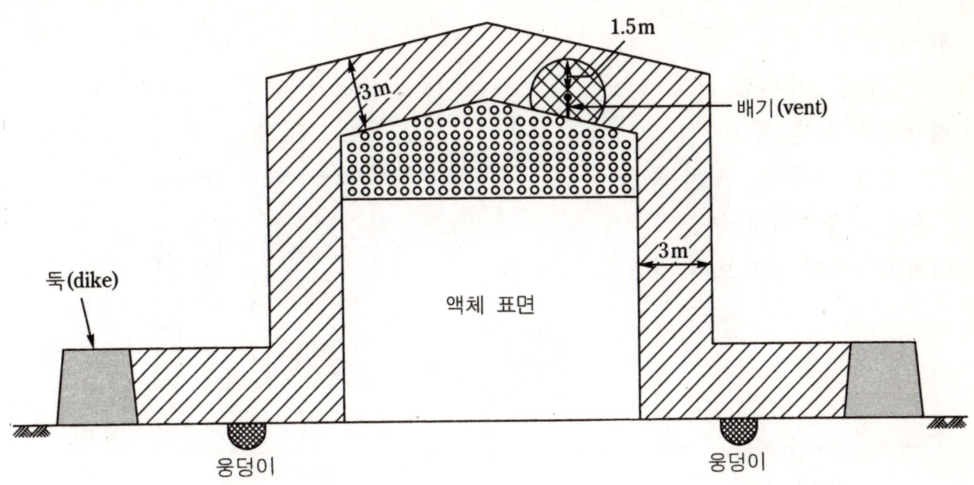

예 9. 옥외 개방 계통(open system) 탱크 트럭(tank car)의 상부 입출하 설비

· 가연성 물질 : 휘발유

· 가스 비중 : 공기보다 무거움

(1) 노동부 지침과 미국 **API-500** 지침

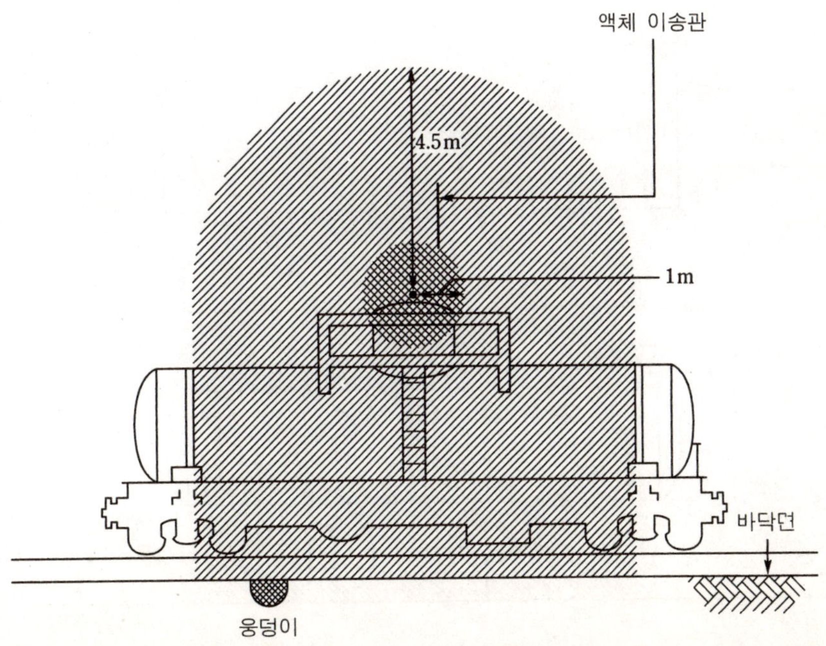

(2) 국제 기술 기준(IEC) 지침

- 환기
  - 자연 통풍
  - 등급 : 중급
  - 유효성 : 나쁨
- 발생원과 누출 등급
  - 탱크 위 개구부 : 일차 누출
  - 흘린 누출 : 이차 누출
- 인화점 : 주위 온도보다 낮음

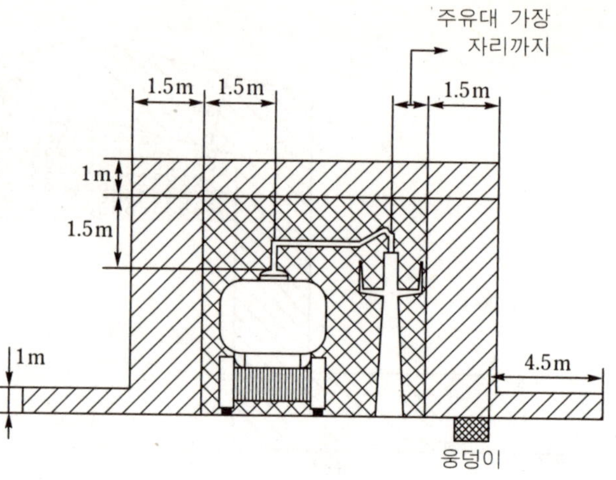

(3) 노동부 지침과 미국 API-500 지침

- 옥외 밀폐 계통(closed system) 상부 입출하
- 액화 가스(liquefied gas)
- 압축 가스(compressed gas)
- 가스 비중 : 공기보다 무거움

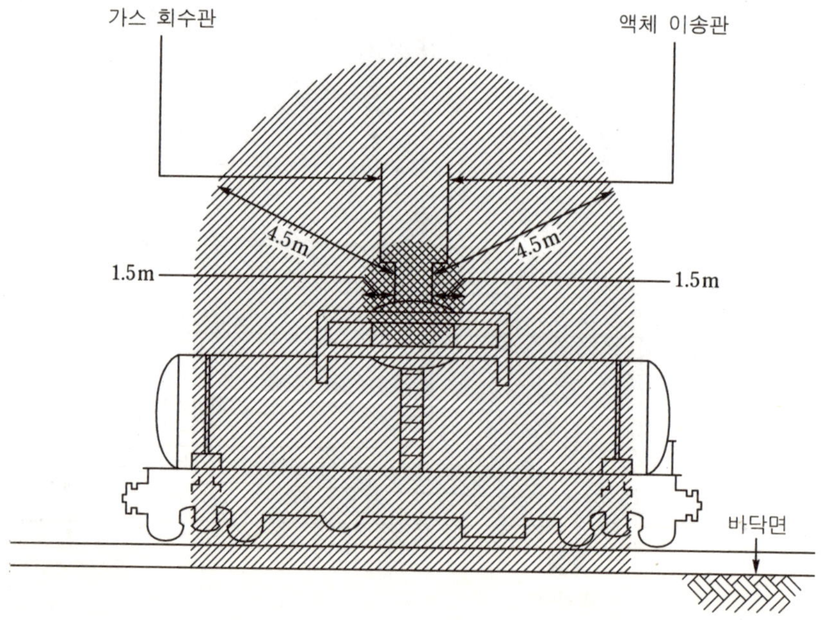

(4) 노동부 지침과 미국 **API**-500 지침

· 옥외 밀폐 계통(closed system) 상부 입출하

· 가연성 물질 : 휘발유

· 가스 비중 : 공기보다 무거움

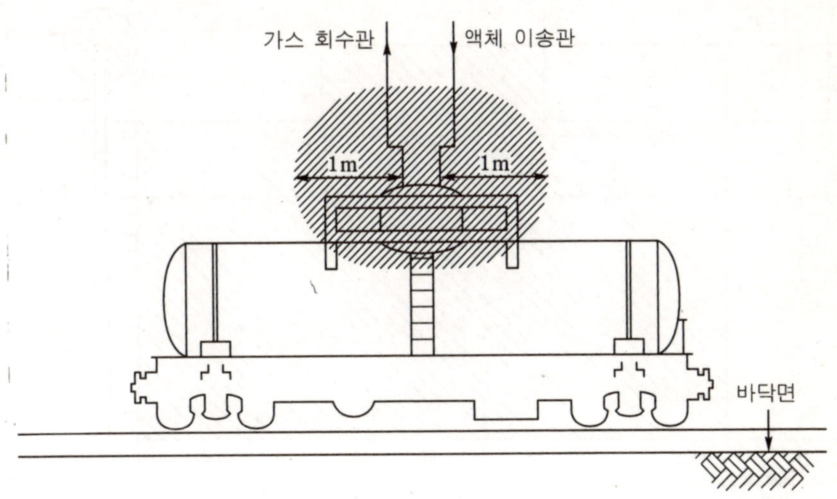

(5) 노동부 지침과 미국 **API**-500 지침

· 옥외 밀폐 계통(closed system) 하부 입출하

· 가연성 물질 : 휘발유

· 가스 비중 : 공기보다 무거움

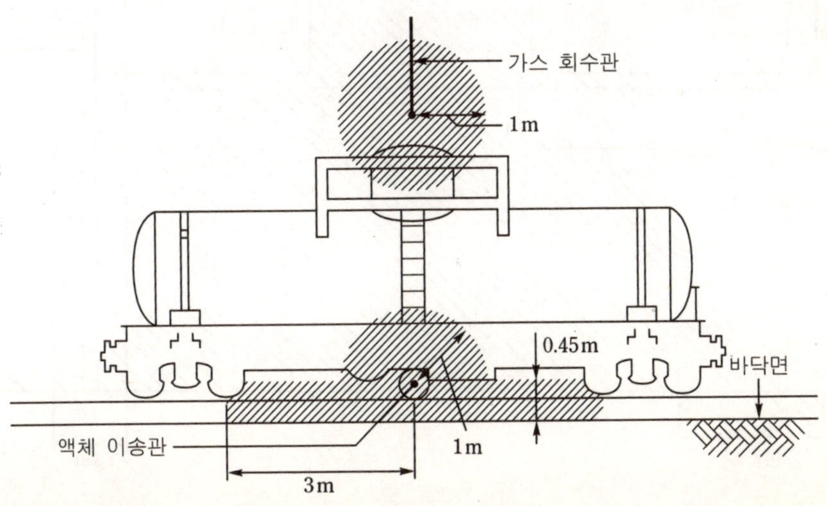

예 10. 석유 화학 공장 내각탑(mechanical draft cooling tower)

(1) 노동부 지침

· 환기 : 충분

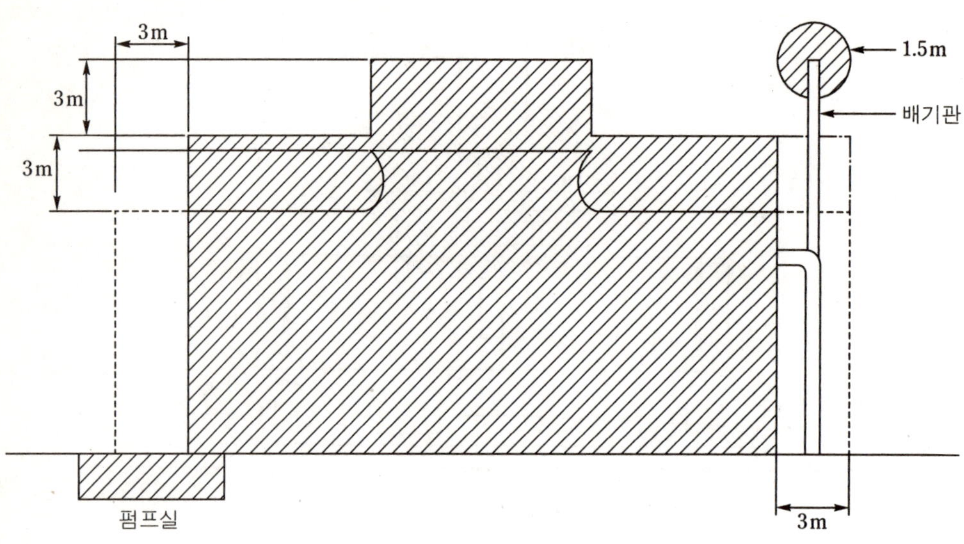

(2) 미국 **API**-500 지침

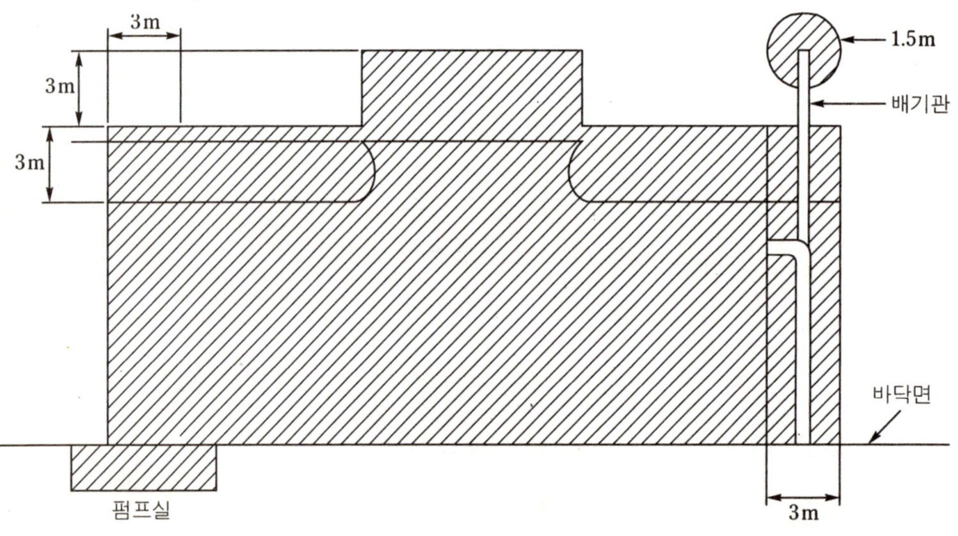

예 11. 옥외 바닥면 위에서 누출되는 공기보다 가벼운 가연성 가스

(1) 노동부 지침

· 환기 : 충분

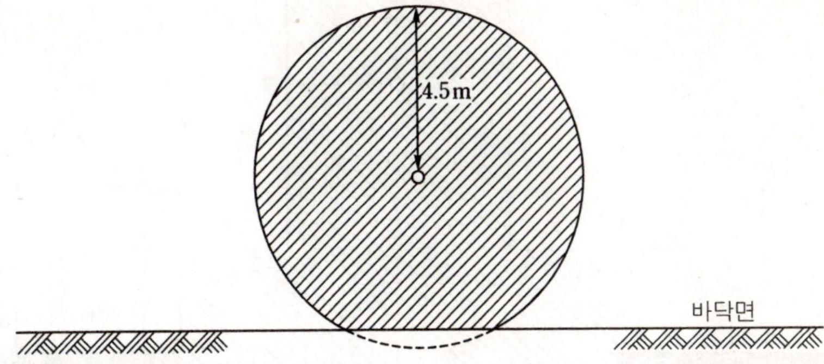

(2) 미국 **API**-500 지침

· 환기 : 충분

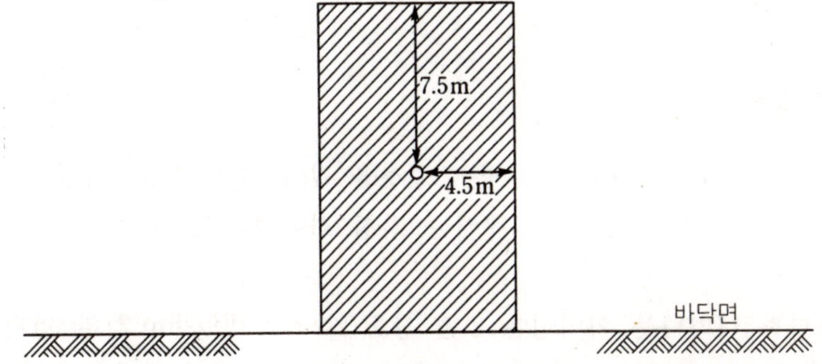

예 12. 옥외 바닥면보다 높은 곳에서 누출되는 공기보다 무거운 가스

(1) 노동부 지침

· 환기 : 충분

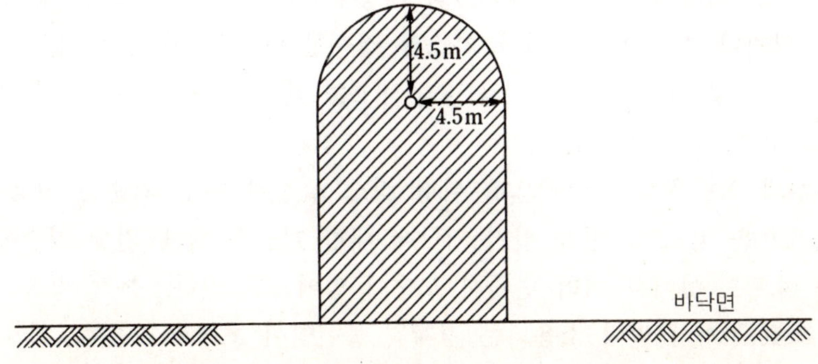

(2) 미국 **API**-500 지침

· 환기 : 충분

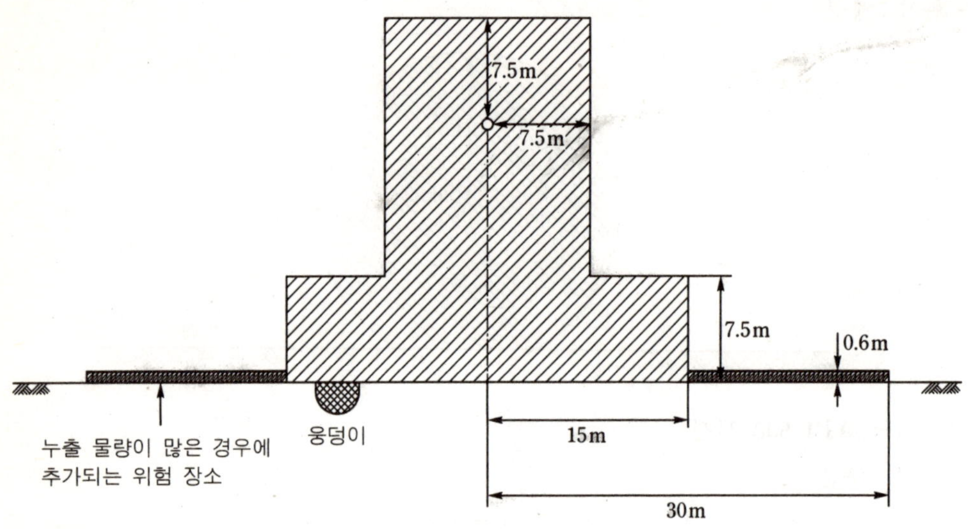

6. 예제에 대한 평가

앞에서 검토한 위험 장소에 대한 범위 설정을 깊이 있게 재검토하면 국제 기술 기준 (IEC) 지침과 미국 API-500에서 제시한 지침 사이에는 많은 차이가 있다는 사실을 알 수 있다.

여기서 특별히 나타나는 차이점은 2종 장소(zone 2, division 2)의 범위가, 물론 예외는 있지만 미국 지침에서는 국제 기술 기준 지침보다 넓게 설정되어 있다는 점이다. 미국에서 사용하는 2종 장소에 대한 개념이 북미 지역 외에서 사용하는 의미와는 다르다는 것이다. 즉, 2종 장소를 위험 장소로 취급하는 여타 지역과는 달리 2종 장소를 위험 장소와 비방폭 지역과의 경계 지역인 준위험 장소의 개념으로 보고 있다는 사실이다. 실제로 미국 기술 기준(NEC)의 내용을 검토하여 보면 2종 장소에서는 스파크가 나지 않거나 스파크가 위험성 가스와 접촉할 수 없도록 만든 전기 기기는 일반 용품을 그대로 (몇 가지 부가 사항을 요구하고는 있지만) 2종 장소에서 사용할 수 있도록 허락하고 있다는 것이다.

따라서 현재 국내에서 관례적으로 위험 장소 설정에 대한 기준은 사용하기 간편한 미국 API-500을 따르고, 방폭 전기 기구에 대한 기준은 국제 기술 기준에 준거한 국내 기준을 따르고 있어서 여러 면에서 모순이 일어나고 있다. 특히 방폭 기계에 대하여 경제적으로 투자가 많이 소용되는 경제적 불이익이 초래되고 있다.

7 점화원

위험 분위기가 생성될 가능성이 있는 위험 장소가 결정되었으므로 다음으로는 폭발이나 화재를 일으키는 또다른 하나의 원인이 되는 점화원(ignition source)에 대하여 논의한다.

일반적으로 점화 에너지는 1급 점화원과 2급 점화원으로 나뉘며, 1급과 2급의 차이는 발생하는 확률에 따른 것으로 별다른 의미는 없다.

(1) 1급 점화 에너지
- 뜨거운 표면
- 불꽃
- 기계적 충격
- 용접기에 의한 용접과 절단
- 전기 설비에 의한 아크와 스파크
- 정전기
- 화학 반응 에너지

(2) 2급 점화 에너지
- 과도 전류 (over current)
- 번개 (lightning)
- 전자파
- 전리 복사선
- 초음파
- 단열 압축

그러나 이들을 원리적으로 분류하면 불꽃 에너지와 점화 온도 에너지로 나뉘며, 이를 철저하게 이해하는 것은 방폭 대책 수립에 매우 중요하다.

1. 불꽃 에너지

전기 스파크나 아크, 밀폐되지 않은 불씨, 또는 극히 고온으로 달구어져 있는 물체의 표면을 말하며, 이들은 위험 분위기에 노출되는 즉시 폭발이나 화재를 일으킨다. 다만, 이들이 노출될 때 주위에 열에너지를 빼앗기므로 일정량의 최소 점화 에너지 이상의 열에너지를 갖고 있어야만 폭발이나 화재를 일으킨다.

다음의 표 8은 가스의 최소 점화 에너지에 대한 예이다.

[표 4-8] 최소 점화 에너지의 예

가 스	최소 점화 에너지 10^{-3} J (micro joule)
이황화탄소(carbon disulphide) CS_2	0.009 (9)
수소(hydrogen) H_2	0.019 (19)
아세틸렌(acetylene) C_2H_2	0.019 (19)
황화수소(hydrogen sulfide) H_2S	0.064 (64)
에틸렌 옥시드(ethylene oxide) CH_2CH_2O	0.065 (65)
에틸렌(ethylene) CH_2CH_2	0.096 (96)
프로펜(propene) CH_3CCH	0.110 (110)
부타디엔(1,3 butadiene) $CH_2CHCHCH_2$	0.130 (130)
프로필렌 옥시드(propylene oxide) CH_3CHCH_2O	0.130 (130)
시클로프로판(cyclopropane) C_3H_6	0.170 (170)
에틸에테르(etyhl ether) $(C_2H_5)_2O$	0.190 (190)
벤젠(benzene) C_6H_6	0.200 (200)
시클로헥산(cyclohexane) C_6H_{12}	0.220 (220)
헵탄(N-heptane) C_7H_{16}	0.240 (240)
헥산(N-hexane) C_6H_{14}	0.240 (240)
부탄(N-butane) C_4H_{10}	0.250 (250)
에탄(ethane) C_2H_6	0.250 (250)
프로판(propane) C_3H_8	0.260 (260)
펜탄(N-pentane) C_5H_{12}	0.280 (280)
메탄(methane) CH_4	0.280 (280)
부탄온(butanone-2) CH_3COC_2H	0.290 (290)
암모니아(ammonia) NH_3	0.770 (770)
아세톤(acetone) CH_3COCH_3	1.150 (1150)
아세트니트릴(acetnitril) CH_3COONO_2	6.000 (6000)

위와 같은 최소 점화 에너지는 가장 점화가 잘 되는 공기와의 혼합 비율이 최상인
상태에서 실험한 결과이며, 실제로 자연 혼합 상태에서는 거의 일어나기 어려운 현상

이다. 혼합 비율 외에도 최소 점화 에너지에 미치는 요소는 많다. 예를 들면 주위 압력, 온도와 습도 등으로 위의 결과는 1013 mbar와 20℃에서 실험한 결과이다.

최소 점화 에너지와 관련하여 일부 전기 기기는 발생 에너지가 너무 적어서 위험 분위기내에서 사용해도 폭발이나 화재를 일으키지 않는다. 이들은 광전기 기기(photoelectric element), 스위치, 열전대(thermocouple), 검류계 기기(galvanometric elemet)와 저항 기기로서 전압이 1.2 V이하이거나, 전류가 0.1 A 이하이거나, 전력이 25 mW에 못미치거나, 기기에서 발생하는 에너지가 $20\,\mu$J을 넘지 않을 때에는 실제로 위험이 발생하지 않는다. 또한 몇 개의 광전 기기와 열전대가 상호 연결되어 이루어진 기기에서도 연결 후 부하가 생성되지 않는 경우 출력 전압이 1.2 V보다 낮거나, 단락(short circuit)이 일어나도 전류가 0.1 A 이하일 경우에는 전혀 위험이 발생하지 않는다.

특정 전기 회로에 있어서 최소 점화 에너지는 최소 점화 전류와 관계가 깊고, 가스에 따라 최소 점화 에너지가 다른 수치를 갖고 있는 것과 같이 최소 점화 전류도 가스에 따라 특정 수치를 갖는다. 그리고 최소 점화 에너지 시험보다 최소 점화 전류 시험이 쉽게 이루어질 수 있으므로 가스의 점화 능력에 따라 가스를 분류할 때에 최대 안전 틈새와 더불어 같이 이용되고 있다.

또한, 최소 점화 에너지와 관련하여 냉각 거리가 존재한다는 사실이다. 이는 발생한 열에너지가 주위의 위험 분위기내에서 열전도에 의하여 흐뜨러진다는 사실에 기인한다. 예를 들면 전기 스파크나 아크는 2개의 도체 사이에서 발생하고, 이 때 주위의 열적 균형은 깨지고 열방산은 촉진된다. 따라서 전기 도체간의 간격이 한계 수치를 넘으면 점화에 필요한 에너지가 갑자기 증가한다. 이와 같이 특정한 한계 간격을 냉각 거리(quenching distance)라 하며, 이와 같은 특정 거리에서는 비록 열에너지는 같은 값을 갖지만 점화는 일어나지 않는다.

이와 똑 같은 효과는 점화가 이미 이루어져 연소가 진행되고 있는 중에도 일어난다. 연소 과정에서 열에너지를 서서히 제거하여 연소가 더 이상 진행될 수 없을 정도에 이르게 될 때까지 온도를 낮추면 마침내 연소가 중지된다.

이와 같은 열에너지 제거는 불꽃이 가는 튜브나 작은 틈새를 통하여 지나갈 때 가장 잘 일어나는 현상이다. 이 경우는 화학적 발열 반응에 의하여 발생되는 열에너지보다 틈새나 튜브 속을 지날 때 잃어버리는 에너지가 더 많아 더이상 연소가 계속되지 못하는 것이다. 이 때의 틈새 깊이와 튜브의 직경은 가연성 혼합 기체가 갖고 있는 열적 특성, 즉 가스의 비열, 가스의 비중, 연소 속도, 연소 온도와 열전도성에 따라 결정된다. 따라서 모든 가연성 혼합 기체는 특정한 틈새 깊이와 튜브 직경을 갖고 있다. 이와 같은 틈새의 깊이를 최대 안전 틈새라 하며, 최소 점화 전류와 더불어 폭발 가스 분류의 기준으로 사용한다. 다음 표 9 는 최대 안전 틈새에 대한 예이다.

[표 4-9] 최대 안전 틈새(**maximum experimental safe gap**)

물 질	최선의 혼합 비율 체적 비율(%)	최대 안전 틈새 (m/m)
메탄(methane)	8.2	1.14
프로판(propane)	4.2	0.92
헥산(hexane)	2.5	0.93
시클로헥산(cyclohexane)	3.0	0.95
메탄올(methanol)	11.0	0.92
에틸렌(ethylene)	6.5	0.65
아세틸렌(acetylene)	8.5	0.37
수소(hydrogen)	27.0	0.29

2. 점화 온도 에너지

스파크나 불씨 없이 고온의 표면에 의하여 점화를 일으킬 수 있는 최소 온도 에너지를 말하며, 계속적으로 연소를 일으킬 수 있는 많은 양의 에너지가 필요하다.

고온의 표면에 의한 점화는 대부분의 해당 물체가 많은 에너지를 갖고 있는 것이 일반적이다. 그러나 에너지는 풍부하나 온도는 불꽃이나 스파크에 의하여 일어나는 점화의 경우보다 많이 낮다. 고온의 표면에 의한 점화에 대한 물리적·화학적 과정은 아직까지 자세히 밝혀지지 않았지만, 점화 온도와 관계 깊다는 것은 사실이다.

3. 점화 온도

점화 온도란 가연성 물질이 폭발이나 화재를 일으킬 수 있는 온도라고 이해되는 것이 통념이다. 그러나 점화 온도라고 할 경우에 그것이 의미하는 바는 특별한 점화 장치에 의하여 점화가 일어나는 최소 온도를 말하며, 또한 안전에 대한 특성을 나타내는 기준을 제시한다. 따라서 실제로 자연 상태에서는 점화 온도에서 절대로 점화가 일어나지 않는다고 보증할 수 있다. 왜냐하면 점화 온도 실험 절차가 실제 일어나는 모든 요소를 감안하여 반영할 수 없을 뿐만 아니라 반영할 필요도 없다. 그 대신 가장 잘 점화가 일어나는 상태에서 가장 낮은 온도를 선택함으로써 그에 대한 보상을 보장하고 있다.

이와 같은 방법에 의하여 결정된 점화 온도는 실제 상태에서는 점화가 일어나지 않는 한계 온도라는 개념이 짙으며 실제상과 실험상의 온도 차이를 안전 계수라 한다.

이와 같은 내용은 다음의 점화 온도 결정 절차를 파악하면 이해하기가 쉽다.

(1) 가장 점화하기 쉬운 상태의 혼합 가스를 각기 다른 양을 취하여 점화 온도 시험을 시행하여 가장 낮은 온도를 선택한다.

(2) 선택한 가장 낮은 일련의 온도 계열 중에 온도가 300℃와 같거나 낮은 온도에서는 적어도 3개의 온도가 상호간의 온도 차이에 있어서 가장 낮은 온도로부터 시작하여 10°K 이내에 들어올 때까지 실험을 계속한다.

(3) 선택된 일련의 온도 계열이 300℃를 넘는 경우에는 온도 차이가 20°K 이내에 들어오는 온도가 적어도 3개 이상이 될 때까지 실험을 계속한다.

(4) 일련의 온도 계열 중 가장 낮은 온도를 선택한다.

(5) 선택한 온도에서 낮은 수치쪽으로 가장 가까운 정수 5의 배수를 선택하여 최종적인 점화 온도로 결정한다.

예를 들면 표 10과 같다.

[표 4-10] 점화 온도 결정을 위한 절차 예

첫번째 실험에서 행한 온도 계열 중 가장 낮은 온도	254℃
두번째 실험에서 행한 온도 계열 중 가장 낮은 온도	252℃
세번째 실험에서 행한 온도 계열 중 가장 낮은 온도	263℃
네번째 실험에서 행한 온도 계열 중 가장 낮은 온도	258℃

위의 네 가지 수치 중 세번째 수치를 빼고 가장 낮은 수치인 252를 취한다. 252에서 정수 5로 나누어지며 낮은 수치로 252에 가까운 250을 선택하여 점화 온도로 취한다.

4. 위험 가스의 분류

가연성 가스는 그 가스가 갖고 있는 점화 폭발 능력에 따라 4개의 그룹으로 나뉘어 배열되나, 현재 각 나라에서 이용하고 있는 방법에는 국제 기술 기준(IEC)을 따르는 것과 미국 기술 기준(NEC)을 따르는 것이 있으며, 그 내용은 많이 다르다.

국제 기술 기준에 따르면,

(1) Ⅰ : 탄광의 갱도내의 폭발성 메탄 가스(firedamp)

(2) Ⅱ : 폭발성 메탄 가스 이외의 가스

(3) Ⅱ 그룹은 다시 A, B, C 세 그룹으로 나누어진다.

① A : 가스의 최대 안전 틈새(MESG)가 0.9 mm 이상이거나 최소 점화 전류
(MIC)비가 0.8 이상인 가스

② B : 가스의 최대 안전 틈새가 0.5 mm~0.9 mm이거나 최소 점화 전류비가
0.45~0.8인 가스

③ C : 가스의 최대 안전 틈새가 0.5 mm 이하이거나 최소 점화 전류비가 0.45 이
하인 가스

여기서 최소 점화 전류비는 메탄 가스의 최소 점화 전류를 기준으로 한 것이다.

[표 4-11] 폭발 가스 분류

가스 분류 기호	기 준
I	탄광 갱도의 폭발성 메탄 가스(firedamp)
II A	최대 안전 틈새 : 0.9 mm 이상 최소 점화 전류비 : 0.8이상
II B	최대 안전 틈새 : 0.5 mm~0.9 mm 최소 점화 전류비 : 0.45~0.8
II C	최대 안전 틈새 : 0.5 mm 이하 최소 점화 전류비 : 0.45 이하

산업 현장에서 자주 접하는 가스에 대한 분류의 예를 들면, 표 12 와 같다.

[표 4-12] 가스 그룹 예

분류 기호	대표적인가스
II A	프로판(propane) 메탄(methane)
II B	에틸렌(ethylene) 도시 가스(town gas)
II C	수소(hydrogen) 아세틸렌(acetylene)

미국 기술 기준에 따르면, 가스는 최대 폭발 압력과 최대 안전 틈새에 따라 A, B,
C, D 그룹으로 나뉘며, 국제 기술 기준과는 반대로 A 그룹이 가장 위험한 가스로 알
파벳 순서에 따라 위험도가 낮아진다. 어떠한 가스에 대해서는 화학적 구조도 참조하
고 있으며 가스 분류에는 간단히 이해하기 어려운 복잡한 절차가 있다. 생활 주위에서
자주 접하는 가스 그룹은 표 13 과 같다.

[표 4-l3] 가스 그룹 예

가스 그룹	대표적인 가스
D	프로판(propane) 메탄(methane)
C	에틸린(ethylene) 시안화 수소(Hydrogen cyanide)
B	수소(hydrogen) 부타디엔(1,3 butadiene)
A	아세틸렌(acetylene)

8 방폭 전기 기기의 온도 등급

온도 등급은 대기 온도 40℃에서 가연성 가스의 점화 온도에 대한 물체의 최고 표면 온도에 관한 규약이다. 그리고 상기하여 둘 사항은 최소 점화 에너지와는 아무런 연관이 없다는 것이다. 예를 들면, 수소는 최소 점화 에너지가 $19\mu J$이고 점화 온도는 560℃인데 반하여, 프로판은 최소 점화 에너지가 $260\mu J$이고 점화 온도는 470℃이다.

온도 등급의 분류에 있어서도 국제적으로 (주로 서구를 기반으로 하고 있다) 통용되고 있는 소위 국제 기술 기준과 미국 기술 기준이 다르다.

국제 기술 기준은 최고 표면 온도 등급을 6 단계로 구분하고, 미국 기술 기준은 14 단계로 구분하고 있다.

표 14와 같이 온도 등급(T Class) 표시에 있어서도 다르지만, 가스의 점화 온도와 관련하여 허용되는 한계 온도도 다르다. 다만, 국제 기술 기준에 있어서는 최고 표면 온도가 사용 가능한 가스의 점화 온도가 된다.

예를 들면 프로판 가스의 경우 점화 온도가 470℃이므로 허용되는 물체의 최고 표면 온도의 한계치도 470℃가 된다. 이는 앞에서 논의한 점화 온도 결정 과정을 파악하면 이해되는 사실이다. 그러나 미국 기술 기준에서는 점화 온도의 20%만큼의 온도 간격을 여유로 갖고 있다. 즉, 최고 표면 온도는 점화 온도의 80%까지의 온도만 허용되고 있다.

예를 들면, 프로판 가스의 점화 온도가 470℃이므로 물체의 최고 표면 온도의 허용 한계치는 $470℃ \times \dfrac{80}{100} = 376℃$이다.

[표 4-l4] 최고 표면 온도 범위

온도 등급		최고 표면 온도 범위
국제/한국	미국	
T_1	T_1	$\leq 450℃$
T_2	T_2	$\leq 300℃$
—	T_2A	$\leq 280℃$
—	T_2B	$\leq 260℃$
—	T_2C	$\leq 230℃$
—	T_2D	$\leq 215℃$
T_3	T_3	$\leq 200℃$
—	T_3A	$\leq 180℃$
—	T_3B	$\leq 165℃$
—	T_3C	$\leq 160℃$
T_4	T_4	$\leq 135℃$
—	T_4A	$\leq 120℃$
T_5	T_5	$\leq 100℃$
T_6	T_6	$\leq 85℃$

점화 온도 결정과 표기에서도 국제 기술 기준과 미국 기술 기준이 다르다. 잘 알고 있는 바와 같이 국제 기술 기준에서는 자연수 5의 배수로 표시하고, 미국 기술 기준에서는 자연수로 표시하고 있다. 예를 들면 표 15와 같다.

[표 4-l5] 가연성 물질의 폭발 그룹과 온도 등급

물 질	점화 온도(℃) / 온도 등급		폭발 가스 그룹	
	국 제	미 국	국 제	미 국
아세틸렌	305 / T_2	305 / T_2	ⅡC	A
수 소	560 / T_1	520 / T_1	ⅡC	B
이황화산소	95 / T_6	90 / T_6	ⅡC	—

에 틸 렌	425 / T_2	450 / T_2	ⅡB	C
부 타 디 엔	415 / T_2	420 / T_2	ⅡB	B
메 탄	595 / T_1	630 / T_1	ⅡA	D
프 로 판	470 / T_1	450 / T_2	ⅡA	D
암 모 니 아	630 / T_1	498 / T_1	ⅡA	D
부 탄	365 / T_2	288 / T_2A	ⅡA	D
에 탄	515 / T_1	472 / T_1	ⅡA	D

국제 기술 기준과 미국 기술 기준에 따라 점화 온도가 다른 것은 실험 방법과 결정 방법이 다르기 때문이다.

1. 온도 등급의 표기 범위

다음은 국제 기술 기준에 의하여 온도 등급에 따른 최고 표면 온도와 점화 온도를 나타낸 것이다.

[표 4-16] 온도 등급에 따른 표기 방법

온 도 등 급	최고 표면 온도	점화 온도
T_1	$300℃ < T \leqq 450℃$	$450℃ < T$
T_2	$200℃ < T \leqq 300℃$	$300℃ < T \leqq 450℃$
T_3	$135℃ < T \leqq 200℃$	$200℃ < T \leqq 300℃$
T_4	$100℃ < T \leqq 135℃$	$135℃ < T \leqq 200℃$
T_5	$85℃ < T \leqq 100℃$	$100℃ < T \leqq 135℃$
T_6	$T \leqq 85℃$	$85℃ < T \leqq 100℃$

표 16을 자세히 검토하면, 온도 등급을 기준으로 하여 더 낮은 온도가 최고 표면 온도로 허용되는 범위이며, 점화 온도는 더 높은 온도가 허용되는 범위이다. 그리고

한계 온도까지는 최고 표면 온도 범위에 포함된다.

2. 표면 온도에 대한 예외 기준

물체의 표면이 작을 경우 폭발 위험 가스에 전달되는 열에너지가 점화를 일으키기에
부족하므로, 다음과 같은 예외가 최고 표면 온도에 적용된다.

(1) 전 표면적이 $10\,cm^2$를 초과하지 않는 전기 기기에 대해서는 최고 표면 온도에
규정된 온도를 초과하여 사용할 수 있으며, 그 허용 범위는 T_1, T_2, T_3 온도 등
급에서는 $+50℃$, T_4, T_5, T_6 온도 등급에서는 $+25℃$이다.

(2) 전 표면적이 $10\,cm^2$를 초과하지 않고 또한 그 기기에 연결되어 사용되는 장치의
전기 출력이 다음과 같은 전력량을 초과하지 않을 경우에는 온도 등급을 T_4로
간주하여 사용할 수 있다.

주위 온도 40℃ : 1.3 W, 주위 온도 60℃ : 1.2 W, 주위 온도 80℃ : 1.0 W

(3) 실험에 의하여 사용되고 있는 가연성 가스의 점화 온도보다 $50℃$만큼 온도가
낮다고 확인되면 최고 표면 온도가 온도 등급을 초과해도 사용할 수 있다.

예를 들면, 메탄 가스가 주성분이 되고 있는 도시 가스의 점화 온도는 $560℃$이
다. 따라서 시험에 의하여 확인된다면 최고 표면 온도는 $560-50=510℃$까지 사
용될 수 있다. (이는 온도 등급 최고 표면 온도 $450℃$보다 $60℃$가 높다)

부탄은 점화 온도가 $365℃$이므로 온도 등급이 T_1인 전기 기기는 원칙적으로 사용
할 수 없다. 그러나 실험에 의하여 최고 표면 온도가 $365℃$보다 $50℃$가 낮은
$315℃$ 이하임이 확인되면 점화 온도 T_2 온도 등급에서 제한적으로 사용 가능하
다는 의미이다.

9 가스 방폭 구조의 종류

폭발 위험 분위기에서 전기 기기가 사용될 때 어떠한 방법으로 폭발을 방지할 것인
가에 따라 방폭 전기 기기의 형태가 결정되며, 탄광의 광도에서 발생하는 메탄 가스를
제외한 일반 가스에 대하여 지금까지 개발된 방폭 구조물의 형태를 그 방폭 방법에 따
라 기술하면, 다음과 같다. 그리고 이와 같은 방폭의 형태는 자연스럽게 몇 개의 계통
으로 분류된다.

맨 먼저 생각되는 것이 점화를 일으키는 가스와 공기의 혼합체가 전기 기기의 위험
한 부품에 접촉하여 폭발이나 화재를 일으키는 것을 방지하는 것이다. 즉, 점화원을
격리하여 혼합체로부터 차단함으로써 폭발이나 화재를 방지한다.

움직이는 부품이 없는 기기를 용기에 넣고 그 용기에, 예를 들면 모래 같은 고체 입자를 채워서 방폭의 목적을 달성하는 방법을 입자 직접 방폭(powder filling protection) 또는 사입 방폭이라 하고, 기호로는 'q'라 표시한다.

움직이는 부품이 없고 고온을 유발하지 않는 저압 기기에 대해서는 고체 입자 대신에 수지 콤파운드(resin compound)를 채워서 목적을 달성하고 있으며, 이를 캡슐 방폭(encapsulation protection) 또는 몰딩 방폭이라 하고, 기호로는 'm'이라 표시한다.

정상적인 운전중에 스파크를 발생하고 움직이거나 회전하는 부품이 있는 고압 기기를 고체 물체로 에워 싸는 일은 불가능하나 액체인 기름으로는 쉽게 점화원을 혼합체에서 분리할 수 있다. 또한, 기름을 사용하면 절연과 냉각 효과도 병행시킬 수 있다. 이와 같이 기름을 사용하는 방폭 방법을 유입 방폭(oil immersion protection)이라 하며, 기호로는 'o'로표시한다.

그러나 이 유입 방폭도 베어링(bearing)을 통하여 유입 용기 밖으로 나오는 회전축(shaft)이 있을 때에는 기름 누세 때문에 사용할 수 없으나, 공기 같은 가스 물질을 사용하여 전기 기기의 점화원을 폭발 가스에서 분리, 차폐하는 일은 가능하다.

공기나 불활성 가스로 용기내를 채우고 주위 폭발 분위기의 압력 보다 높은 압력을 유지함으로써 위험한 전기 기기 부품이 폭발 가스와 접촉되는 것을 원천적으로 봉쇄하는 방법을 압력 방폭(pressurized protection)이라 하고, 기호로는 'p'라 표시하며, 압력 방폭에서는 유입 방폭에서와는 달리 냉각 효과는 특성으로 고려하지 않는다.

이와 같이 가연성 가스가 공기와 혼합되어 혼합 가스로써 점화원이 되는 전기 기기의 스파크 부품이나 고온 부품에 접촉하지 못하도록 하는 일은 이론은 쉬우나 실제적으로는 이론만큼 발전되지 못하였고 많은 제약을 받고 있다. 그러나 새로운 물질이 많이 발명되고 있어서 캡슐 방폭은 전망이 밝다.

두번째 그룹에는 전기 기기의 구조를 특별히 안전하게 제작함으로써 정상 동작 상태에서는 폭발성 가스 위험 분위기를 점화시킬 수 있는 스파크나 아크가 발생하지 않으므로 점화 능력이 없고, 고온 발생을 한계내로 제한하고 또한 점화를 야기시킬 수 있는 결함이 발생치 않게 제작된 기기가 포함된다.

여기에는 'e'로 표시되는 안전 증가 방폭(increased safty protection)과 'n'으로 표시되는 비착화 방폭(non-incendive protection or non-sparking protection)이 있다.

물론 위험 분위기를 점화시킬 수 있을 만큼 충분한 에너지를 발생시킬 수 없는 기기나 전기 계통은 완전한 방폭이 되고 있다. 여기에서는 스파크나 아크가 일어나지만 점화시킬 수 있을 만큼 충분한 에너지, 즉 최소 점화 에너지 이상의 에너지를 방출하지 못하며, 기기내의 어떠한 부품도 가스의 점화 온도 이상으로 온도를 상승시킬 수 있을 정도의 열에너지를 발생시키지 않는다. 이와 같은 현상은 정상 운전 상태에서 뿐만 아니라 사고시에도 해당되는 사실이다. 따라서 특정 가스에 대해서는 어떠한 상태에서도 폭발이나 화재가 일어나지 않는 방폭 방법으로 이를 본질 안전 방폭(intrinsic safety protection)이라 하며, 기호로 '*ia*'와 '*ib*'로 표시되는 2종류가 있다.

마지막으로 스파크나 아크를 발생하여 회전하거나 움직이는 부품을 포함하고 있으며 고압의 부품을 갖고 있는 전기 기기에 대한 방폭으로서, 이는 용기의 최대 안전 틈새와 폭발 압력에 견디는 용기의 견고한 특성에 관계한다. 이는 폭발 가스가 용기내에 들어가서 점화 부품과 접촉하여 점화되는 것을 허용한다. 다만, 내부의 고온의 연소 가스가 외부의 폭발 위험 가스를 점화시킬 수 없도록 최대 틈새를 제한하고, 용기가 폭발 압력에 견디도록 제작되어 있다. 이 방법을 내압 방폭(flameproof protection)이라 하며, 기호로는 '*d*'로 표시한다.

그리고 예외적으로 영국과 우리 나라에서만 적용되고 있는 특수 방폭(special protection)이 있고 이는 위에서 기술한 방법 이외의 방법으로 위험 가스에 대하여 방폭 조치를 시행한 후 시료 방폭 시험을 거쳐 사용할 수 있고, '*s*'로 표시한다.

10 방폭 전기 기기에 대한 일반적인 요구 사항

방폭 가스 분위기에 사용되는 전기 기기는 공업용으로 사용할 수 있음은 물론, 방폭을 위한 기술 기준이 요구되는 사항, 즉 주위의 폭발 가스 분위기에 폭발의 원인이 되는 요소를 제공하지 않도록 제작, 시공하고, 또한 운전, 보수되어야 한다.

그러나 이들은 병원에서 사용하는 전기 기기나 폭약 및 총포류에 사용하는 화약에는 그대로 사용되지 않으므로 주의가 요구된다. 일반적으로 요구되는 사항을 논하기 전에 방폭 기기의 제작과 설치에 관계되는 용어를 정의하면, 다음과 같다.

(1) 전기 기기(**eletrical apparatus**)

전기 에너지를 이용하는 부품이나 기기를 말하며, 여기에는 발전, 송전, 배전, 배터리와 같은 저장, 측정, 조정, 변환, 그리고 전기 에너지를 소비하는 기구가 포함되며, 통신에 관련된 기구도 포함된다.

(2) 방폭 전기 기기(**electrical apparatus for explosive atmospheres**)

방폭 가스 분위기가 존재하거나 존재할 가능성이 있는 지역에 사용되며, 국제 기술 기준 79 총람(IEC Publication 79)에 있는 기준의 일부나 전체에 맞게 제작, 설치되는 전기 기구를 말한다.

(3) 폭발 시험 가스(**explosive test mixture**)

폭발 가스 분위기에 사용되는 방폭 전기 기기의 시험에 사용되도록 특별히 제조된 가스 혼합체를 말한다.

(4) 용기(**enclosure**)

전기 기기의 방폭을 보장할 수 있도록 기기를 둘러 싸고 있는 기구로서, 이 기구의 일부로서 덮개(cover), 창문(door), 전선 인입부(cable entry), 조작봉(rod), 기계 축(shaft) 등이 포함된다.

(5) 용기의 보호 등급(**degree of protection provided by enclosure**)

일반적으로 IP(ingress protection)로 표시하며, 분진과 같은 고체 상태의 이물질의 침입과 물과 같은 액체 상태의 이물질의 침입에 대한 방호의 정도를 표시한다. IP 다음의 첫째 숫자는 고체 이물질에 대한 방호를 나타내고, 두번째 숫자는 액체 이물질에 대한 방호를 나타낸다. 프랑스와 같은 특정 국가에서는 세번째 숫자로 용기의 강도를 표시하고 있기도 하므로 주의가 요구된다.

(6) 전선 인입부(**cable entry**)

방폭 전기 기기 내부로 전선을 인입할 수 있도록 제작된 기구를 말한다.

(7) 전선관 인입부(**conduit entry**)

방폭 전기 기기 내부로 전선관을 인입할 수 있도록 만들어진 상태를 말한다.

(8) 단자함(**terminal compartment**)

접속 단자를 내부에 갖고 있는 별도의 용기나 주용기의 일부를 말한다.

(9) 접속 단자 기기(**connection facility**)

외부에서 용기내로 들어오는 전선류를 연결하기 위하여 이용되는 단자, 스크루 (screw) 등을 말한다.

1. 쉽게 열릴 수 있는 기기

빠르고 쉽게 뚜껑을 열 수 있는 방폭 전기 기기는 다음 요건에 적합해야 한다.

(1) 내부에 있는 용량성 기기가 갖고 있는 전기 에너지가 다음과 같은 최소한의 에너지에 이르기까지 방전에 소요되는 시간에 상응하는 지연 시간을 두어 열어야 한다는 주의 표시를 해야 한다.

    ① 그룹 ⅡA에 들어 있는 기기 : 0.2 mJ

    ② 그룹 ⅡB에 들어 있는 기기 : 0.06 mJ

    ③ 그룹 ⅡC에 들어 있는 기기 : 0.02 mJ

(2) 내부에 있는 뜨거운 기기나 부품이 온도 등급이 정한 온도까지 냉각될 수 있도록 지연 시간을 두어 열어야 한다는 주의 표시를 해야 한다.

2. 플라스틱 용기

플라스틱 재질로 방폭 전기 기기용 용기를 제작할 때에는 다음 사항을 만족해야 한다.
 (1) 방폭을 위하여 제작된 플라스틱 용기 자체나 용기의 일부분을 이루는 플라스틱
    제품과 개스킷은 열적으로 안정되고, 다음과 같은 조건 아래서 시행한 시험 후
    해당 방폭 형태의 특성을 잃지 않아야 한다.
  ① 최고 사용 온도보다 20˚K 더 높은 온도와 상대 습도가 90% 이상인 환경에 시
    험품을 4주 동안 보관한 후 시험을 수행한다. 이 경우 온도는 최소한 80℃ 이
    상이어야 한다.
  ② 최저 온도 −30±3℃에서 24시간 보관한 후 시험을 수행한다.
 (2) 뚜껑을 죄기 위한 죔쇠용으로 용기에 만들어진 나사 구멍은 다음 조건 중 하나
    를 만족해야 한다.
  ① 철제 수놈 죔쇠를 위한 철제 암놈 나사 바지(insert)는 용기 자체에 확실하게
    부착되어 있어야 한다.
  ② 철제 수놈 죔쇠를 위한 플라스틱 용기에 만들어진 암놈 나사 바지는 플라스틱
    재질에 합당한 나사 형태를 갖추어야 한다.
  ③ 플라스틱제 수놈 죔쇠와 이를 위하여 플라스틱 용기에 만들어진 암놈 나사 바
    지는 그 나사 형태뿐만 아니라 그 플라스틱 재질 자체가 방폭 기준에 상응하는
    강도를 갖춘 것이어야 한다.
 (3) 플라스틱 제품의 고유한 정전기 방전에 대해서는 앞 장의 정전기 항목을 참조하
    기 바란다.

3. 죔쇠

방폭 전기 기기에 사용되는 죔쇠(fastener)는 공구를 사용하지 않고는 풀 수 없는
구조로 제작되어야 하며, 나사는 방폭 규정에 맞는 형태를 갖추어야 한다.

4. 인터로크 장치

방폭 형태에 합당한 성능을 유지하기 위하여 사용되는 인터로크 장치(interlocking
device)는 일반 공구를 사용하여 쉽게 풀릴 수 없도록 만들어진 구조를 갖추고 있어야
한다.

5. 접착제와 실(seal) 물질

유리와 같은 투광성 부품을 접합하기 위한 접착제나 밀폐를 위한 충전에 사용되는

실 콤파운드(seal compound)는 충분한 열 안정성과 외부의 환경적인 조건에 의하여
영향을 받지 않아야 한다. 온도에 대해서는 최고 사용 온도보다 20°K이 높은 온도에
서 시행한 시험 후 방폭 성능에 상응한 특성을 유지하는 경우 열 안정성을 갖고 있는
것으로 간주한다. 이 경우 최소 시험 온도는 120℃로 한다.

6. 접지와 등전위용 단자

단자함내에 접지나 등전위를 위한 단자(equipotential bonding)가 마련되어야 하며,
금속제 단자함에 대해서는 특별한 경우를 제외하고는 외부에도 접지나 등전위용 단자
가 마련되어야 한다.

7. 접속 단자와 단자함

단자는 다음 사항을 만족시켜야 한다.
(1) 외부 회로와 접속할 필요가 있는 전기 기기는 접속 단자(connection facility)가
    마련되어야 한다. 물론, 케이블이 연결되어 있어서 다른 기구에서 연결이 이루
    어지는 기구는 적용되지 않는다.
(2) 단자함(terminal compartment)이나 단자를 접속할 때 열어야 하는 개구부는
    전선을 용이하게 연결할 수 있는 구조이어야 한다.
(3) 단자함은 전선이 단자에 접속된 후 절연 공간 거리와 연면 거리가 방폭 형태에
    따라 만족될 수 있는 구조이어야 한다.

8. 케이블 인입부와 전선관 인입부

인입부는 다음 사항을 만족 시켜야 한다.
(1) 케이블과 전선관 인입부(cable and conduit entry)는 주용기의 방폭 특성에 나
    쁜 영향을 주지 않는 구조이어야 한다.
(2) 케이블 인입부의 밀봉은 고무 실링(sealring), 경화성 수지(hard setting
    resin), 금속제 실링 또는 아스베스토스 패킹(asbestos packing)에 의하여 확실
    하게 시행되어야 한다.
(3) 케이블 인입부는 인장이나 비틀림에 의하여 전선 연결 단자가 나쁜 영향을 받지
    않도록 케이블을 견고하게 고정하는 장치가 마련되어야 한다.
(4) 전선관 인입부는 나사로 된 구멍에는 그에 맞는 나사를 설치하고, 나사가 없는
    구멍에는 로크(locking) 장치를 설치한다.

(5) 케이블이나 전선관 인입부의 온도가 예외적으로 높아 70℃에 이르거나 전선의
    연결 부위 온도가 80℃를 넘는 경우에는 주의 표시판을 용기 외부에 부착하여
    케이블 선정시 유의하도록 한다.

9. 회전 전기 기기

(1) 회전 기기를 냉각시키기 위해서 외부에 부착한 팬에서 발생하는 냉각 공기의 입
    구는 IP 20 이상의 보호 등급을, 그리고 출구는 IP 10 이상의 보호 등급으로 보
    호되는 구조이어야 한다.
(2) 수직으로 장착된 회전 기기는 냉각 공기용 개구부를 통하여 외부의 물체가 들어
    가는 것을 방지되는 구조이어야 한다.
(3) 팬이나 팬 덮개 또는 팬 스크린(fan screen)은 확실하게 설치되어 있어서 회전
    부품과 고정 부품이 마찰이나 충격적인 접촉에 의하여 점화원이 되지 않는 구조
    이어야 한다.
(4) 정상 운전중 팬의 회전부와 고정부 사이의 공간 틈새(clearance)는 적어도 팬
    직경의 1/100 이상이어야 한다. 다만, 최소한 1 mm 이상이고, 5 mm를 초과할
    이유는 없다.
(5) 팬이 플라스틱 재질로 만들어진 경우에 원주 속도가 50 m/sec를 초과할 때에는
    그 재질의 전기 저항이 1 GΩ 이하인 플라스틱 제품을 사용하여 정전기 재해를
    일으키지 않도록 해야 한다.

10. 개폐 기구함

(1) 직류가 사용되는 경우 접점 부위에는 유입 방폭을 이용할 수 없다.
(2) 방폭 지역에서 사용하는 디스콘 스위치(disconnector)는 전압이 걸리지 않은 상
    태(no voltage action)에서만 작동하도록 설계되었거나, 잘 보이는 곳에 '무전
    압 상태시 작동'이라는 경고 표지판을 부착한다.

11. 퓨즈

(1) 퓨즈(fuse)가 내부에 있는 용기는 퓨즈가 무전압 상태에서만 교환이 가능하도록
    인터로크되어 있어야 한다.
(2) 인터로크 장치가 설치될 수 없을 때에는 '무전압시만 용기를 열 수 있음'이라는
    경고 표지판을 잘 보이는 곳에 부착한다.

12. 접속 기구

(1) 플러그(plug)와 소켓(socket)은 기계적 혹은 전기적으로 인터로크되어 플러그
와 소켓이 분리되어 있는 상태에서는 전압이 가압될 수 없고, 또한 접점이 접속
되어 전압이 걸려 있는 상태에서는 분리가 일어날 수 없도록 설계되어야 한다.

(2) 인터로크되어 있지 않는 플러그와 소켓에는 잘 보이는 곳에 '전압이 가압된 상
태에서는 분리할 수 없음'이라는 경고 표지판을 부착한다.

(3) 플러그와 소켓이 정격 전류를 끊을 때에 발생하는 아크를 소화시킬 수 있도록
지연된 시간 이후에 완전 분리가 일어나도록 설계되어야 하고, 소화 기간 동안
내압 방폭 특성이 유지되며 소켓 기구의 보호 등급이 IP 43 이상일 때에는 인터
로크 장치를 필히 요구하지는 않는다.

13. 조명 기구

(1) 조명 기구(luminary)의 광원은 빛을 투과시키는 글로브(globe)에 의하여 보호
되어야 한다. 또한 광원과 글러브는 가드(guard)에 의하여 보호 받아야 한다.

(2) 모든 조명 기구에는 '전압이 가압된 상태에서는 열 수 없음'이란 경고 표지판이
잘 보이는 곳에 부착되어 있어야 한다. 그러나 조명 기구가 열림과 동시에 전원
이 자동적으로 차단되는 기기가 장치되어 있는 경우에는 경고판 부착을 생략할
수 있다.

14. 휴대 전등과 모자등

(1) 휴대 전등과 모자등(hand lamp and cap lamp)을 구성하는 재료는 전지의 전해
액에 대한 화학적 부식이 방지되어야 하며, 전해액이 누출되지 않는 구조로 설
계되어야 한다.

(2) 광원과 전원이 분리되어 있는 경우 케이블 인입부는 150 N의 힘에 견디도록 구
조가 견고해야 하며, 또한 케이블 절연재는 기름에 대한 저항력이 강하고 불에
잘 타지 않는 재질로 만들어진 것을 사용한다.

15. 성능 확인과 시험

성능 확인(verification)은 방폭 형태에 따라서 다음과 같은 시험을 통하여 성능을 확
인한다.

(1) 형식 시험

형식 시험(type test)은 전기 기기에서 표본을 추출하여 시험하며, 방폭 형태에 따라 요구되는 모든 사항을 만족하는가를 확인하는 절차이다. 그리고 시험 기관은 표본과 같이 제출된 자료가 전기 기기의 안전이라는 측면에서 검토할 때 모든 면에서 요구되는 사항을 결함 없이 완전하게 표시하고 있는가도 확인해야 한다.

각 기기의 시험은 자료에 표시되는 모든 부속품(케이블 인입부, 계기, 플러그, 소켓)이 완전히 조립된 상태에서 시행하는 것을 원칙으로 한다.

(2) 기계적 강도 시험

기계적 강도 시험(mechanical test)은 전기 기기의 강도가 적정 수준인가를 확인하는 절차로, 방폭 형태에 따라 두 가지를 시행한다.

① 충격 시험(test for resistance to impact)

충격 시험은 요구되는 부위와 방폭 형태에 따라 표 17에 표시된 충격 에너지 수준을 만족하여야 한다.

[표 4-17] 충격 에너지 시험

대상 부위		충격 에너지 E(J) [충격 시험 수준(추의 질량과 낙하 높이)]	
기계적 위험의 위험도		높 음	낮 음
광을 투과 시키는 부위	가드 있음	2 E(250 g/80 cm)	1 E(250 g/40 cm)
	가드 없음	4 E(1000 g/40 cm)	2 E(250 g/80 cm)
용기의 다른 부위		7 E(1000 g/70 cm)	4 E(1000 g/40 cm)

② 낙하 시험(drop test)

낙하 시험은 이동하면서 이용하는 전기 기기에 대하여 시행하는 시험으로 완전히 조립한 사용 상태의 기기를 1.0 m 높이에서 콘크리트 바닥에 떨어뜨려 시행한다.

③ 합격 기준(acceptance criteria)

충격 시험과 낙하 시험은 표본을 시험한 후 방폭 형태에 따라 방폭 성능에 위험을 줄 수 있는 손상을 받지 않아야 한다. 다만 겉으로 나타나는 손상은 방폭에 위해를 주는 것으로 판단하지 않는다.

(3) 열적 강도 시험(**thermal test**)

열에 대한 시험은 전기 기기가 발산하는 열에 대한 표면 온도 시험, 플라스틱 제품에 대한 열안정 시험 그리고 투광성 부품에 대한 열충격 시험으로 시행한다.

① 온도 측정 시험(temperature measurement)

　온도 측정은 정격 전압의 90%~110%내인 가장 불리한 조건에서 시행하고, 측정한 최고 표면 온도는 다음 사항을 만족하여야 한다.

　㉮ 실제로 온도 측정 시험을 시행한 전기 기기의 표본은 기기에 표시된 온도를 초과하지 않아야 한다.

　㉯ 실제로 온도 측정 시험을 시행하지 않은 표본 이외의 전기 기기는 T_1과 T_2 온도 등급에서는 $10°K$만큼 낮은 온도를, 그리고 T_3, T_4, T_5, T_6 온도 등급에서는 $5°K$만큼 낮은 온도를 초과하지 않아야 한다.

　㉰ 측정된 온도는 한 시간에 온도 상승이 $2°K$를 넘지 않을 때 나타나는 온도를 말한다.

② 플라스틱 재질의 열안정성(thermal stablility of plastic enclosure)

　방폭 전기 기기에 사용되는 플라스틱 재질은 90% 이상의 상대 습도 상태에서 최고 사용 온도보다 최소한 $20°K$ 이상의 온도(최소 온도 80℃)에서 4주간 방

[표 4-18] 첫번째 숫자가 표시하는 방진 특성

숫 자	정　의	해　설	술어 표기
0	보호 장치 없음	특별히 보호를 위한 설비를 시행하지 않는다	—
1	직경이 50 mm보다 큰 고형 물질에 대한 보호	손이나 발과 같은 인체의 큰 부위에 의한 접촉 사고를 방지한다.	—
2	직경 12 mm 이상의 고형 물질에 대한 보호	손가락과 같은 인체 부위나 공구에 의한 접촉 사고를 방지한다	—
3	직경 2.5 mm 이상의 고형 물질에 대한 보호	전선이나 소공구에 의한 접촉 사고를 방지한다	—
4	직경 1.0 mm 이상의 고형 물질에 대한 보호	용기내로 이 물질이 침입하여 기기의 정상적인 운전이 방해되는 것을 방지한다. 예를 들면 회전 기기의 위해 방지	—
5	모든 분진에 대하여 보호되는 상태	소량의 분진이 침입하는 것은 허락되나 그로 인하여 정상적인 운전이 방해 받지 않는 상태	dust protected
6	분진에 대하여 완전히 보호되는 상태	분진의 침임이 완전히 봉쇄되는 상태	dust tight

[표 4-19] 두번째 숫자가 표시하는 방수 특성

숫자	정 의	해 설	술어 표기
0	보호 장치 없음	특별히 보호를 위한 설비를 시행하지 않는다	—
1	수직으로 떨어지는 물방울에 보호되는 상태	수직 방향의 물에 대하여 상해를 받지 않도록 보호를 받는 상태	방 적 형 (drip proof)
2	수직에서 15° 각도내의 빗물 방울에 보호되는 상태	용기가 수직으로 15° 경사가 졌을 때 수직에서 떨어지는 물방울과 고정되어 있는 용기에 수직으로 15° 각도로 내려오는 빗방울에 보호를 받는 상태	방 우 형 (rain proof)
3	수직으로 60° 각도내의 물방울에 보호되는 상태	물보라와 같이 위에서 쏟아지는 물에 보호를 받는 상태	—
4	어느 방향에서나 뿌려지는 물에 보호되는 상태	비가 올 때나 청소시 튀기는 물과 같이 어느 방향에서든 뿌려지는 물에 보호를 받는 상태	방 말 형 (splash proof)
5	어느 방향에서나 분출에 보호되는 상태	어느 방향에서나 용기에 압력을 갖고 분사되는 물에 보호를 받는 상태	방 분 류 형 (jet proof)
6	경해수에 보호되는 상태	바다의 파도를 직접 받는 상태에서 보호를 받는 상태 (heavy sea)	내 수 형 (deck water tight)
7	때때로 수중에 침수되는 물에 보호되는 상태	용기를 규정된 깊이와 시간 동안 물 속에 넣었을 때 정상 운전에 해로울 만큼 물이 침투하지 않도록 보호를 받는 상태	방 침 형 (immer- sion proof)
8	잠수에 보호되는 상태	용기가 사양에 지정된 조건 아래 계속적인 수중에서 보호를 받는 상태	수 중 형 (submer sible proof)
—	—	상대 습도 90% 이상의 상태에서 사용할 수 있는 용기	방 습 형

치하였을 때와 −30±3℃ 라는 낮은 온도에서 24 시간 저장하였을 경우 방폭 기능에 손상을 받지 않아야 한다.

③ 열충격 시험(thermal shock test)

유리와 같은 빛을 투과시키는 부품은 최고 사용 온도에서 $10\pm5°C$ 온도 상태의 물에 의하여 분사되었을 경우 어떠한 손상도 입지 않아야 한다.

(4) 방진 방수 시험(**IP degree test**)

방폭 전기 기기의 방폭 형태에 따른 용기의 보호 등급에 대한 시험을 말하며, 기호로 IP(ingrees protection)로 표시하고 두 개의 숫자로 표 18과 19과 같이 나타낸다.

(5) 기타 시험

① 부싱과 단자대 연결 스터드의 토크 시험(torque test)

도체를 연결하기 위하여 이용되는 부싱(bushing)이나 단자 볼트(terminal stud)에 회전시키는 힘이 작용할 때에 돌아가지 않고 견디는 내력을 말한다.

② 플라스틱 부품의 절연 저항 시험

방폭 전기 기기에 사용되는 용기나 부품이 플라스틱 재질로 만들어진 경우 정전기 방전에 의한 위험을 방지하고, 플라스틱 물질에 고유한 정전기 발생을 예방하기 위하여 시행되는 시험이다.

③ 전선 인입부에서의 전선 쥠쇠 시험(clamping test)

인입부에서 외부로부터 오는 힘에 의한 용기 내부 전선 연결부에 미치는 힘을 방지하기 위한 전선 쥠쇠의 내력을 시험하는 시험이다.

④ 전선 인입부에서의 외장 전선 쥠쇠 시험(clamping test of armoured cable)

외장 전선의 쥠쇠가 갖은 내력을 시험하는 시험이다.

11 유입 방폭

유입 방폭(oil immersion protection) 구조는 주로 변압기, 개폐 장치, 모터 기동 장치에 많이 이용되고 있는 방폭 기구로 전기 기기나 전기 기기의 일부 부품이 기름 속에 잠겨 있음으로써 기름 표면이나 용기 밖에 있는 폭발성 가스가 점화할 수 없는 구조로 설계되어진 방폭 형태를 말한다. 그리고 여기에 사용되는 기름은 광물성 기름(mineral oil)으로 적절한 절연 내력과 아크를 소멸시키는 특성을 갖은 기름이다. 유입 방폭 형태의 특이한 사항은 운전중에 스파크나 아크를 발생하는 모든 부품은 기름 속에 충분한 깊이로 잠겨 있어야 한다는 점이다. 이 깊이는 시험에 의하여 확증되어야 하나 최소한 25 mm 이상이어야 한다. 스파크나 아크를 발생하지 않는 부품은 기름 속에 넣거나 그렇지 않는 경우에는 다른 방폭 형태에 의하여 적절한 방호를 시행하는 구조로 설계되어야 한다.

전기 기기에 전압이 가압되어 있는 한 기름 수위를 분명히 점검할 수 있도록 기름 수위 계기가 마련되어야 하고, 어떠한 경우에도 예를 들면, 유면 계기가 고장이거나 누설되는 경우에도 안전을 보장할 수 있는 기름 수위가 유지되어야 한다. 유면계에는 안전을 충분히 보장될 수 있는 여유를 갖는 범위내에서 최고의 기름 수위와 최저의 기름 수위를 나타내는 한계가 명확히 표시되어야 한다.

따라서 기름 수위를 표시하는 계기와 배유하는 기기는 특정한 공구가 아니면 풀리지 않는 구조이어야 한다. 또한, 배유구의 나사산은 완전한 나사로서 5산이어야 한다. 폭발성 분위기에 접촉하는 용기의 표면과 용기 내부의 기름 표면 온도는 최고 표면 온도의 한계를 초과할 수 없고, 또한 기름 표면뿐만 아니라 기름 내부의 어떠한 지점의 온도도 115℃를 넘지 않도록 한다. 이는 기름이 과도하게 열화되는 것을 방지하고자 하는 데 목적이 있다.

부가적으로 개폐 장치나 모터 기동 장치에 있어서 예를 들면, 차단기, 스위치, 모터 기동 기기의 차단 용량이나 스위치 개폐 정격 용량은 기름 표면 위의 폭발성 가스를 점화시킬 수 있는 용량의 75% 이하가 되는 구조로 설계되어야 한다.

그리고 밀봉되지 않은 유입 방폭 변압기는 변압기 내부 단락과 같은 사고시나 어떠한 원인에 의하든 온도 상승시에 대비하여 여유 공간을 두어 기름 부피가 팽창할 수 있도록 하여야 하며, 한계를 초과하여 부피가 과도하게 팽창할 경우에는 자동적으로 전원이 차단되도록 한다.

유압 방폭의 표시는 $E_{xo} \mathbb{I} \, T_5 (95℃)$와 같이 온도 등급과 더불어 표시하고, 해당 전기 기기에 대해서는 개폐기의 차단 용량과 단락 전류 지속 시간(short-circuit current lasting a specified time)을 표시한다.

12　압력 방폭

압력 방폭(pressurized protection) 구조는 계기함, 조정반, 대형 모터 등에 이용되는 방폭 방법으로 전기 기기나 용기 내부로 폭발성 가스가 들어가지 못하게 하는 방법을 이용하고, 기기나 용기 내부에서 위험성 가스가 발생하는 전기 기기와 양 압력에 유지되고 있는 조정실은 이 방폭 구조 범위내에 포함하여 다루지 않는다. 이를 위하여 용기 내부에 보호 가스를 채워서 주위의 위험성 가스의 압력보다 더 높은 압력으로 유지하여 용기 내부로 위험 가스가 들어가지 못하게 하여 폭발을 방지하는 구조로 되어 있고, 여기에 사용되는 보호 가스는 주로 공기가 사용되고 있으며, 특별한 경우에는 불활성 가스로 질소가 사용되기도 한다.

보호 가스에 의하여 더 높은 압력을 유지하기 위해서는 가스를 연속적으로 흘러 들어가게 하는가 누설되는 가스량만을 보충하는가에 따라 압력 방폭이 두 가지 형태로 분류된다.

계속적으로 공기를 흘러 들어가게 하여 압력을 유지하는 형태를 순환 가압식 압력 방폭(pressurization with continuous circulation)이라 하며, 최소한 IP 4X 이상의 보호 등급을 갖어야 한다. 이 경우에는 방폭의 목적 외에 냉각 효과도 얻고 있다.

불가피하게 누설되는 보호 가스만을 보충하여 압력을 유지하는 형태를 누설 보충식 압력 방폭(pressurization with leakage compensation)이라 하며, 용기 내부의 위험성 가스가 완전히 제거된 후, 즉 정상적인 운전중에는 가스의 출구를 막아 놓는다. 따라서 이 경우에는 냉각 효과는 얻지 못한다.

압력 방폭 계통을 구성하는 용기, 인입과 배출 덕트, 그리고 지시 및 조정용 기구에 사용되는 재료는 주위의 위험성 가스에는 물론 보호 가스에도 영향을 받지 않는 물질로 화학적으로 또한 물리적으로도 내구성이 있어야 하고, 운전중에 일어나는 최고 표면 온도에서도 압력 방폭 구조의 성능이 유지되어야 한다.

방폭 계통의 용기와 덕트 그리고 부속품은 운전중에 일어나는 최대 압력의 1.5 배의 압력에 견뎌야 하며, 그 내압은 최소한 200 Pa 이상이어야 한다.

용기의 내부 압력은 용기뿐만 아니라 덕트 그리고 부속품의 어떠한 지점에서도 계통 밖의 압력에 대하여 50 Pa (5 mmH$_2$O) 이상 더 높은 압력으로 유지시킴으로써 폭발 가스가 내부로 유입되는 일을 방지한다.

용기의 문이나 덮개는 특수 공구 없이도 열 수는 있으나 전원 스위치와 인터로크가 되어 있어 열릴 때에는 자동적으로 스위치가 차단되고 문이 닫힌 연후에만 전원이 복귀될 수 있는 구조로 설계되어야 한다. 그리고 안전 장치가 구비되어 있어서, 즉 시간 지연 릴레이나 보호 가스의 유량 측정 기기에 의하여 용기와 덕트 그리고 부속품을 포함한 전 계통의 자유 공간의 5 배 이상의 보호 가스가 순환되어서 용기 내부에 있었던 폭발 가스의 농도가 하한 폭발 한계의 25% 이하가 될 때까지 퍼지(purge)가 계속된 연후에야만 전기가 가압되도록 설계된 구조이어야 한다.

용기나 덕트 그리고 부속품의 표면 온도뿐만 아니라 배출되는 보호 가스의 온도도 규정된 허용 온도를 초과할 수 없으며, 배출되는 가스와 더불어 내부에서 스파크나 불씨를 갖은 분진이 밖으로 나오는 것이 있을 때에는 이를 거르는 장치가 구비되어 있어야 한다.

운전중에 보호 가스 공급에 이상이 발생하여 내부 압력이 50 Pa 이하로 내려가는 경우에는 경보를 발송하거나 자동적으로 전원을 차단하여 위험성 가스의 침입에 의한 사고를 예방한다. 그러나 용기내의 부품이 운전상 불가피한 사정으로 전기가 공급되거나 그 부품의 표면 온도가 규정 허용 온도를 초과할 우려가 있는 부속품은 별도의 방폭 형태로 보호 받도록 설계되어야 한다.

압력 방폭의 표시는 $Exp\,II\,T_3$과 같이 온도 등급과 더불어 표시되고, 필요에 따라서 다음 사항이 기록되어야 한다.

① 용기내의 자유 공간의 체적

② 퍼지를 위한 보호 가스의 명칭과 필요량

③ 공급되는 보호 가스의 최고 압력

압력 방폭에 대해서는 나라마다 다른 규정을 갖고 있는 경우가 많다.

일본은 압력 방폭의 종류에 밀봉 압력 방폭(hermatically sealed pressurized protection)을 더하여 세 종류로 분류하고 있다.

미국에서는 X형 퍼지 압력 방폭, Y형 퍼지 압력 방폭, Z형 퍼지 압력 방폭으로 구분하고, 조정실이나 개폐 장치실과 같이 많은 전기 기기가 집합되어 있는 실내에 대한 압력 방폭도 이 범주에 넣어서 다루고 있다. 또한 용기나 실내의 압력 유지를 50 Pa (5 mmH₂O) 대신에 25 Pa(2.5 mmH₂O)를 선택하고 있다.

(1) X형 퍼지 압력 방폭은 용기나 실내의 위험 분위기를 1종 장소에서 비방폭 지역으로 전환시키는 압력 방폭 개념을 나타낸다.

(2) Y형 퍼지 압력 방폭은 1종 장소에서 2종 장소로 전환시키는 방폭 개념을 나타낸다.

(3) Z형 퍼지 압력 방폭은 2종 장소에서 비방폭 지역으로 전환시키는 방폭 개념을 나타낸다.

수학적으로 X＝Y＋Z와 같다.

미국식은 압력 방폭이라고 표현하기 보다는 압력과 퍼지를 동시에 시행하는 방폭 개념이 강하게 표시되며, 보호 가스로는 오직 공기만이 고려 대상이 되며, 압력을 유지시키면서 계속적으로 공기를 환기시키는 계통을 상상하면 쉽게 이해가 될 것이다.

13 사입 방폭(입자 집적 방폭)

모래와 같은 성질의 가늘고 고른 고체 입자를 이용하여 방폭을 시행하는 기구로 계기류나 개폐 장치실의 전선관을 이용한 전선 인입과 인출 부위에 많이 이용되고 있으며, 정격 전압은 6600 V 이하이고, 고체 입자에 직접적으로 접촉하는 부위에 회전하는 부품이 없는 전기 기기에 적합한 방법이다.

따라서 이와 같은 방폭 방법은 전기 기기의 용기를 모래와 같은 고은 입자로 채워 놓으므로 운전중 용기 내부에서 발생하는 어떠한 아크에 의해서도 용기 밖의 위험 분위기에 점화를 일으키지 못하고 또한 내부에서 발생하는 불꽃이나 용기 표면 온도에 의해서도 점화가 발생하지 않도록 설계되어진 구조로 되어 있다.

사입 방폭(sand filled protection) 기구에서 말하는 아크 전류와 단락 전류의 특성은 조금은 특별한 의미를 갖고 있으며, 서로 상관 관계를 갖는다. 아크 전류는 단락 전류가 일어나는 중에 발생하는 아크 전류의 실효치(r.m.s. value)를 말하며, 단락 전류 특성치는 단락 전류와 단락 전류 또는 아크 전류가 단락시로부터 차단기가 작동하여 그 전류의 흐름이 끊어질 때까지의 시간을 같이 고려하는 개념이다. 그리고 이들 단락 전류치와 그 전류의 지속 시간은 과도기의 안전에 큰 영향을 준다. 아크 전류는 실험에 의하여 결정되는 반면에 단락 전류는 계산에 의해서도 쉽게 얻을 수 있는 값이다. 그러나 아크 전류 측정은 정밀한 기술과 장비가 갖추어져야 한다. 그렇지만 아크 전류(I_a)와 단락 전류(I_{cc})는 사용 전압 6.6 kV 이하에서는 다음과 같은 함수 관계를 유지함으로써 계산된 단락 전류에서 아크 전류를 쉽게 구할 수 있다.

$$\frac{I_{cc}}{I_a} \fallingdotseq 1.3$$

단락 전류의 지속 시간은 계통의 차단기와 밀접한 관계가 있으므로 차단기 선택시 주의가 요구된다.

아크 전류와 그 지속 시간과 관련하여 가장 의미 있는 안전 수치는 고체 입자내에서의 최소 안전 높이와 용기벽까지의 절연 거리이다.

최소 안전 거리는 나충전 부위에서부터 모래 같은 충전물의 자유 표면까지의 가장 가까운 거리를 말하며, 그 거리는 단락시 아크 전류가 흐르는 지속 시간 중에 점화 요소가 전파되지 않게 하는 최소 거리로 특정 전기 기기에 대한 실험에 의하여 얻어지는 수치이지만 적어도 1500 V 이하에서는 30 mm를, 1500 V 이상에서는 50 mm를 갖어야 한다. 혹, 어떠한 이유로 최소 안전 높이를 확보할 수 없을 경우에는 충전물 내부에 차폐(screen)를 설치하여 안전 거리를 줄인다. 이 경우 나충전 부위에서 충전물을 통과하여 차폐까지 이르는 거리를 더 이상 안전 거리라고 하지 않고 방폭 보호 높이(protection height)라 하며, 차폐 위의 충전물 깊이는 예비층 높이(hight of reserve layer)라 한다. 역시 보호 높이도 실험에 의하여 얻어지고 최소한 20 mm 이상이어야 한다. 그리고 차폐 위의 예비층 깊이는 적어도 보호 높이의 20% 이상이어야 하지만 최소한 10 mm 이상은 되야 한다. 그리고 예비층이 갖은 또 하나의 기능은 어떠한 이유에서 내부 충전물에 공간이 발생하면 이를 메우는 일을 수행한다.

용기 내부의 나충전 부품은 전압에 차이가 있는 부품 사이와 부품과 용기벽 사이에는 적절한 간격을 갖고 격리되어야 하고, 이를 사입 방폭 기기의 절연 거리라 한다.

정격 전압이 600 V 이하일 경우 공장에서 조립되었고 현장에서 분해할 수 없는 부품은 부품간의 절연 거리는 4 mm 이상, 부품과 용기벽까지의 거리가 5 mm 이상인 전기 기기는 충분한 방폭 성능을 갖고 있음이 확인되었다. 그러나 규정된 수치는 다음과 같이 어떠한 경우에도 직선 거리의 형태에 따라서 표 20에 나타낸 수치보다 작아서는 안 된다.

표에서 A칸에 나타낸 수치는 나충전 부품 상호간과 나충전 부품과 접지되어 있는 내부 부품간에 필요한 절연 거리이며, B칸에 나타낸 수치는 나충전 부품과 용기벽 사이의 절연 거리를 표시한 것이다.

[표 4-20] 사입 방폭 전기 기기의 절연 거리

정격 전압(V)	A(최소 거리 mm)	B(최소 거리 mm)
$V \leq 300$	10	15
$300 < V \leq 700$	15	20
$700 < V \leq 1500$	20	30
$1500 < V \leq 3500$	30	40
$3500 < V \leq 7200$	40	50

용기내에서의 절연 동선(insulated winding)은 벽으로부터 1500 V 이내에서는 20 mm 이상의 절연 거리가, 1500 V 이상일 경우에는 40 mm 이상의 절연 거리가 요구된다.

사입 방폭의 용기는 철 재질로 만들어져야 한다. 다만, 철 이외의 재질로도 만들어질 수 있으나 이 경우에는 기계적 특성과 열적 특성이 확인되어야 하고 그 재질의 특성이 구체적으로 나열되어 있어서 다른 재질과 확연히 구별될 수 있어야 한다.

용기는 모든 인입구와 배출구가 막혀진 상태의 정상 운전 조건 아래에서 IP 54의 보호 등급에 적합해야 하고, 그 기계적 강도는 수압 시험에 의하여 확인 받아야 하지만 내부 체적의 용량에 관계 없이 0.5 bar(50,000 Pa)의 압력 아래에서 0.5 mm 이상의 직선상의 변형이 일어나지 않아야 한다.

모래와 같은 내부 충전물은 빈공간 없이 채워져야 하고, 자유 표면 위의 간격은 가능한한 작게 메워져야 한다. 충전물 알갱이의 크기는 공칭 구경이 1.6 mm 이하 250μ 이상이어야 하고, 수분 함유량은 무게 비율로 0.1% 이하이어야 한다.

사입 방폭의 표시는 $Exq \, \mathrm{II} \, T_2$와 같이 온도 등급과 더불어 표시하고, 아크 전류의 특성이 표시되어야 한다.

14 몰딩 방폭

몰딩 방폭(encapsulated protection)은 전기 계기류, 소형 변압기, 7.2 kV 이하의 계기용 변성기(CT & PT)와 초크 코일(choke coil)에 많이 이용되며, 전기 기기나 그 부품이 주위 환경의 영향에 충분히 견디는 수지(resin)로 에워 쌓여져서 그 수지 내부에서 발생하는 스파크나 열에 의하여 점화가 일어나지 않도록 만들어진 방폭 구조를 말한다.

방폭 구조에 이용되는 수지는 열경화성(thermo-setting) 열가소성(thermo-plastic) 그리고 탄성 중합체(elastomer) 물질로서 첨가제나 충전물과 더불어 사용되기도 하고 첨가물 없이도 사용된다.

방폭 전기 기기에 이용되는 수지의 특성을 규정하는 사항에는 온도의 사용 범위와 연속 사용 온도가 있으며, 이들은 온도에 약한 수지의 열적 사용 상태를 제한하는 의미를 갖고 있으므로 특정 전기 기기에 이용할 수지 선정시 수지가 이들 규정치에 합당한가를 확인하는 일은 매우 중요하다. 또한 몰딩 방폭은 정상 운전중에 일어나는 전기적, 기계적, 그리고 열적 사항을 고려해야 할 뿐만 아니라 예상할 수 있는 과부하와 내부에서 일어나는 한 종류의 사고에 대해서라도 충분한 방폭 기능을 갖도록 설계되어야 한다.

수지의 사용 온도 범위는 운전중이거나 저장 상태에 있는 보관중의 경우를 불문하고 방폭에서 요구하고 있는 수지의 특성이 유지되는 온도의 상한과 하한 수치의 범위를 말하며, 연속 사용 온도는 제조자의 자료에서 나타나는 특성이 오랫동안 사용하여도 그 특성에 어떠한 하자도 발생하지 않은 최고 온도를 말한다.

이제까지 논의하였던 방폭 구조와는 다르게 몰딩 방폭 구조에서는 다음과 같은 사항이 제조자와 사용자간에 약속되어 있다고 가정하고, 이 가정의 바탕 위에서 몰딩 방폭의 기능이 발휘된다. 이 가정은 적절히 몰딩 방폭 처리된 구성 부품은 규정된 조건에서 사용되는 경우 사고가 일어나지 않는다는 약속이다.

다음에 열거되는 구성 요소는 정상적인 사용중에 그 정격 용량의 67% 이하, 즉 3분의 2 이하에서 이용될 때에 단락 사고는 일어날 수 없으며, 특성 중 저항치가 정격 저항치 이하로 떨어지지 않는다고 약정한다.

(1) 필름형 저항기(film type resistor)
(2) 나선형으로 감긴 단층선 저항기(wire resistor with a single layer in herical form)
(3) 나선형으로 감긴 단층 코일(coil with a single layer in herical form)

다음 부품은 정상적인 사용중에 그 정격 용량의 3분의 2 이하에서 이용될 경우에는 단락 사고는 일어나지 않으며, 특성 중 저장치는 정격 저항치 이하로 떨어지지 않으며, 용량치(capacitance)는 정격 용량치 이상으로 올라가지 않는다고 약정한다.

(1) 플라스틱 박판 이용 콘덴서(plastic foil capacitor)
(2) 종이 이용 콘덴서(paper capacitor)

(3) 세라믹 이용 콘덴서(ceramic capacitor)

광 접속기(optocoupler)나 릴레이와 같이 다른 계통을 분리하여 격리하는 데 이용되는 기기는 두 계통의 전압 실효치의 합계가 1000 V를 넘지 않고, 실효치의 합계 수치의 1.5배 전압으로 실험하였을 경우 어떠한 하자도 발생하지 않는 조건에서 사용될 경우 상호 접촉 사고는 일어나지 않는다고 약정한다.

변압기, 코일, 모터 권선은 권선 지름(winding diameter)이 0.25 mm보다 더 가는 권선을 사용하지 않는다는 조건을 포함하여 안전증 방폭에서 규정한 모든 조건에 합당하고, 또한 일어나서는 안 될 내부 사고, 즉 이차측의 단락 사고로 큰 단락 전류가 흐르고 그에 따른 기계적인 비틀림 등과 같은 큰 사고가 차단기 등과 같은 보호 기구에 의하여 보호되는 조건일 경우에는 내부에선 권선 단락 사고가 일어나지 않으며, 변압기에서는 일차와 이차 권선간 단락 사고도 일어나지 않는다고 약정한다.

이와 같이 사고가 일어나지 않는다는 약정내에는 다음과 같은 최소한의 몰딩 수지 두께가 요구된다. 단, PCB(printed circuit board)상의 전자 부품은 제외된다.

[표 4-21] 수지속에 몰딩된 나충전 부품 사이와 나충전 부품과 접지된 철제품간의 최소 거리

전압 실효치(V)	최소 거리(mm)
380	1.0
500	1.5
660	2.0
1,000	2.5
1,500	4.0
3,000	7.0
6,000	12.0
1,0000	20.0

전기 기기의 부품과 수지의 자유 표면간의 수지 두께는 최소한 3 mm 이상 유지되어야 한다. 다만 자유 표면의 면적이 2 cm²을 넘지 않는 경우에는 이 두께의 수치가 1 mm까지 허용된다. 그리고 철재로 만들어진 몰딩 형틀내에서 몰딩되는 경우에는 형틀의 벽과 전기 기기 부품간의 최소한의 수지 두께는 1 mm 이상이어야 한다. 다만 회전 기기에 대해서는 이 수치가 0.2 mm까지 허용된다.

물론, 몰딩 수지의 표면 온도는 규정된 최고 표면 온도를 초과할 수 없고, 수지 내부의 어느 부분도 연속 사용 온도를 초과하여 사용할 수 없다.

몰딩 방폭에 대한 시험은 2개의 제품과 10개의 수지 시험편에 대하여 다음 절차에 따라 시험한다.

1. 몰딩 방폭의 시험 절차

(1) 6개의 수지 시험편의 노출 태양 빛에 대한 시험(길이 50 mm＋폭 6 mm＋두께 4 mm)

빛에 노출된 후의 시험편에 대한 충격(impact) 시험 수치는 노출 전의 시험편에 대한 충격 시험치의 50% 이상의 강도를 갖어야 한다.

(2) 1개의 원반형 수지 시험편의 절연 내력 시험(지름 50 mm＋두께 30 mm)

원반 양면에 지름 30 mm의 원반형 전극을 설치하고 상용 주파수의 4 kV 전압을 사용 온도 범위의 최고 온도에서 5분 이상 가압하며, 시험중에 섬락(flashover)이나 파괴(breakdown)가 일어나지 않아야 한다.

(3) 3개의 원반형 수지 시험편에 대한 수분 흡수 시험(지름 50 mm＋두께 3 mm)

23℃의 물속에 24시간 동안 놓아 둔 후에 무게를 측정한다. 이 경우 무게의 증가는 1% 이내이어야 한다.

(4) 1개의 몰드형 방폭 시험품에 대한 시험

① 표면 저항 측정(surface resistance measurement)

정전기 발생에 의한 장해를 예방하기 위하여 시행한다.

② 최고 온도 측정(maximum temperature measurement)

전기 기기의 몰딩 수지의 어떠한 부분도 연속 사용 온도를 넘지 않아야 하고 표면 온도는 규정된 최고 표면 온도를 넘을 수 없다.

③ 인입선 인장 시험(cable pull test)

mm로 측정된 전선 지름의 20배의 뉴턴(N)으로 측정한 힘과 Kg으로 측정된 전기 기기 무게의 50배의 힘보다 적은 힘으로 인장 시험을 실행하되 최소한 1 N 이상의 힘을 1시간 동안 적용한다. 이 때 몰딩 수지와 인입선 사이에는 어떠한 가시적 변화도 없어야 한다.

④ 높은 온도에 대한 열적 내구력 시험(thermal endurance to heat)

상대 습도 90%～95% 사이에서 최고 사용 온도보다 20°K 높은 온도에 그러나 낮아도 80℃ 온도 이상의 온도에서 4주간 보관한다. 이 때 시험품에 어떠한 가시적 하자도 발견되지 않아야 한다.

⑤ 낮은 온도에 대한 내구력 시험(thermal endurance to cold)

최소 사용 온도보다 10°K 낮은 온도에서 24시간 보관한다. 시험품에 어떠한 가시적 하자도 발견되지 않아야 한다.

⑥ 열적 순환 시험(thermal cycling test)

시험품을 상온과 높은 온도, 상온과 낮은 온도, 상온에 보관하면서 전원을 인가하는 과정을 순차로 시행한다. 시험품에 어떠한 가시적 하자도 발견되지 않아야 한다.

⑦ 절연 내력 시험(electric strength test)

전기 기기의 전압 수위의 차이가 있는 부품간에 $2E+1000\,V$ 전압에 적어도 $1500\,V$ 교류 전압을 60초 동안 인가한다. 섬락(Flashover)이나 파괴(breakdown)가 발생하지 않아야 한다.

⑧ 기계적 강도 시험(mechanical test)

시험품에 충격(impact) 시험을 시행한다. 이 시험에 의하여 방폭 특성에 장해를 주는 하자가 발생하지 않아야 한다.

(5) 다른 시험품에 대한 시험

① 높은 온도에 대한 열적 내구력 시험

② 낮은 온도에 대한 내구력 시험

③ 기계적 강도 시험

몰딩 방폭의 표시는 $E_{x}m\,\mathrm{II}\,T_3$와 같이 온도 등급과 더불어 표시하고 또한 전기적 정격, 즉 입력과 출력의 자료가 표시되어야 한다.

15 비착화 방폭

비착화 방폭(non-incendive protection)이 명칭부터가 생소하고 그 개념도 최근에 발전된 과학적 이론에 바탕을 두고 있으므로 이해하기가 조금은 어려운 점이 있다. 또한 다른 방폭 구조와는 달리 위험 가스로서 Ⅱ종 가스에만 적용되며, 방폭 지역에서도 2종 장소에 사용되는 전기 기기에만 한정하고 있다.

1. 비착화 방폭의 종류

비착화 방폭의 구조는 정상 운전중에 전기 기기의 주위에 있는 폭발성 가스 위험 분위기를 점화시킬 수 있는 능력이 없고, 점화를 야기할 수 있는 결함이 발생하지 않도록 설계된 방폭 기기를 말한다.

이 방폭 분야는 A종, C종, R종 3가지 종류로 구분하고 있다.

(1) A종 구조

정상 운전중에는 스파크나 아크가 발생하지 않고 또한 점화 능력이 있는 고온의 부품이 없는 전기 기기의 비착화 방폭 구조

(2) C 종 구조

정상 운전중에 스파크나 아크를 발생하는 부품과 점화 능력이 있는 고온의 부품은 통기 제한 용기 이외의 방법, 예를 들면 내압 방폭이나 몰딩 방폭으로 보호하고, 그외의 부품은 비착화 방폭 구조로 시행하는 방폭 형태

(3) R 종 구조

정상 운전중에 스파크나 아크를 발생하는 부품과 점화 능력이 있는 고온의 부품은 통기 제한 용기로 보호하고, 그외의 부품은 비착화 방폭 구조로 시행하는 방폭 형태

2. 용어의 정의

이 분야에만 사용되는 용어를 정의하면, 다음과 같다.

(1) 함에 수납된 차단 기구(**enclosed break device**)

내부에 전기 회로를 개폐하는 접촉자를 갖고 있는 기구로 내압 방폭에서와 같이 내부 폭발에 견디며 또한 내부 폭발에서 발생한 가스나 열에 의하여 외부 가스가 폭발을 일으키지 않도록 설계된 기구를 말한다.

(2) 비착화 부품(**non-incendive component**)

특정한 가스에 한정하여 점화시킬 능력이 있는 접촉자의 개폐를 특정 조건 아래에서 점화 능력을 무력화시킬 수 있도록 설계된 부품을 말한다. 예를 들면 몰딩 기구내에서 개폐가 일어나고 그 때에 발생하는 열에 의하여 표면 온도가 상승하지 않도록 설계된 기구 등이다.

(3) 밀봉 기구(**hermatically sealed device**)

한 번 밀봉하면 현장에서는 열 수 없고, 납땜(soldering), 놋쇠땜(brazing), 용접(welding)에 의하여 접촉 부분이 용융 밀봉되어 외부의 가스가 내부로 침입하지 못하도록 설계된 기구를 말한다.

(4) 밀폐 기구(**sealed device**)

운전중에는 열 수 없으며, 외부 가스가 침입하지 못하도록 접촉 부분을 개스킷 등으로 밀폐한 기구를 말한다.

(5) 에너지 제한 장치 및 회로(**energy limited apparatus and circuit**)

스파크나 아크가 발생하여도 에너지의 양이 적어서 점화시킬 능력이 없는 장치나 회로를 말한다.

(6) 통기 제한 용기(**restricted breathing enclosure**)

용기 내부로 가스가 침입하는 양을 억제하도록 설계된 용기를 말한다.

용기 설계에 있어서 내부와 외부의 통기 제한은 잘 제작된 방습형 공업용 용기로 밀폐가 확실히 시행되면 외부의 폭발성 가스가 내부에 침입하여 가스의 폭발 하한치에 도달하기까지는 상당한 시간이 소요되므로 2 종 장소인 경우에는 주위에 위험 가스가 존재하는 기간을 감안할 때 충분한 방폭 능력을 갖고 있다고 판단한다.

이와 같은 원리에 기초하여 용기가 위험 가스 발생원이 되어 2 차 가스 방출원이 되는 일은 일어날 수 없다고 판단한다.

그러므로 전등 기구를 제외한 통기 제한 용기의 기본적인 요건은 내부로의 가스침입은 전적으로 가스의 확산(diffusion) 능력으로만 이루어진다는 가정 위에 기초한다. 다시 말해, 용기 내부와 외부의 온도와 압력이 상당한 시간 동안 변하지 않고 일정한 범위내에 있다는 것이다. 이 때 내부 온도 변화의 범위, 즉 운전 개시시 내외부의 온도 차이를 $10°K$ 이하로 한정하여 규정한다.

따라서 이 규정 범위에 들어오는 전기 기기는 개폐기함(switch gear), 조정 및 조절 기구(control and regulating equipment), 계장 자재(instrumentation) 등이 된다. 전등 기구에 대한 통기 제한 규정은 별도로 취급된다.

그러므로 자연히 단속 운전 기기(duty cycling apparatus)는 통기 제한 방폭 개념에서 제외되는 결과를 낳는다.

정상 운전중에 내부에 스파크나 아크 그리고 점화시킬 수 있는 고온의 부품이 있는 전기 기기도 통기 제한 방폭 기기로 이용될 수 있음은 내부로 침입한 위험 가스가 2 종 장소의 정의에 기초할 때 절대로 폭발 하한치에 도달하지 않는다고 판단될 때 가능한 것이다.

(7) 확산 반감기(**half value diffusion time** ; T_H)

일정한 온도와 압력 조건에서 용기 내부의 특정 가스의 농도가 순전히 확산 작용에 의하여 최초값의 반으로 줄어들 때까지 걸리는 시간을 말한다.

(8) 압력 반감기(**half value pressure change time** ; T_{HP})

용기내의 500 Pa 정도의 높은 압력이 최초의 압력치의 반으로 떨어질 때까지 걸리는 시간을 말한다.

(9) 시간당 공기 유통량(**rate of loss of air** ; ℓ/h)

용기를 400 Pa의 압력으로 일정하게 유지시키기 위하여 보충해 주어야 할 공기량의 비율을 말한다.

(10) 임계 시간(**critical time** ; T_{CRIT})

주위에 위험 가스가 100% 또는 포화 상태로 존재할 때 용기 내부의 위험 가스 농도가 폭발 하한값에 도달할 때까지 걸리는 시간을 말한다.

(11) 통기 제한율(**restricted breathing factor** ; S)

특정 가스 각각의 특성에 따라 결정되는 상수로서 가스의 끓는점, 분자량, 폭발 하한값에 의하여 결정된다.

이들 통기 제한 용기에 관계되는 수치들간의 관계 방정식을 표시하면, 다음과 같이 나타낼 수 있다.

T_{HCO2} 시간 $= T_{HP}$ 초

T_{HCO2} 는 탄산 가스의 확산 반감기를 나타낸다.

$$L \ \ell/h(\text{공기 유통량}) = \frac{10}{T_{HP} \text{ 초}} = \frac{10}{T_{HCO2} \text{ 시간}}$$

$$T_{HCO2} = 2 \times S \times T_{CRIT}$$

탄산 가스의 확산 반감기는 통기 제한율과 임계 시간에 관계한다는 이 중요한 관계식은 통기 제한 용기 설계와 제작에 있어서 기초적인 이론을 제공한다. 일반적으로 우리가 공장에서 사용하는 가스 중에는 수소, 아세틸렌, 이소프렌(isoprene)을 제외한 다른 가스 전부는 통기 제한율이 20 에 미치지 않는다. 따라서 통기 제한율을 20 이라고 가정하여 설계하면 방폭 안전에는 문제가 없다. 그리고 경험과 실험에 의하여 확인된 바에 의하면 2 종 장소에서는 폭발성 가스가 계속적으로 2 시간 이상 존재하는 일은 일어날 수 없는 사고이기 때문에 임계 시간으로 2 시간을 선택하면 방폭 안전에는 어떠한 하자도 없다.

따라서 어떠한 통기 제한 용기에 대하여 측정하기 편리한 확산 반감기를 측정하여 80 시간 이상이거나 압력 반감기를 측정하여 80 초 이상이면 이 제한 용기는 방폭 전기 기기로서 안전하게 사용할 수 있다고 할 수 있다.

3. 비착화 방폭의 일반적인 요구 사항

용기의 보호 등급은 옥내에서 사용되는 전기 기기에 대해서 나충전 부위는 IP 4X 이상, 절연된 충전 부위는 IP 2X 이상이 요구되며, 옥외에서 사용되는 기기는 각각 IP 53 이상, IP 44 이상이 요구된다.

내충격에 대한 기계적 강도는 모든 종류의 부품에 대하여 다른 방폭 기기에서 요구되는 강도의 50%의 기계적 강도만으로 충분하다.

전선 인입부나 내부 접속, 단자 접속, 절연 내력은 다른 방폭 형태에서 요구되는 사항과 같다.

절연 공간 거리와 연면 거리는 최소한의 거리가 있으며, 다음 표 22에 나타난 거리 이상이어야 한다.

[표 4-22] 최소 절연 거리와 최소 연면 거리

전 위 차(V)		최소 절연 거리(mm)			최소 연면 거리(mm)			
교 류	직 류	경화성 수지 몰딩	연화성 수지 몰딩	공기중	비교 트래킹 지수			
					500	250	175	125
12	15	0.13	0.3	0.4	1	1	1	1
30	36	0.26	0.3	0.8	1	1	1	1
60	75	0.43	0.43	1.3	1	1.3	1.3	1.3
130	160	0.66	1.0	2.0	1.4	1.7	2.0	2.5
250	300	0.66	1.7	2.0	2.3	2.8	3.4	4.0
380	500	0.73	2.6	2.8	3.7	4.3	5.1	6.2
500	600	0.9	3.0	3.4	4.4	5.1	6.0	7.1
660	900	1.1	4.4	5.0	6.5	7.5	9.0	11.0
1000	1200	1.7	5.8	6.8	8.6	10.0	12.0	14.0
3000	—	—	—	23.0	28.0	35.0	42.0	60.0
6000	—	—	—	45.0	55.0	70.0	85.0	—
10000	—	—	—	75.0	80.0	100.0	—	—

4. 스파크·아크·고온 부위가 발생하지 않는 전기 기기에 대한 요구 사항

(1) 회전 기기

회전 기기가 반복 사이클로 사용되지 않으면 시동시에 일어나는 사항을 포함하지 않는 상태에서 온도 등급을 규정하고, 반복 사이클로 사용하는 기기는 시동 사항을 포함한 전 사이클 주기에서 온도 등급을 규정한다.

단자함은 IP 54 이상의 보호 등급을 갖어야 하며, 회전 기기의 보호 등급이 IP 44 이상일 때에는 회전 기기의 외함을 운전중에 개방할 수 있다.

(2) 퓨즈

퓨즈가 다음 사항을 만족할 때에는 스파크가 발생하지 않는 기구로 간주하고 방폭을 시행한다.

① 차단 능력이 최소 4000 A 이상이며, 퓨즈선을 교체할 수 없고, 차단 표시가 없는 사입 카트리지형 (cartridge type)

② IP 64의 보호 등급인 퓨즈 기구에 설치되고, 대지 전압이 250V 이하이고, 용량이 6 A 이하인 단선 카트리지 퓨즈

③ 차단 용량 4000 A 이상으로 정격이 250 V, 6 A 이하인 퓨즈로 계기나 릴레이

의 기구 내부에 설치된 선을 교체할 수 없는 퓨즈

퓨즈를 갖고 있는 기기의 온도 등급은 퓨즈 온도를 항상 고려해야 하며, 퓨즈 교체 시 무전압 상태에서만 시행해야 하는 기기는 이와 같은 내용의 경고판을 부착한다.

(3) 접속 기기(pulg and socket)

① 용기 내부에 설치된 플러그와 소켓과 같은 기구는 사용중 이완이 일어나지 않고 진동에 의해서도 분리되지 않으며 분리시 최소한 $15N$ 이상의 힘이 필요한 경우는 정상 운전시 스파크가 일어나지 않는다고 간주한다.

② 내부의 접속 단자는 오접속이 일어나지 않도록 구분되어야 한다.

③ 용기 외부에 설치된 플러그나 소켓은 분리되는 사고가 일어나지 않도록 기계적인 안전 장치가 강구되어야 한다.

④ 일반용 플러그나 소켓, 기계적 안전 장치가 없는 플러그나 소켓은 스파크가 발생한다고 간주하고, 인터로크와 같은 기구가 구비되어야 한다.

(4) 조명 기구

① 조명 기구는 고정되어서 사용되는 기구에만 적용되고, 운반되어 사용되는 기구는 제외된다.

② 저전압 나트륨 램프를 제외한 방전등과 필라멘트 소자를 갖고 있는 램프에 적용된다.

③ 조명 기구에 해당하는 램프의 정격과 온도 등급에 관계 있는 다른 자료가 표시되어야 한다.

④ 램프와 그 부속품은 용기내에 장착된다.

⑤ 램프 홀더(holder)는 정상적인 작동 상태에서 스파크가 발생하지 않아야 하며, 사용중에 스파크나 아크 그리고 고온 부위가 발생할 위험을 최소화하도록 설계되어야 하고, 또한 통전중에는 램프의 제거나 삽입이 있어서는 안 된다.

⑥ 베이어닛(bayonet)형 램프 홀더는 스프링 접촉점을 갖도록 설계되어야 하나 오직 스프링을 통해서만 전류가 흐르지 않도록 다른 전기 흐름 통로를 마련한다.

⑦ 스크루(screw) 램프 홀더는 국제 규정이 정한 안전성과 교환성이 우수해야 하며, 온도 변화나 진동에 의하여 풀리지 않도록 설계되어야 한다.

⑧ 형광등 램프의 쌍핀형 홀더(bipin holder)는 국제 규정에 맞아야 하고, 안전성과 교환성이 우수해야 한다.

⑨ 안정기(control gear/ballast)는 국제 규격에 맞게 설계, 제작되어야 한다.

⑩ 접점식 스타더(starter)는 밀봉된 용기 내부에 설치되어야 하며, 스타더 외함은 밀봉할 필요가 없다.

⑪ 조명 기구내에 설치되는 스타터 홀더는 국제 규격에 맞아야 하고, 안전성과 교환성이 우수하여야 하며, 진동에 의하여 스파크가 발생하는 일을 방지할 수 있는 용기내에 설치되어야 한다.

(5) 계기류와 소전력 장치(**instrument and low power apparatus**)

측정, 조정, 통신 계통에 사용되는 전자 부품이나 소전력 부품이 만일 다음과 같은 조건을 만족한다면, 최소 절연 거리와 최소 연면 거리의 규정에 적용받지 않는다.

① IP 54 이상의 보호 등급으로 보호받은 용기내에 설치되는 경우

② 장치나 그 부속품의 정격 전압이 교류 60 V, 직류 75 V를 초과하지 않는 경우

5. 운전중에 스파크·아크·고온 표면을 발생시키는 기기

(1) 보호 방식

다음 사항에 따라 보호되어야 한다.

① 함내에 수납된 차단 기구(enclosed break device)

② 비착화 부품(non-incendive component)

③ 밀봉 기구(hermetically sealed device)

④ 밀폐 기구(sealed device)

⑤ 에너지 제한 장치 및 회로(energy limited apparatus and circuit)

⑥ 통기 제한 용기(restricted breathing enclosure)

(2) 요구 사항

① 에너지 제한 장치 및 회로를 제외한 기구에서는 기기를 위한 용기의 최고 표면 온도만을 고려하고, 내부 기기의 온도는 고려하지 않아도 된다.

② 함내에 수납된 차단 기구는 내부 자유 용적이 $20\,cm^3$을 초과해서는 안 되고, 또한 정격 전압과 전류는 660 V, 15 A 이내이어야 한다.

③ 비착화 부품의 내부 자유 용적은 $20\,cm^3$을 초과할 수 없고, 정격 전압과 전류는 250 V, 15 A이내이어야 한다.

④ 밀폐용 개스킷이나 몰딩용 재료는 최대 사용 온도보다 $20°K$ 높은 온도에서 특성이 변하지 않아야 한다.

⑤ 밀폐 기구는 운전중 열 수 없으며, 자유 공간이 $100\,cm^3$을 초과할 수 없고, 외부 연결 단자가 구비되어야 한다.

⑥ 전기 장치와 회로가 정상적인 상태에서는 스파크를 발생하지 않고 또한 이들이 용기 밖에 설치되어 있더라도 전압과 전류가 특정 장치와 회로에 대한 기준치보다 적으면 에너지 제한 장치 및 회로로 간주한다. 전선에 의한 회로 조건은

고려하지 않는다. 왜냐하면 정상적인 상태에서는 전선은 사고가 일어나지 않는다고 간주하기 때문이다.

⑦ 전기 장치와 회로가 정상적인 상태에서 스파크를 발생하더라도 전압과 전류가 특정 장치와 회로에 대한 기준치보다 적으면 에너지 제한 장치 및 회로로 간주한다.

⑧ 회로 소자가 변하는 가변 부품이 있는 장치나 회로는 가장 위험성이 크다고 상정되는 상태에서 그 장치나 회로를 평가한다.

⑨ 통기 제한 용기에 설치되는 전기 기기는 전원을 주었을 때와 차단하였을 때의 내부 온도 차이가 $10°K$를 넘지 않아야 한다. 단, 전등 기구는 이 규정에 적용받지 않는다.

⑩ 통기 제한 용기는 운전중에 자기 특성이 유지되도록 설계, 제작되어야 한다.

⑪ 통기 제한 용기는 전등 기구를 제외한 모든 경우에 통기 제한율이 20 이하인 가스에 한정하여 사용하여야 하며, 만일 20 이 넘는 가스에 사용할 경우에는 특별한 추가 조치가 필요하게 됨을 명심하여야 한다.

6. 비착화 방폭 기기의 표시

(1) 정상 운전시 스파크·아크·고온 표면이 발생하지 않는 기기

$ExnA \text{ } \text{II} \text{ } T_4$

(2) 정상 운전시 스파크·아크·고온 표면이 발생하는 기기

① 통기 제한 용기 이외의 방법으로 스파크·아크·고온 표면을 발생하는 부품이 보호되는 경우

$ExnC \text{ } \text{II} \text{ } T_3$

② 통기 제한 용기에 의하여 부품을 보호하는 경우

$ExnR \text{ } \text{II} \text{ } T_4$

여기서 나타내는 온도 등급은 비착화 방폭 기기의 표면 온도이다. 즉, 내부에 설치된 밀폐 기구의 온도는 적용되지 않는다.

16 안전증 방폭

안전증 방폭(increased safety protection)이 적용되는 전기 기기는 정상적인 운전 상태에서는 스파크나 아크 그리고 위험한 고온이 발생하지 않아야 한다. 위험한 고온은 전기 기기의 외부 표면뿐만 아니라 용기 내부의 부품 표면도 고려해야 한다. 이와

같은 사실을 고려할 때 안전증 방폭이란 특별히 안전을 증진시키기 위하여 필요한 조치를 통해 고온 발생을 방지하고 운전중 스파크나 아크 발생을 억제하는 방법으로 설계된 구조를 갖는 기기를 말한다.

1. 용어의 정의

(1) 제한 온도(**limiting temperature**)

전기 장치나 그 부속품에 허용되는 최고의 온도를 말한다. 다음 2가지 사항에 의하여 규정되며, 이 중에서 더 낮은 온도를 선택한다.

① 폭발 가스의 점화 온도와 관련한 최고 표면 온도

② 기기에 사용되는 물질의 열적 안정성에 관련된 온도

(2) 기동 전류(**starting current** ; I_A)

정격 전압과 전격 주파수에서 농형 모터의 회전자가 정지 상태일 때 고정자에 흐르는 전류 또는 가동 철심을 구속한 상태에서 교류 전자석에 흐르는 전류로 과도 현상이 끝난 후에 흐르는 전류의 실효치를 말한다.

(3) 기동 전류 비율(**starting current ratio** ; I_A/I_N)

정격 전류에 대한 기동 전류의 비율을 말한다.

(4) 허용 구속 시간(**time** ; t_E)

최고 주위 온도에서 기동 전류에 의하여 고정자와 회전자 권선의 온도가 정상 운전 상태지의 온도에서 제한 온도까지 상승할 때 걸리는 시간을 말하며, 이는 안전증 모터의 선택과 운전에 중요한 요소이다.

(5) 열적 전류 한도(**thermal current limit** ; I_{th})

최고 주위 온도에서 정상 운전 상태일 때의 온도로부터 1초 동안에 제한 온도까지 상승시킬 수 있는 전류의 실효치를 말한다.

(6) 기계적 전류 한도(**dynamic current limit** ; I_{DYN})

전기 기기가 손상 받지 않는 상태에서 흐를 수 있는 최고 전류의 파고치를 말한다.

(7) 연면 거리(**creepage distance**)

절연물의 표면을 따라 측정한 최단 거리를 말한다.

(8) 절연 공간 거리(**clearance**)

공간을 통한 최단 거리를 말한다.

2. 안전증 방폭의 구조적인 요구 사항

전선 인입은 전선이 장력에 의한 스트레스(tensile stress)와 비틀림 모멘트(twist

moment)를 받지 않도록 설계되어야 하며, 전기가 흐르는 동안의 전선 인입부의 온도
는 70℃, 내부 전선 분기점의 온도는 80℃를 넘지 않아야 한다.

    절연 공간 거리는 표 23에 나타난 규격을 준수하여야 한다. 그리고 표 24는 한국 규
에서 규정한 절연 공간 거리이다.

[표 4-23] 국제 규격에서 규정한 절연 공간 거리

전기 장치의 정격 전압(V)	최소 절연 공간 거리(mm)
60	6
250	6
380	6
500	8
660	10
1000	14
3000	36
6000	60
10000	100

[표 4-24] 한국 규격에서 규정한 절연 공간 거리

사용 전압(V)	최소 절연 공간 거리(mm)
$V = 15$	1.6
$15 < V \leqq 30$	2.0
$30 < V \leqq 60$	3
$60 < V \leqq 275$	5
$275 < V \leqq 420$	6
$420 < V \leqq 550$	8
$550 < V \leqq 750$	10
$750 < V \leqq 1100$	14
$1100 < V \leqq 3300$	36
$3300 < V \leqq 6600$	60
$6600 < V \leqq 11000$	100

① 전기 장치의 정격 전압은 위의 규정치에서 10% 정도 초과할 수 있다.

② 전기 장치의 사용 전압은 10% 초과에 추가적으로 6% 정도 더 초과할 수 있다.

③ 10 kV 이하에서는 정격 전압으로 선간 전압을 적용하고, 10 kV 이상에서는 상전압을 적용할 수 있으며, 이 사실을 표기하여야 한다.

연면 거리는 절연 물질의 트래킹(tracking) 저항 계수와 절연체의 형상에 따라 다른 수치를 갖고, 표 26과 같다. 비교 트래킹 지수는 시험 전압과 낙하 물방울 수에 따라 표 25와 같이 구분된다.

[표 4-25] 절연 물질의 트래킹 저항 계수

등 급	비교 트래킹 지수	시험 전압(V)	낙하 물방울 수
a	—	600	100 방울 이상
b	500	500	50 방울 이상
c	380	380	50 방울 이상
d	175	175	50 방울 이상

[표 4-26] 국제 규격에서 규정한 연면 거리

전기 장치의 정격 전압(V)	트래킹 저항 계수에 따른 최소 연면 거리(mm)			
	a	b	c	d
60	6	6	6	6
250	6	8	10	12
380	8	10	12	15
500	10	12	15	18
660	12	16	20	25
1000	20	25	30	36
3000	45	60	75	90
6000	85	110	135	160
10000	125	150	180	240

① 전기 장치의 절연 전압은 위의 규정치에서 10% 정도 초과할 수 있다.

② 전기 장치의 사용 전압은 10% 초과 외에 추가적으로 6% 더 초과할 수 있다.

③ 10 kV 이하는 정격 전압으로 선간 전압을 적용하고, 10 kV 이상에서는 상전압을 적용할 수 있으나 그 사실을 표시하여야 한다.

④ 리브(rib)나 노치(notch)가 절연물 표면에 있을 경우에는 그림 5를 참조한다.
다음은 한국 규격에서 규정한 연면 거리이다.

〈표 4-27〉 한국 규격에서 규정한 연면 거리

사용 전압(V)	트래킹 저항 계수에 따른 최소 연면 거리(mm)			
	a	b	c	d
$V = 15$	2	2	2	2
$15 < V \leqq 30$	3	3	3	3
$30 < V \leqq 60$	3	4	5	6
$60 < V \leqq 275$	6	8	10	12
$275 < V \leqq 420$	8	10	12	15
$420 < V \leqq 550$	10	12	15	18
$550 < V \leqq 750$	12	16	20	25
$750 < V \leqq 1100$	20	25	30	36
$1100 < V \leqq 3300$	45	60	75	90
$3300 < V \leqq 6600$	85	110	135	160
$6600 < V \leqq 11000$	125	150	180	240

절연 물질은 연속적인 운전시에 얻어지는 온도보다 적어도 $20°K$가 더 높은 온도에서 열적, 기계적으로 안정한 특성을 갖어야 하며, 이 온도는 최소한 $80℃$ 이상이어야 한다. 그리고 플라스틱이나 절연 박판(laminated plate)으로 만들어진 절연 부품의 상한 부분을 덮어 씌운 바니시(varnish)와 같은 절연 물질은 같은 트래킹 저항 계수를 갖고 있어야 한다. 또한 흡습성이 있는 물질로 절연 제품을 만들어서는 안 된다.

권선을 형성하는 나충전 도체는 종이나 섬유성 물질로서 2층 이상으로 피복시켜 절연하여야 한다. 그러나 충분한 절연 성능을 갖고서 표 28에 나타난 시험 전압에 견디는 단선 에나멜선(single enameled wire)은 2층 피복으로 하지 않아도 관계 없다.

권선을 부품으로 제작한 후에는 건조시켜 액속에 담그거나 진공 침윤에 의하여 적절히 함침을 시켜야 한다. 이 경우 건조와 함침 과정이 2회 이상 실시되어야 한다.

권선의 지름은 $0.25\,mm$보다 가늘지 않아야 한다. 이와 비교하여 다른 방폭 형태, 즉 몰딩 방폭이나 본질 안전 방폭에서는 더 가는 권선도 사용이 허락된다.

온도 제한과 관련하여 전기 장치의 어떠한 부품도 다음 조건에서는 규정 온도를 초과하여 사용할 수 없다.

① 기동하는 동안

② 정격으로 운전되는 동안

③ 예상되는 과부하가 걸린 후 그 과부하가 보호 기구에 의하여 해소될 때까지

④ 허용 구속 시간 동안

규정된 제한 온도는 앞에서 논의한 최고 표면 온도와 절연물의 열적 안정성뿐만 아니라 세부적인 사실을 고려할 경우 다음 사항도 같이 감안하여야 한다.

① 열에 의한 기계적 강도의 저하

② 열에 의한 팽창에 따른 과도한 기계적 스트레스

③ 나동선이나 철제 부품의 높은 온도에 의해 인접하여 있는 절연체에 입히는 손상

④ 인접하여 있는 고온의 부품에 의하여 받게 되는 영향

절연 권선의 열안정성을 유지하기 위해서는 절연 권선의 온도가 절연의 종류에 따라 표 29 에 나타난 수치에 제한되어야 한다.

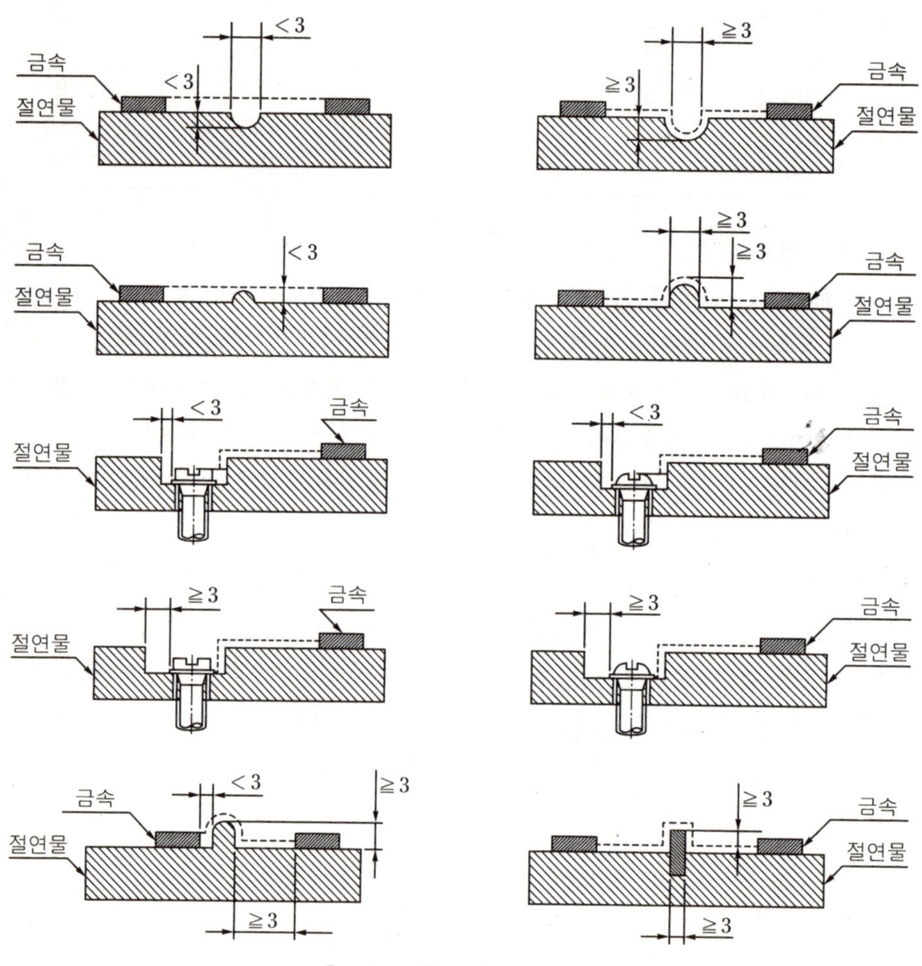

[그림 4-5] 연면 거리 측정

[표 4-28] 에나멜선의 시험 전압

공칭 권선 지름 d (mm)	교류 시험 전압 실효치 (V)
$0.250 \leqq d < 0.315$	2200
$0.315 \leqq d < 0.40$	2400
$0.4 \leqq d < 0.50$	2800
$0.5 \leqq d < 0.71$	3100
$0.71 \leqq d < 0.85$	3500
$0.85 \leqq d < 0.95$	3700
$0.95 \leqq d < 1.12$	3800
$1.12 \leqq d < 1.32$	3900
$1.32 \leqq d < 1.60$	4000
$1.60 \leqq d < 1.90$	4300
$1.90 \leqq d < 2.50$	4400

[표 4-29] 절연 권선의 제한 온도와 온도 상승 제한

사 용 조 건	측 정 방 법	절 연 종 류				
		A	E	B	F	H
정격 사용에서의 온도 제한 (℃)	R	90	105	110	130	155
	T	80	95	100	115	135
주위 온도 40℃에서 정격 사용시의 온도 상승 제한(°K)	R	50	65	70	90	115
	T	40	55	60	75	95
허용 구속 시간 t_E 마지막 시점에서의 제한 온도(℃)	R	160	175	185	210	235
주위 온도 40℃에서 허용 구속 시간 t_E 마지막 시점에서의 온도 상승 제한(°K)	R	120	135	145	170	195

· R : 저항 측정 방법
· T : 저항 측정 방법이 어려울 때 온도계에 의한 측정

절연 권선은 적절한 보호 기구에 의하여 정격 사용시에는 물론 예상되는 과부하에서도 제한 온도를 초과하지 않도록 보호받아야 한다.

외부 침입 물질에 대한 용기의 조건으로는 나충전 부품에 대해서는 IP 54 보호 등

급이 요구되고, 절연된 충전 부품에 대해서는 IP 44에 의하여 보호되어야 한다. 그러나 회전기와 기동 저항기에 대한 용기는 완화된 보호 등급이 적용된다. 그러므로 회전기가 깨끗이 유지된 옥내에 설치되고, 잘 훈련된 운전원에 의하여 보호받을 경우에는 IP 20까지 허용된다. 그러나 단자함은 여전히 IP 54가 요구된다.

3. 안전증 모터

외부 냉각 팬을 가진 전폐형 회전기의 공기 인입구는 IP 20, 공기 배출구는 IP 10의 보호 등급이 적용된다.

구름 베어링(rolling bearing)이 장착된 고정자와 회전자 사이의 방사상의 간격은 표 30에 나타난 수치보다 더 작아서는 안 되며, 이 수치는 회전기가 완전히 정지한 상태에서 측정된 값이다.

[표 4-30] 구름 베어링이 장착된 회전기의 최소 간격 수치

극 수	회전자 직경 D(mm)에 대한 간격의 최소치		
	$D \leq 75$	$75 < D \leq 750$	$D > 750$
2	0.25	$0.25 + \dfrac{D-75}{300}$	2.7
4	0.20	$0.2 + \dfrac{D-75}{500}$	1.7
6 이상	0.20	$0.2 + \dfrac{D-75}{800}$	1.2

① 극수 변환 회전기는 작은 극수에 대한 값을 취한다.

② 미끄럼 베어링(sleeve bearing)을 장착한 회전기는 표 30에 나타난 수치에 1.5배를 곱한 수치를 갖는다.

③ 철심 길이 L(core length)가 회전자 직경 D의 1.75배를 초과하는 경우, 즉 $L > 1.75D$일 때는 표 30에 나타난 수치에 $\dfrac{L}{1.750}$을 곱한 수치를 적용한다.

농형 회전자의 도체(bar)는 단락환(short-circuiting ring)과 일체의 기구로 제작되거나 만일 불가능할 경우에는 도체를 단락환에 놋땜이나 용접으로 접속하고 도체는 슬롯(slot)에 단단히 장착하여 기동시나 과부하 상태에서 스파크나 아크 그리고 고온 부위가 발생하지 않도록 한다.

회전자의 제한 온도는 특별히 지정하지 않으면 나충전부의 온도가 300℃를 넘지 않도록 한다.

농형 회전자를 갖는 회전기나 기동용 농형 회전자를 갖은 동기형 회전 기기 (synchronous machine)에 대해서는 허용 구속 시간 t_E와 기동 전류 비율 I_A/I_N의 자료가 제출되어 기동시나 회전자 구속이 발생한 사고시에 권선이 제한 온도를 초과하기 전에 전원을 차단할 수 있도록 적절한 보호 기구가 선택되어져야 한다.

허용 구속 시간은 기동 전류 비율과 상관 관계가 있으며, 일반적으로 이 비율이 7을 넘지 않는 경우에는 보호 기구가 작동하기 시작하여 차단기가 차단 동작을 마칠 때까지 필요한 허용 구속 시간이 10초에서 5초까지 된다. 그러나 어떠한 경우에도 5초보다 작은 값을 갖을 수는 없다.

4. 안전증 전등 기구

안전증 방폭형의 조명 기구는 조명 기구가 갖는 높은 온도 특성과 램프가 파괴되었을 시에 있을 수 있는 폭발 위험 때문에 많은 제약이 있고, 다음과 같은 램프만이 사용가능하다.

① 단극핀을 갖고, 시동을 위한 예열 기구 없이 고압으로 시동되는 형광 램프

② 텅스텐 코일(tungsten coil)을 갖은 백열 램프

③ 믹스트 라이트 램프(mixed light lamp ; 브렌디드 램프(blended lamp))

④ 램프의 벌브(bulb) 파손 후 10초 이상 제한 온도를 초과할 우려가 없는 광원

물론 벌브 파손 후에 10초 이상 제한 온도를 초과하지 않는다는 조건에는 쌍극 예열 기구에 의한 예열 시동형 형광 램프와 저압 나트륨 램프를 제외한 방전 램프와 브렌디드 램프, 백열 램프 그리고 단극형 형광 램프가 포함된다.

저압 나트륨 램프는 아크 튜브(arc tube)에 순수한 메탈형 나트륨(metallic sodium)이 포함되어 있고, 이것이 벌브 파손 후에 즉시 공기중의 습기와 결합하여 발열 반응을 시작하고 이 열에 의하여 고온으로 상승하므로 방폭 지역에서는 원칙적으로 사용이 금지된다.

다만 쌍극 형광 램프의 경우는 벌브 파손 후에도 예열 기구가 남아 있어서 전원이 연결되어 있는 동안은 예열이 계속되어 위험하다. 그러나 만일 안전증 형광 등기구가 한국이나 일본 그리고 약간의 차이는 있지만 미국에서와 같이 방폭 지역 중 2종 장소에서만 사용한다면 쌍극형 형광 램프가 안전증 등기구에 사용되는 일이 허락되고 있다. 이는 2종 장소의 정의에 의하여 공정 기기의 사고에만 위험성 가스가 발생하고, 이 경우 폭발 위험 하한값을 넘는 위험 지속 시간을 일반적으로 2시간 이내로 추산할 때 이 시간 동안에 램프의 벌브가 파손하여 점화원이 될 확률이 아주 낮기 때문이다.

등기구내의 광원은 글로브(globe)라고 칭하는 투명한 덮개에 의하여 보호되어야 한

다. 그리고 등기구 용기 중 이 투명한 부위는 가드(guard)에 의하여 보호를 받는다. 투명 부품은 규소 유리와 같은 적합 물질로 만들어지고, 사용중 예상되는 가장 높은 온도에서 화학적, 물리적으로 안정성을 갖어야 하며, 다음 표 31 에 나타난 시험을 받은 후에 IP 54의 보호 등급을 만족시켜야 한다.

[표 4-31] 안전증 등기구의 기계적 강도 시험

등기구 사용 램프	1 kg 무게의 강도 시험 기구의 낙하 높이(m)		
	용 기	투명 부품	보호 가드
백열 램프	1.4	0.2	1.4
방전등	0.7	0.2	0.7

단, 투명 부품이 보호 가드에 시행하는 기계적 강도 시험에 합격한다면 보호 가드의 장착이 면제된다. 또한 투명 부품은 기계적 강도뿐만 아니라 사용중 최고 온도의 상태에서 20℃의 물에 의한 살수 시험과 같은 열 쇼크(thermal shock)에도 견뎌야 한다.

등기구의 램프 홀더(lamp holder)는 램프의 캡(cap)이 장착된 상태에서 내압 방폭을 형성하거나 다른 적합한 방법에 의하여 설계된 램프 홀더가 시험에 의하여 방폭 성능이 보장되는 경우 사용 가능하다. 이 경우에는 규정에 관계 없이 250 V 이하의 광원에서는 절연 거리와 연면 거리가 최소한 3 mm까지 허용된다. 램프 캡의 테(rim)와 납땜된 곳의 온도는 특별히 낮은 온도로 지정하지 않는 한 195℃를 초과할 수 없다.

안전증 등기구의 용기 내외의 온도는 규정된 온도 제한 수치를 초과할 수 없으나, 등기구 내부의 온도가 특정한 위험 가스의 점화 온도보다 적어도 50°K만큼 낮은 것이 시험에 의하여 확인된 경우에는 제한 온도 규정이 제한받지 않는다.

램프의 벌브와 보호 글로브 사이의 간격은 램프의 전력량에 따라서 최소한의 거리를 유지해야 하며, 이는 벌브의 어떠한 특정 부분의 온도가 다른 부분의 온도보다 높아지지 않도록 대류의 효과를 높이기 위함이다.

[표 4-32] 램프의 벌브와 글로브의 간격

램프의 전력량 P(W)	최소 간격(mm)
$P > 500$	30
$500 \geqq P > 200$	20
$200 \geqq P > 100$	10
$100 \geqq P > 60$	5
$60 > P$	3

① 형광등에 있어서 원통형 글로브인 경우 이 간격은 최소한 2 mm 이상이면 된다.

② 판형(plain plate) 글로브에서는 이 간격이 최소한 5 mm 이상이어야 한다.

등기구에서의 램프 교체는 전원이 개방된 후에만 가능하다는 경고 표시가 있어야 하고, 그렇지 않을 경우에는 전원이 폐로 상태에서도 램프 교환시 폭발할 위험이 없도록 인터로크 장치 등이 마련되어야 한다. 그리고 램프 홀더는 나충전 부품으로 간주되므로 등기구의 보호 등급은 IP 54 이상이 적용된다.

자체 용기내에 전원을 갖고 있는 휴대용 전등과 모자 전등은 전력을 공급하는 바테리의 전해액의 화학적인 부식에 강한 물질로 만들어져야 한다. 그리고 전해액의 누출은 어떠한 곳에서도 일어나서는 안 된다. 이동하면서 사용해야 하는 이들 등기구는 등기구가 완전히 조립된 상태로 1 m의 높이에서 콘크리트 바닥 위로 낙하 시험을 실시한 후에도 안전증 방폭 성능을 유지해야 한다.

광원을 담고 있는 벌브를 기계적 파손으로부터 보호하기 위해서는 3.5 mm 두께의 유리로 된 글로브가 장착되고 또한 글로브는 가드에 의하여 보호되어야 한다. 글로브와 가드의 충격 시험은 안전증 등기구의 일반 시험에 따른다. 만일 글로브의 노출면이 2500 mm^{2}를 초과하지 않을 경우에는 글로브 보호 가드는 벌브 밖으로 돌출된 테에 의하여 대체될 수가 있다. 램프 벌브와 글로브 사이의 거리는 적어도 3 mm 이상 이어야 한다. 등기구와 전원이 분리되어 있는 경우는 케이블 인입부와 케이블은 150 N의 힘에 의한 신장 내력 시험에 합격해야 한다.

5. 안전증 측정 계기와 계기용 변성기

계기와 계기용 변성기는 정격 전류와 정격 전압의 1.2 배의 전류와 전압이 연속적으로 가압되어도, 홀더에는 어떠한 하자도 발생하지 않아야 하고 또한 규정 온도를 초과하지 않아야 한다. 열적 전류 한도 I_{th}와 같은 전류가 흐르는 1초 동안에 상승된 온도는 규정 온도를 초과할 수 없으며 어떠한 경우에도 200℃를 넘을 수 없다.

전류 변류기와 계기 중 전류가 흐르는 부품은(전압 회로에는 적용이 안 된다) 표 33에 나타난 열적 전류 한도나 기계적 전류 한도와 같은 전류가 흐름으로써 일어나는 열적, 기계적 스트레스에 견디고 안전에 대하여 어떠한 하자도 없어야 한다.

[표 4-33] 단락 전류의 영향에 대한 내구력

한도 전류	측정 계기의 전류가 흐르는 부품	변류기
열적 전류 한도 I_{th}	$I_{th} \geqq 50 \times I_N$	$I_{th} \geqq 100 \times I_N$
기계적 전류 한도 I_{DYN}	$I_{DYN} \geqq 1.3 \times 125 \times I_N$	$I_{DYN} \geqq 1.3 \times 250 \times I_N$

· I_N은 정격 전류를 표시한다.

계기에 흐르는 전류가 전류 변류기를 통하여 공급되는 경우의 열적 전류 한도와 기계적 전류 한도의 수치는 일차 권선에 한도 수치의 전류가 흐를 때 단락된 이차 권선에 흐르는 전류의 수치를 적용한다.

열적 그리고 기계적 한도 수치와 같은 전류에 대한 내구성을 갖아야 하는 측정 계기의 특성 때문에 안전증 방폭 용기에는 가동 코일형(moving coil) 계기는 사용할 수 없고, 가동 철편형(moving magnet)과 같은 전류가 흐르는 부품이 고정되어 있는 계기가 사용된다.

안전증 방폭 기기의 표시는 $Exe \, \text{II} \, T_2$와 같이 온도 표시와 더불어 전기 기기에 대한 다음 사항들이 표시되어야 한다.

① 정격 전압과 정격 전류

② 기동 전류 비율 I_A/T_N과 허용 구속 시간 t_E

③ 열적 전류 한도 I_{th}와 기계적 전류 한도 I_{DYN}

④ 전등 기기에 대해서는 최대 램프 정격

⑤ 깨끗한 옥내에서만 사용되어야 하는 등의 특별 사항

⑥ 특별한 보호 장치 사양

17 내압 방폭

내압 방폭(flame proof protection)은 방폭 기기에 기본이 되는 방폭 방법이고, 방폭 개념의 발전 초기에는 오직 내압 방폭만이 방폭으로서 고려되었던 시기가 있었던 만큼 근본이 되는 원시적인 방법이다. 다른 방폭 개념이 발전하고 그 이론에 근거한 방폭 방법이 개발되었지만 지금도 방폭 기기의 80% 이상이 내압 방폭으로 생산되고 있음을 감안할 때 방폭 분야는 아직도 발전할 수 있는 여지가 많다. 그렇다면 내압 방폭과 다른 방폭이 어떠한 차이가 있는지 다음과 같은 조건에 대하여 알아본다.

① 온도

② 용기내의 위험 가스의 존재 유무

③ 용기내의 폭발 가능성 유무

④ 용기내의 스파크 부품과 고온 부품에 대한 방폭 방법

⑤ 하나의 전기 기기에 두 종류 이상의 방폭 형태가 병행하여 시행되는 경우

⑥ 대표되는 전기 기기

1. 내압 방폭의 온도 조건

내압 방폭에 있어서 온도 조건은 정상 운전이 되고 있을 때에는 용기 표면의 온도가 주위의 위험 가스의 점화 온도보다 낮아야 하며, 내부에서 폭발이 일어났을 경우에도 표면 온도는 점화 온도보다 낮아야 한다. 그리고 폭발시에 용기의 틈새로 새어나오는 폭발 가스의 온도도 새어나오는 도중에 폭발 가스가 냉각되어 점화 온도 이하로 내려가도록 틈새의 조건이 맞아야 한다.

용기 내부에는 정상 운전시 스파크 부품과 고온 부품이 존재하고, 용기 내부에 위험 가스가 존재할 가능성이 있으므로 고온 부위와의 접촉이나 스파크에 의하여 용기 내부에서 폭발이 일어날 수 있다는 가정에 따라 방폭 조치를 취하고 있다. 그러므로 용기 내부에 있는 전기 기기의 부품에 대해서는 특별히 다른 방폭의 조치가 필요하지 않다.

내압 방폭은 0종 장소 이외의 위험 장소에 설치되는 모든 전기 기기, 특별히 다른 형태의 방폭 방법으로 방폭의 목적을 달성하기가 여의찮은 전기 기기 전반에 대하여 사용된다.

2. 안전증 방폭과 비착화 방폭의 온도 조건

안전증 방폭과 비착화 방폭에 있어서는 정상 운전중일 때뿐만 아니라 예기할 수 있는 과부하가 발생하였을 경우에도 용기 외부 표면과 용기 내부에 장착된 부품의 표면 온도가 제한 온도 이상, 즉 위험 가스의 점화 온도 이상으로 올라갈 수가 없다. 따라서 위험 가스와 접촉할 수 있는 전기 기기의 어떠한 점의 온도도 위험 가스의 점화 온도를 초과할 수 없다.

용기내에서는 정상 운전시나 예기되는 과부하 상태에서도 스파크나 아크가 발생하지 않고 고온 부위가 존재해서는 안 된다. 이를 위하여 특별히 스파크나 아크가 발생할 수 있는 조건을 제거하거나 완화하기 위하여 절연 거리와 연면 거리에 제한을 두어 규정하고 있다. 즉, 사고에 의한 스파크나 아크가 일어날 수 있는 조건을 완화시켜 안전성을 증진하고 있다. 그리고 점화 온도를 초과하는 고온 부위는 원리적으로 이 방폭 분야에서는 제외되지만, 비착화 방폭에서는 이 고온 부위가 내압 방폭 등에 의하여 별도로 방폭이 시행되고 그 부분의 표면 온도가 점화 온도를 초과하지 않을 경우에는 적용이 가능하다.

그리고 회전기와 같이 기동시나 과부하 상태에서 온도가 만일 규정된 제한 온도 이상으로 올라갈 수 있는 가능성이 있는 경우에는 보호 기구에 의하여 전원을 차단하여 온도가 규정 온도 이상으로 올라가지 않게 한다.

따라서 용기 내부에서는 원천적으로 폭발이 일어날 수 없다. 다만 과부하 이외의 사고에 의한 스파크, 즉 단자대에서 접점 볼트가 풀려서 스파크가 발생하는 경우와 같은 사고에 의하여 점화원이 되는 경우는 고려하지 않는다. 안전증 방폭과 비착화 방폭에서 스파크나 아크가 발생하는 부품은 내압이나 몰드 방폭 등 다른 방폭 형태로 방호를 시행하고, 정상 운전중에는 스파크나 아크를 발생하지 않는 부품과 같이 방폭을 시행하는 병행 방폭 형태가 많이 개발되어 사용되고 있다. 이들 안전증과 비착화 방폭은 스파크나 아크 또는 고온 부품이 없는 전기 기기 전반에 걸쳐서 사용되고 있다. 특히, 전등 기구, 모터, 단자함이 그 대표적 사용 예이다. 여기서 안전증 방폭은 1종 장소나 2종 장소에 모두 사용할 수 있고, 비착화 방폭은 2종 장소에서만 사용이 가능하다. 다만 한국과 일본에서는 안전증 방폭도 2종 장소에서만 사용되는 일이 관례화되어 있어서 조금 모호한 점이 많다.

3. 유입 방폭·압력 방폭·사입 방폭·몰드 방폭의 온도 조건

유입 방폭, 압력 방폭, 사입 방폭, 몰드 방폭에 있어서 용기의 표면 온도는 제한 온도를 초과할 수 없고, 용기 내부에서는 원칙적으로 위험 가스 침입이 봉쇄되므로 내부의 온도는 사용되는 매체에 의해서만 온도 상승이 제한된다. 유입 방폭에 있어서는 유면의 자유 표면 온도도 점화 온도를 초과할 수가 없다. 용기 내부에서의 폭발은 위험 가스가 스파크 부품이나 고온 부위와 접촉할 수 없기 때문에 원천적으로 봉쇄되어 일어날 수 없다.

사입 방폭과 몰드 방폭은 방폭 전기 기기의 부품에 사용되어 2종류 이상의 방폭 형태의 적용에, 특히 안전증 방폭과 비착화 방폭에 많이 사용되고 있다. 유입 방폭은 변압기와 차단기에 사용되고, 압력 방폭은 조정함과 계기 중 분석 계기에 주로 사용된다. 사입 방폭과 몰드 방폭은 계기나 소형 부품에 주로 적용되고, 몰드 방폭의 적용 범위는 앞으로 계속 확대되어갈 전망이다.

4. 본질 안전 방폭의 온도 조건

본질 안전 방폭은 특성상 발생하는 에너지가 위험 가스를 점화시킬 수 있는 양보다 적음으로 어떠한 스파크나 아크도 점화원이 되지 않고 기기의 어떠한 부분의 온도도 점화 온도 이상으로 올라가지 않는다. 따라서 폭발은 본질적으로 배제된다.

최근 10년내에 발전한 방폭 기술에 따라 계기 분야에 많이 이용되고 있다.

이상에서 살펴 본 바와 같이 내압 방폭은 용기 내부에서 폭발이 일어날 수 있다는 가정에서 출발하여 용기 밖의 주위에 있는 위험 가스에서는 폭발이나 화재가 일어나지 않게 하여 크고 위험한 사고를 방지하는 방법으로, 다른 방폭 형태에서는 폭발을 원천적으로 봉쇄하고 있는 사실과는 그 개념이 전혀 다르다.

5. 내압 방폭 고유 용어의 정의

(1) 내압 방폭

내부에서 가연성 가스가 폭발하였을 경우 그 폭발 압력에 견디고, 폭발시 발생하는 불꽃이 틈새나 구조적인 접합면을 통하여 용기 밖에 존재하는 위험 가스에 점화시키지 못하게 하며, 또한 용기 표면의 온도에 의해서도 점화가 일어나지 않도록 설계된 방폭 기기를 말한다.

(2) 용기의 체적(volume)

원칙적으로는 전체의 체적을 말하나 실제적으로는 용기 내부에 장착된 부품이 차지하는 부피를 제하고 남은 자유 체적(free volume)을 지칭하는 경우가 많다.

(3) 접합면(joint)

용기를 구성하는 두 개의 다른 부분 중 상응하는 면이 접촉하는 면접촉을 말하며, 내부 폭발시 불꽃이 새어나와 밖에 있는 위험 가스에 점화되지 않도록 조작된 면접촉이다.

(4) 접합면의 폭(width of joint)

내압 방폭 용기의 내부로부터 밖으로 접합면에 연해서 측정한 가장 짧은 거리를 말한다.

(5) 접합면의 틈새(gap of flameproof joint)

접합면의 면에 수직으로 측정한 두 면 사이의 거리를 말한다. 원통형 면접합에서는 두 면의 지름의 차이가 틈새가 된다.

(6) 평면 접합(joint of flat or flange)

두 면이 평면으로 병행하면서 접촉하는 면을 말한다.

(7) 마개 접합(joint of spigot)

두 개 혹은 그 이상의 평면이 직각으로 병행하여 접촉하는 면들을 총괄하여 지칭하는 말이다.

(8) 나사 접합(threaded joint)

나사의 내면과 외면이 서로 연합하여 만드는 접합의 총체를 말한다.

(9) 축(shaft)

원통형의 부품으로 회전하는 힘을 전달하는 기구를 말한다. 회전축이라고도 한다.

(10) 작동 기구(operating rod or spindle)

원통형 부품으로 회전하는 힘이나 직선 운동을 하는 힘 또는 두 개를 조합한 운동의 힘으로 조정하는 움직임을 전달하는 기구를 말한다.

(11) 압력 충첩(**pressure piling**)

폭발 압력이 예를 들면 내부에 장착된 부품이나 칸막이의 영향으로 예정된 압력 이상으로 상승하는 현상을 말한다.

6. 내압 방폭의 구조적인 특성

내압 방폭 구조를 이야기할 경우에는 최대 안전 틈새(maximum experimental safe gap)를 고려하여야 하고, 이 안전 틈새는 가스의 특성에 따라 분류한 가스 그룹(gas group)에 의하여 또한 정해진다. 방폭을 논의할 경우 특별히 내압 방폭을 이야기할 경우는 가스 그룹에 따른 용기의 그룹화(grouping of enclosure)가 선행되어야 한다. 이야기가 어렵게 전개되었으나 간단히 말하면 가스의 그룹에 따라 그에 상응하는 용기가 필요하게 되고, 그들 용기는 자연히 가스 그룹에 따라 다르게 설계되고, 제작되어야 한다는 논리이다. 용기는 그룹 I 과 그룹 II 로 분류된다.

그룹 I (group I)은 탄광 광구에서 발생하는 메탄 가스에 사용되는 용기를 말한다. 그룹 II (group II)는 그룹 I 의 탄광 메탄 가스를 제외한 산업용 가스 전반에 사용되는 용기를 일컬으나 이러한 용기는 실제로는 사용되지 않고 가스 그룹 A, B, C에 따라 IIA, IIB, IIC로 다시 세분화 되며 이들 용기는 최대 틈새에 따라 나누어지고 표 34, 표 35, 표 36에 나타난 바와 같다. 여기서 틈새를 이루는 접합면의 표면 거칠기는 평균 수치로 6.3μm 이하이어야 한다.

[표 4-34] 그룹 IIA 용기의 접합면의 틈새 깊이와 최대 틈새 허용치

접합면의 종류	틈새의 깊이 L(mm)	내용적 V(cm³)에 따른 최대 틈새 (mm)		
		$V \leqq 100$	$100 < V \leqq 2000$	$2000 < V$
평 면 접 합 마 개 접 합 원 통 접 합	$6 \leqq L < 12.5$ $12.5 \leqq L < 25$ $25 \geqq L$	0.3 0.3 0.4	— 0.3 0.4	— 0.2 0.4
미끄럼 베어링 을 갖은 회전축 의 그랜드의 원 통 접합	$6 \leqq L < 12.5$ $12.5 \leqq L < 25$ $25 \leqq L < 40$ $40 \leqq L$	0.3 0.35 0.4 0.5	— 0.3 0.4 0.5	— 0.2 0.4 0.5
구름 베어링을 갖은 회전축의 그랜드의 원통 접합	$6 \leqq L < 12.5$ $12.5 \leqq L < 25$ $25 \leqq L < 40$ $40 \leqq L$	0.45 0.5 0.6 0.75	— 0.45 0.6 0.75	— 0.3 0.6 0.75

- 평면 접합 : flanged joint
- 마개 접합 : spigot joint
- 원통 접합 : cylindrical joint
- 미끄럼 베어링을 갖은 회전축의 그랜드의 원통 접합 : shaft glands of rotating machine with sleeve bearings.
- 구름 베어링을 갖은 회전축의 그랜드의 원통 접합 : shaft glands of rotating machine with ball or roller bearings.

[표 4-35] 그룹 ⅡB 용기의 접합면의 틈새 깊이와 최대 틈새 허용치

접합면의 종류	틈새의 깊이 L(mm)	내용적 V(cm³)에 따른 최대 틈새(mm)		
		$V \leqq 100$	$100 < V \leqq 2000$	$2000 < V$
평면 접합 마개 접합 원통 접합	$6 \leqq L < 12.5$ $12.5 \leqq L < 25$ $25 \leqq L$	0.2 0.2 0.2	— 0.2 0.2	— 0.15 0.2
미끄럼 베어링을 갖는 회전축의 그랜드의 원통접합	$6 \leqq L < 12.5$ $12.5 \leqq L < 25$ $25 \leqq L < 40$ $40 \leqq L$	0.2 0.25 0.3 0.4	— 0.2 0.25 0.3	— 0.15 0.2 0.25
구름 베어링을 갖는 회전축의 그랜드의 원통 접합	$6 \leqq L < 12.5$ $12.5 \leqq L < 25$ $25 \leqq L < 40$ $40 \leqq L$	0.3 0.4 0.45 0.6	— 0.3 0.4 0.45	— 0.2 0.3 0.4

(1) 그룹 ⅡA와 ⅡB에 있어서 가끔씩 조작하는 조작축(operating rod and spindle의 원통 접합면은 고정된 원통 접합면(cylindrical joint)으로 간주한다.

(2) 그룹 ⅡA와 ⅡB에 있어서 조작축의 지름이 틈새 깊이의 최소 수치보다 클 경우에는 틈새 깊이는 그 지름 이상이어야 하나 25 mm보다 큰 것은 요구하지 않는다.

(3) 그룹 ⅡA와 ⅡB에 있어서 회전기 축의 지름이 틈새 깊이의 최소 수치보다 클 경우에는 틈새 깊이는 그 지름보다 커야 하나 25 mm보다 큰 것은 요구하지 않는다.

(4) 그룹 ⅡC에 있어서 아세틸렌에 의한 위험 가스 지역에서는 용기의 내용적의 크고 작음에 관계 없이 평면 접합이 허용되지 않는다.

(5) 내압 방폭에서 틈새를 의도적으로 만들 필요는 없고 제작이나 조립시에 불가피하게 틈새가 있게 되지만 이 때도 위에서 규정한 최대 허용 틈새 이상이 되서는

[표 4-36] 그룹 ⅡC 용기의 접합면의 틈새 깊이와 최대 틈새의 허용치

접합면의 종류	틈새의 깊이 L(mm)	내용적 V(cm³)에 따른 최대 틈새(mm)			
		$V \leqq 100$	$100 < V \leqq 500$	$500 < V \leqq 2000$	$2000 < V$
평면접합	$6 \leqq L < 9.5$	0.1	—	—	—
	$9.5 \leqq L$	0.1	0.1	—	—
마개 접합 (원통 접합만 취급) $L=d$ (그림 6)	$6 \leqq L < 12.5$	0.1	0.1	—	—
	$12.5 \leqq L < 25$	0.15	0.15	0.15	—
	$25 \leqq L < 40$	0.15	0.15	0.15	0.15
	$40 \leqq L$	0.2	0.2	0.2	0.2
마개 접합 (원통 접합과 평면 접합 취급) $c \geqq 6\,\text{mm}$ $d \geqq 0.5L$ $L=c+d$ $f \leqq 1\,\text{mm}$ (그림 6)	$12.5 \leqq L < 25$	0.15	0.15	0.15	—
	$25 \leqq L < 40$	0.18	0.18	0.18	0.18
	$40 \leqq L$	0.2	0.2	0.2	0.2
원통 접합	$6 \leqq L < 9.5$	0.1	—	—	—
	$9.5 \leqq L < 12.5$	0.1	0.1	—	—
	$12.5 \leqq L < 25$	0.15	0.15	0.15	—
	$25 \leqq L < 40$	0.15	0.15	0.15	0.15
	$40 \leqq L$	0.2	0.2	0.2	0.2
구름 베어링을 갖은 회전축의 그랜드의 원통 접합	$6 \leqq L < 9.5$	0.15	—	—	—
	$9.5 \leqq L < 12.5$	0.15	0.15	—	—
	$12.5 \leqq L < 25$	0.25	0.25	0.25	—
	$25 \leqq L < 40$	0.25	0.25	0.25	0.25
	$40 \leqq L$	0.3	0.3	0.3	0.3

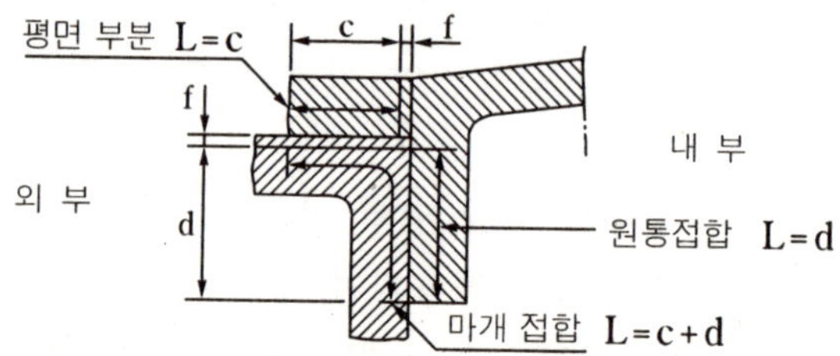

[그림 4-6] 마개 접합의 접합면 측정

안 된다.

(6) 접합면이 볼트 구멍 등에 의하여 차단될 경우 구멍 테두리에서부터 접합면 끝부분까지의 최소 거리 l은 표 37과 같다.

[표 4-37] 접합면에서 볼트 구멍 가장자리까지의 거리

틈새의 깊이 L(mm)	구멍 테두리에서 접합면까지의 최소 거리 l(mm)
$L<12.5$	6
$12.5 \leqq L < 25$	8
$25 \leqq L$	9

(7) 접합면의 길이 L과 볼트 구멍 테두리까지의 측정은 그림 7과 같다.

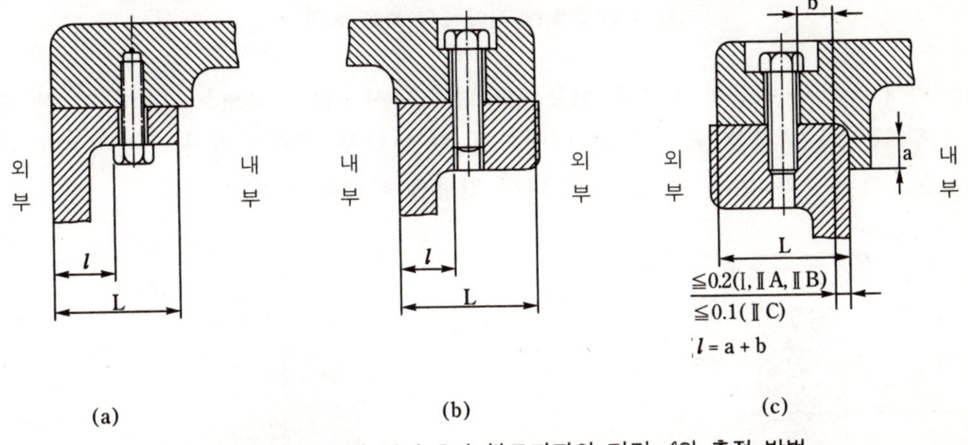

[그림 4-7] 접합면 길이 L과 볼트까지의 거리 l의 측정 방법

(8) 마개 접합에 있어서도 구멍까지의 거리 l이 오직 평면 접합만을 고려할 경우에는 평면 접합의 규정을 따른다. 그러나 원통 접합도 계산에 넣을 경우에는 그림 7의 (c)에서와 같이 거리 l은 평면 접합 부분 b와 원통 접합 부분 a를 합산하여 계산한다. 이 경우에는 다음과 같은 부가적인 규정이 요구된다. 평면 접합과 원통 접합이 만나는 곳의 틈새 f(그림 6 참조)의 최대 허용치는 1 mm이다. 그리고 원통 접합 부분의 틈새는 ⅡA와 ⅡB 그룹에서는 0.2 mm보다 작거나 같은 수치를 갖으며, 그룹 ⅡC에서는 0.1 mm가 된다.

(9) 개스킷(gasket)이나 패킹(packing)이 습기나 분진 혹은 액체가 끼는 일을 막기 위하여 사용될 경우 이들 물질을 오직 부가적으로만 사용하고, 내압 방폭 기구의 일부분으로 사용해서는 안 된다.

그림 8에 나타난 접합면 측정 규정은 케이블 인입부에는 적용되지 않는다.

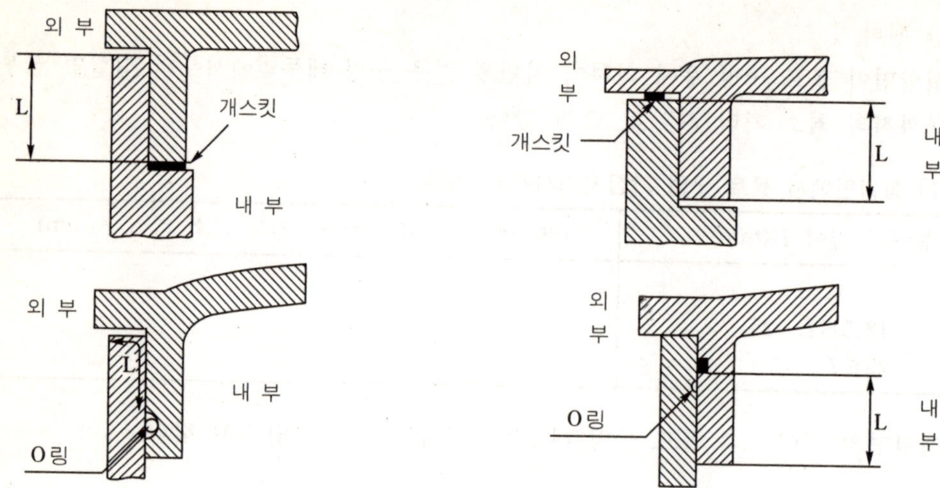

[그림 4-8] 접합면 길이 L의 측정 예제

(10) 마개 접합의 원통형 부분과 원통 접합면이 나사 접합(threaded joint)이 될 경우에는 나사 접합 규정에 따라 연속된 완전 나사 물림이 5산 이상이어야 하고, 그림 9와 같다. 그림 10의 마개 접합과 비교해 보자.

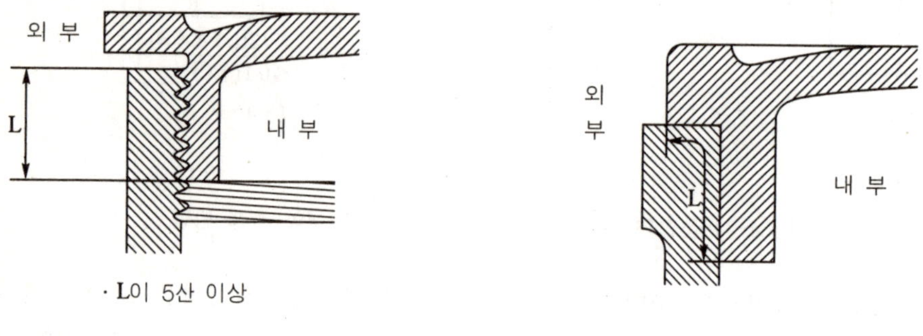

· L이 5산 이상

[그림 4-9] 원통 접합면

[그림 4-10] 마개 접합

(11) 절연 물체나 유리와 같은 투광성 부품이 용기면에 직접 접착제에 의하여 접착되어 있는 경우에는 앞에서 이야기한 접합면 규정에 적용받지 않는다. 그러나 사용되는 접착제나 실 재질은 화학적으로 안정되고 불활성이어야 하고, 여러 종류의 용매(solvent)에 작용받지 않아야 한다. 이와 같이 사용되는 접착제나 실 물질은 어떠한 경우에도 내압 방폭 특성이 변해서는 안 된다. 이를 이루기 위하여 접착면의 깊이는 용기의 내용적이 100 cm³ 이하인 경우에는 6 mm 이상, 100 cm³ 이상인 경우에는 10 mm 이상이어야 한다.

(12) 회전기의 축이 용기의 벽을 관통할 경우에는 그랜드가 마련되어서 내압 방폭

a) 평면 고정 그랜드　　b) 평면 고정 그랜드의 단면도

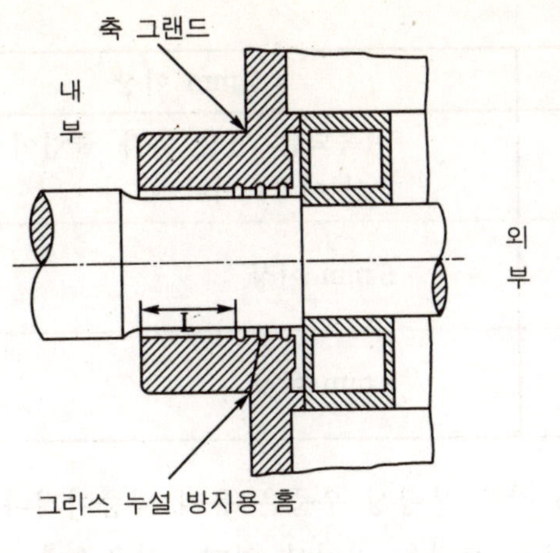

[그림 4-11] 평면 고정 그랜드 접합면 L의 측정 예제

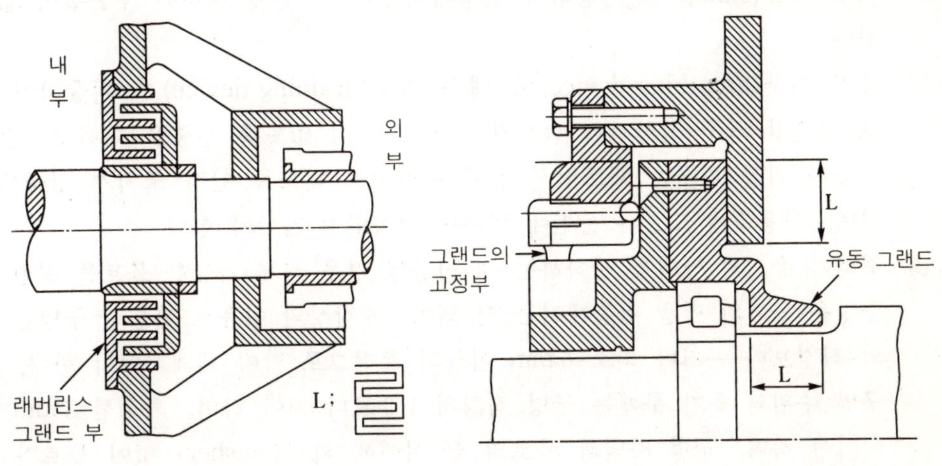

[그림 4-12] 레비린스 그랜드 접합면 L의 측정 예제

[그림 4-13] 유동 그랜드 접합면 L의 측정 예제

특성을 유지하도록 설계되어야 한다. 그랜드에는 그림 11, 12, 13 과 같이 평면 고정 그랜드(plain fixed gland), 레비린스 그랜드(labylinth gland), 유동 그랜드(floating gland)가 있다. 이 경우 윤활유 흐름을 위한 홈(groove)은 접합면에서 제외된다.

(13) 나사 접합은 면 접합의 틈새 깊이에 상응하는 접합면을 갖도록 나사 피치(pitch)와 접합 산수를 규정하고 있고, 표 38 과 같다.

[표 4-38] 나사 접합

나 사 피 치	0.7 mm 이상
물림 나사 산수	연속되는 완전 나사 물림이 5산 이상이어야 함
나사 접합의 직선 거리 내용적이 100 cm³ 이하일 때	5 mm 이상
나사 접합의 직선 거리 내용적이 100 cm³ 이상일 때	8 mm 이상

(14) 빛을 투과시키는 등기구의 유리와 같은 투광성 부품은 유리 제품이거나 유리와 같이 화학적으로 물리적으로 안정된 특성을 갖어야 하며, 사용중에 일어나는 최고 온도에 효과적으로 견딜 수 있어야 한다. 그리고 투광성 부품은 용기와 일체가 되도록 용기에 직접 접착하거나 개스킷 사용 여부에 관계 없이 용기에 직접 죄임(clamp)을 시행하여 현장에서는 이 부분에 대하여 후손질이 없도록 한다.

(15) 통기 기구(breathing device)나 배수 기구(draining device)가 기술적인 이유로 필요할 경우 접합면의 틈새가 커지는 일이 없도록 신중을 기하고, 분해가 가능한 이들 기구는 재조립시 틈새가 커지지 않도록 안전 조치가 강구되어야 하며, 사용중에 도료나 분진에 의하여 영향받지 않아야 한다.

(16) 죔쇠가 용기의 덮개를 장착하는 데 사용될 경우 해체 가능한 볼트를 위한 볼트 구멍은 용기의 벽을 관통해서는 안 되며, 제작상의 이유로 관통한 구멍은 구멍의 직경보다 큰거나 최소 6 mm 이상의 플러그로 막아 폐쇄하여야 한다. 또한 구멍 주위의 용기 두께는 구멍 직경의 1/3 보다 커야 하며, 최소한 3 mm 이상이어야 하며, 구멍 바닥과 볼트의 끝 사이에 와셔(washer) 없이 볼트가 완전히 장착되었을 경우에는 자유 공간이 있도록 설계한다.

내압 용기에 사용되는 볼트로서 외부에서 쉽게 풀 수 있을 경우에는 볼트의 머리는 가리개(shround)로 보호받아야 하고, 이 가리개는 볼트 머리보다 더 높게 튀어나와야 한다.

(17) 전선과 케이블의 연결에는 직접 인입형(type Y)과 간접 인입형(type X) 2종류가 있다.

① 케이블의 직접 인입은 틈 메우기 그랜드(packing gland)가 많이 사용되지만 용기의 내압 방폭 특성을 변화시키지 않는 실 물질을 용기에 직접 작용시켜 봉입하여 사용하기도 한다. 이 경우 케이블 길이는 최소한 3 m 이상이어야 한다.

② 간접 인입 방법에 있어서는 단자 박스(terminal box) 이용이 주로 사용된다. 단자 박스와 케이블과의 인입은 직접 인입 방법이 이용되며, 간접 인입에서는 플러그와 소켓을 가끔 사용하기도 한다.

7. 시 험

내압 방폭 기기는 방폭 기기 일반에 대하여 시행하는 시험 외에 기계적 강도를 확인하기 위하여 용기 내부에 압력을 가압하는 시험, 즉 폭발 강도 시험과 용기 내부에서 일어나는 폭발이 용기 외부 가스에 점화를 일으키는가를 확인하는 폭발 인화 시험을 시행한다. 이 경우 두 개의 용기가 조립된 기구는 각각의 용기에 대하여 시험을 시행한다. 회전기의 경우에는 정지 상태와 회전 상태에서 각각 시행한다. 회전 상태의 시험은 전원이 투입된 상태나 또는 전원이 차단된 상태에서 시행한다.

(1) 내압 용기에 대한 압력 시험은 두 단계에 의하여 시행된다.

① 첫번째의 폭발 시험은 기준 압력 시험으로 용기 내부에 시험 가스를 넣어 대기압 상태에서 폭발 시험을 시행하며, ⅡA와 ⅡB 용기 그룹에 대해서는 3회, ⅡC 용기 그룹에 대해서는 5회를 시행한다. 이 때 얻어진 압력 가운데 최고의 압력을 기준 압력으로 채택한다.

② 두번째는 기준 압력을 기준 삼아 압력 시험을 시행하며, 여기에는 공기나 물을 가지고 시행하는 정적 압력 시험과 동적 압력 시험(폭발 압력 시험)이 있다.

㉮ 폭발 압력 시험(동적 압력 시험)

용기내에 시험 가스를 넣고 기준 압력의 1.5배의 압력이 얻어지도록 폭발을 시행하여 시험을 수행한다. 이 경우에 압력 상승 속도는 기준 압력 결정시와 거의 같으며, 최소한 350 kPa 이상의 압력을 시험 압력으로 한다. 만일 기준 압력 설정이 곤란한 경우가 있다면 용기내 폭발 가스의 초기 압력을 대기압력의 1.5배로 가압하여 폭발 시험을 시행한다.

시험 횟수는 ⅡA와 ⅡB 용기 그룹에 대해서는 1회를 시행하고, ⅡC 그룹에 대해서는 3회를 실시한다.

㉯ 정적 압력 시험은 용기내에 물이나 공기 등을 기준 압력의 1.5배의 압력까지 채우고 10초 내지 60초까지 압력을 유지한다. 최소한 350 kPa 이상의 압력을 시험 압력으로 한다. 만일 기준 압력 설정이 어렵고 폭발 압력 시험도 여의치 않을 경우에는 ⅡA와 ⅡB 그룹 용기에 대해서는 1,000 kPa 압력을, 그룹 용기 ⅡC에 대해서는 1500 kPa의 정적 압력을 시험 압력으로 한다.

정적 압력은 Ⅱ그룹 용기에 한하여 1회를 실시한다.

내압 방폭 용기의 압력 시험 평가에서 용기가 시험 후 심하게 변형되거나 틈새의 크기가 규정된 수치 이상으로 벌어져 굳어진 상태가 않니면 만족한 것으로 평가한다.

(2) 폭발 인화 시험(test for non-transmission of an internal ignition)은 시험품의 용기를 시험조(test chamber)내에 장치하고 용기 내외를 시험 가스로 채워 놓고 용기내에서 폭발을 일으켜 용기 외부, 즉 시험조내의 가스가 점화하는가 확인한다.

① 용기 그룹 ⅡA와 ⅡB에서는 제작된 시험품을 갖고 5회까지 시험을 시행하여 시험조내의 가스에 점화가 일어나지 않으면 만족한 것으로 평가한다.

② ⅡC 용기 그룹에는 2가지 시험 방법이 있다.

㉮ 틈새를 의도적으로 다음 방식에서 얻어진 값까지 증가시켜 놓고 대기압 조건에서 시험을 5회까지 시행한다.

면 접합, 원통 접합, 축과 조작 기기에 대한 접합면 틈새를 결정하는 방정식은 $I_E = I_C + \frac{1}{2} I_T$ 이다.

여기서 I_E : 인위적 조작을 시행한 시험품의 틈새 수치

$\quad\quad I_C$: 제작품의 최대 틈새 수치

$\quad\quad I_T$: ⅡC 그룹에 규정된 틈새 수치

나사 접합의 경우에는 직선 나사(straight thread or parallel thread)의 접합 산수를 1/3을 줄인다. 단, 사선 나사(tapered thread)에서는 특성상 이를 시행할 수 없으므로 생략한다.

㉯ 정상적인 시험품을 갖고 시행한다. 단, 용기 내부와 시험조내에 채워진 가스 압력을 150 kPa까지 올려 놓은 상태에서 폭발 인화 시험을 시행한다.

③ 일상적인 시험(routine test)은 평상시 제품이 공인 기관에서 시험받은 제품과 다르지 않은가를 확인하기 위하여 시행하며, 정적 압력 시험과 폭발 압력 시험을 시행한다.

기준 압력을 측정하기가 곤란하고 폭발 압력 시험에 위험이 있을 경우에는 정적 압력 시험 압력으로 다음 값을 취한다. 그룹 ⅡA 용기에는 1500 kPa 그리고 그룹 ⅡB와 ⅡC 용기에 대해서는 2000 kPa로 시험한다.

폭발 압력 시험은 앞 절에서 이야기한 형식 시험에서 수행한 시험 절차에 따라서 시행한다. 또는 앞 절 폭발 인화 시험에서 ⅡC 그룹 용기에 시행한 절차에 따라 시행한다.

이 일상적인 시험에서도 역시 심한 변형이나 틈새가 규정 수치를 넘지 않으면
만족한 것으로 판정한다.

8. 용기의 표시

내압 방폭 전기 기기는 온도 표시와 더불어 용기의 그룹도 같이 표시한다.
(1) 그룹 용기 II A 와 온도 165℃ : $Exd\,\text{II}\,AT_3$
(2) 그룹 용기 II B 와 온도 410℃ : $Exd\,\text{II}\,BT_1$
(3) 그룹 용기 II C 와 온도 280℃ : $Exd\,\text{II}\,CT_2$

9. 현재 국제적으로 유통되는 내압 방폭의 규정 비교표

지금 사용되고 있는 내압 방폭 규정은 대략 4 종류이나 이 중 3 가지에 대하여 그 차
이점을 비교하여 보자.
(1) 한국 산업 안전 공단에서 발행한 검정 규격
(2) 국제 규격
(3) 미국 규격

한국 규격과 국제 규격간의 차이는 국제 규격을 번역하는 과정에서 국제 규격으로
변환된 일본 규격을 참조하였고 또한 일본 규격은 국제 규격으로 번혁하는 과정에서
유럽 규격을 참조하여서 결정하였다. 미국 규격은 내압 방폭을 기본으로 하고, 다른 종
류의 방폭은 부차적으로만 이용되며, 또한 위험 가스 분류가 다르다는 것에 큰 차이가
있다.

[표 4-39] 내압 방폭의 규격 내역 비교표

항목＼규격	한 국 규 격	국제 규격 (IEC)	미국 규격 (NEC)
규 격 의 개 요	국제 규격을 기본으로 하였으나 일본의 새로운 규격과 유럽 규격이 일부 혼합됨	IEC STANDARD 79—계열 79-1 : 내압 방폭 79-2 : 압력 방폭 79-5 : 사입 방폭 79-6 : 유입 방폭 79-7 : 안전증 방폭 79-11 : 본질 안전 방폭 79-15 : 비착화 방폭 79-18 : 몰딩 방폭	NFPA 70 으로 NEC 가 규정되고 이에 따라 UL 규격과 FM 규격으로 구분된다.

방폭의 종류	내압 방폭 : d 압력 방폭 : p 안전증 방폭 : e 유입 방폭 : o 본질 안전 방폭 : ia, ib 특수 방폭 : s	내압 방폭 : d 압력 방폭 : p 사입 방폭 : q 유입 방폭 : o 안전증 방폭 : e 본질 안전 방폭 : ia, ib 비착화 방폭 : n 몰딩 방폭 : m	내압 방폭 : NFPA 70 (NEC)에 의한 UL 698, FM 3615 본질 안전 방폭 : NFPA 493에 의한 UL 913, FM 3610 압력 방폭 : NFPA 496에 규정되어 있다.
위험 가스의 분류	그룹 Ⅰ : 탄광에서 발생하는 메탄 가스 그룹 Ⅱ : 공장이나 사업장에서 다루는 가스로 A, B, C 그룹으로 세분화됨 A, B, C 그룹의 분류는 다음과 같이 최대 안전 틈새(MESG) 범위와 최소 점화 전류(MIC) 비에 따라 분류된다. MESG(mm) 가스 분류 　0.9 이상 : A 　0.5~0.9 : B 　0.5 이하 : C MIC 가스 분류 　0.8 이상 : A 　0.45~0.8 : B 　0.45 이하 : C	→	Class Ⅰ 　Group A 　Group B 　Group C 　Group D 가스의 폭발 압력과 위험한 특성에 따라 NFPA 325M에서 규정한 방법으로 분류된다.
내압 방폭과 본질 안전 방폭 기기의 분류	가스의 분류에 따라 　그룹 ⅡA 　그룹 ⅡB 　그룹 ⅡC로 분류된다.	→	NFPA 497M 에 따라 　Group D 　Group C 　Group B 　Group A로 분류된다.
방폭 전기 기기의 온도 등급	최고 표면 온도(℃) 　T_1 : 450 　T_2 : 300 　T_3 : 200 　T_4 : 135 　T_5 : 100	→	최고 표면 온도(℃) 　T_1 　: 450 　T_2 　: 300 　T_{2A} : 280 　T_{2B} : 260 　T_{2C} : 230

	T_6 : 85		T_{2D} : 215 T_3 : 200 T_{3A} : 180 T_{3B} : 165 T_{3C} : 160 T_4 : 135 T_{4A} : 120 T_5 : 100 T_6 : 85
표준환경 조 건	주위 온도 : $-20\sim40℃$ 표고 : 1000 m 이하 상대 습도 : $45\sim85\%$	주위 온도 : $-20\sim60℃$ 기압 : $90\sim110$ kPa 상대 습도 : $45\sim85\%$	주위 온도 : 40℃ 산소 농도 : 21% 이하 압력 : 대기압
표시 방법	$E_x d$ Ⅱ A T_2 $E_x d$ Ⅱ B T_3 Exd Ⅱ C T_1	→→→	Class Ⅰ, Division 1 A, B 또는 C, D Class Ⅰ, Division 2
용 기 의 강 도 와 용기 재료	기준 압력 전압의 1.5배 의 압력에 견뎌내야 하 며, 용기의 재질로는 금 속이 주로 사용되나 플라 스틱 제품도 가능하다	→→→	기준 압력에 대하여 금속 주조물 : 4 배 철 재 물 : 2 배 절재 볼트류 : 3 배 금속이 주로 사용 되나 아연이나 마그네슘 합금 류는 사용이 안 된다. 알루미늄 합금은 80% 이 상이 알루미늄이어야 한 다.
접합면과 틈 새	그룹 Ⅱ A 평면 접합과 마개 접합 여기서 $6 \leqq L_1 < 9.5$ $9.5 \leqq L_2 < 12.5$ $12.5 \leqq L_3 < 25$ $25 \leqq L_4 < 40$ $40 \leqq L_5$ $V_1 \leqq 100$ cm³ 100 cm³ $< V_2 \leqq 500$ cm³ 500 cm³ $< V_3 \leqq 2000$ cm³ 2000 cm³ $< V_4 \leqq 6000$ cm³	→→→	Group D 평면 접합과 마개접합 V_1 V_2+V_3 V_4+V_5 L_1+L_2 0.15 — — L_3 0.15 0.15 0.15 L_4+L_5 0.2 0.2 0.2

6000 cm³ $< V_5$

2000 cm³ $< V_4 + V_5$

틈새와 틈새 깊이(mm)

	V_1	$V_2 + V_3$	$V_4 + V_5$
L_1	0.3	—	—
L_2	0.3	—	—
L_3	0.3	0.3	0.2
$L_4 + L_5$	0.4	0.4	0.4

그룹 ⅡB

평면 접합과 마개 접합

	V_1	$V_2 + V_3$	$V_4 + V_5$
L_1	0.2	—	—
L_2	0.2	—	—
L_3	0.2	0.2	0.15
$L_4 + L_5$	0.2	0.2	0.2

그룹 ⅡC 평면 접합

	V_1	V_2	V_3	$V_4 + V_5$
L_1	0.1	—	—	—
L_2	0.1	0.1	—	—

이상

마개 접합과 원통 접합

$L = d$ (그림 6)

	V_1	V_2	V_3	$V_4 + V_5$
$L_1 + L_2$	0.1	0.1	—	—
L_3	0.15	0.15	0.15	0.15
L_4	0.15	0.15	0.15	0.15
L_5	0.2	0.2	0.2	0.25

그룹 ⅡC 평면 접합

	V_1	V_2	V_3	V_4
ℓ_1	0.1	—	—	—
ℓ_2	0.1	0.1	—	—
ℓ_3	0.1	0.1	—	—
ℓ_4	0.1	0.1	0.4	0.4

마개 집합과 원통 접합

$L = d$ (그림 6)

	V_1	V_2	V_3	V_4
$L_1 + L_2$	0.1	0.1	—	—
L_3	0.15	0.15	0.15	—
L_4	0.15	0.15	0.15	0.15
L_5	0.2	0.2	0.2	0.2

Group C

평면 접합과 마개 접합

	V_1	$V_2 + V_3$	$V_4 + V_5$
$L_1 + L_2$	0.1	—	—
L_3	0.1	0.1	0.1
$L_4 + L_5$	0.1	0.1	0.1

Group B 평면 접합

여기서

$6 \leq \ell_1 < 9.5$

$9.5 \leq \ell_2 < 15.8$

$15.8 \leq \ell_3 < 25$

$25 \leq \ell_4$

	V_1	V_2	V_3	V_4
ℓ_1	0.05	—	—	—
ℓ_2	0.05	0.05	—	—
ℓ_3	0.05	0.05	—	—
ℓ_4	0.05	0.05	—	—

마개 접합

	V_1	V_2	V_3	V_4
$L_1 + L_2$	0.05	0.05	—	—
L_3	0.08	0.08	0.08	—
L_4	0.08	0.08	0.08	0.08
L_5	0.1	0.1	0.1	0.1

Group A 평면 접합

	V_1	V_2	V_3	V_4
ℓ_1	—	—	—	—
ℓ_2	0.02	0.02	—	—
ℓ_3	0.02	0.02	—	—
ℓ_4	0.02	0.02	0.02	0.02

	마개 접합(원통 접합+평면 접합)	마개 접합(원통 접합+평면 접합)	마개 접합
	$L=c+d$(그림 6) V_1 V_2 V_3 V_4+V_5 L_3 0.15 0.15 0.15 — L_4 0.18 0.18 0.18 0.18 L_5 0.2 0.2 0.2 0.2	$L=c+d$(그림 6) V_1 V_2 V_3 V_4 L_3 0.15 0.15 0.15 — L_4 0.18 0.18 0.18 0.18 L_5 0.2 0.2 0.2 0.2	V_1 V_2 V_3 V_4 L_1+L_2 0.05 0.05 — — L_3 0.08 0.08 0.08 — L_4 0.08 0.08 0.08 0.08 L_5 0.1 0.1 0.1 0.1
나사 접합	나사 피치 : 0.7 mm 이상 물림 나사 산수 : 연속된 완전 나사 산수가 5산 이상 나사 죔 길이 : 용기내 용적이 100 cm³ 이하 : 5 mm 이상 100 cm³ 이상 : 8 mm 이상	물림 나사 산수 : 5산 이상 나사 죔 길이 : 8 mm 이상 그룹 ⅡC 용기에 대하여 물림 나사 산수 태퍼 나사 : 5산 이상 평행 나사 : 6산 이상 나사 죔 길이 용적 100 cm³ 이하 : 9.5 mm 이상 용적 100 cm³ 초과 6000 cm³ 이하 : 12.5 mm 이상	Group C, D 피치 : 0.79 mm 이상 태퍼 나사 : 5산 이상 평행 나사 : 5산 이상 Group B, A 피치 : 1.27 mm 이상 태퍼 나사 : 5산 이상 평행 나사 : Group 나사 등급 1 2 3 B 7 6 5 A 8 7 6 1급 : 7 H/8 g 2급 : 6 H/6 g 3급 : 5 H/4 g

다음은 한국 규격과 다른 국제 규격에 따른 그룹 ⅡC에 대한 틈새와 틈새 길이를 미국 규격과 같이 표기한다.

[표 4-40] 국제 규격에 의한 그룹 ⅡC의 접합면의 틈새와 틈새 깊이

접합면의 종류	틈새의 깊이 L (mm)	내용적 V (cm³)에 따른 최대 틈새 (mm)				
		$V \leqq 100$	$100 < V \leqq 500$	$500 < V \leqq 1500$	$1500 < V \leqq 2000$	$2000 < V \leqq 6000$
평 면 접 합	$6 \leqq L < 9.5$	0.1	—	—	—	—
	$9.5 \leqq L < 15.8$	0.1	0.1	—	—	—
	$15.8 \leqq L < 25$	0.1	0.1	0.04	—	—
	$25 \leqq L$	0.1	0.1	0.04	0.04	0.04

접합면의 종류	틈새의 깊이 L					
마개 접합 원통 접합 $L=d$ (그림 4-6)	$6\leqq L<12.5$ $12.5\leqq L<25$ $25\leqq L<40$ $40\leqq L$	0.1 0.15 0.15 0.2	0.1 0.15 0.15 0.2	— 0.15 0.15 0.2	— 0.15 0.15 0.2	— — 0.15 0.2
마개 접합 원통 접합 평면 접합 $L=c+d$ (그림 4-6)	$12.5\leqq L<25$ $25\leqq L<40$ $40\leqq L$	0.15 0.18 0.2	0.15 0.18 0.2	0.15 0.18 0.2	0.15 0.18 0.2	— 0.18 0.2
원통 접합	$6\leqq L<9.5$ $9.5\leqq L<12.5$ $12.5\leqq L<25$ $25\leqq L<40$ $40\leqq L$	0.1 0.1 0.15 0.15 0.2	— 0.1 0.15 0.15 0.2	— — 0.15 0.15 0.2	— — 0.15 0.15 0.2	— — — 0.15 0.2
구름 베어링을 갖은 회전축의 그랜드의 원통접합	$6\leqq L<9.5$ $9.5\leqq L<12.5$ $12.5\leqq L<25$ $25\leqq L<40$ $40\leqq L$	0.15 0.15 0.25 0.25 0.3	— 0.15 0.25 0.25 0.3	— — 0.25 0.25 0.3	— — 0.25 0.25 0.3	— — — 0.25 0.3

[표 4-41] 미국 규격이 정한 그룹 D(위)와 그룹 C(아래) 가스에 사용되는 용기의 접합면의 틈새 깊이와 틈새

접합면의 종류	틈새의 깊이 L (mm)	내용적 V (cm³)에 따른 최대 틈새 (mm)		
		$V\leqq 100$	$100<V\leqq 2000$	$2000<V$
평면 접합 마개 접합	$6\leqq L<12.5$ $12.5\leqq L<25$ $25\leqq L$	0.15 0.15 0.2	— 0.15 0.2	— 0.1 0.2
미끄럼 베어링 회전축 그랜드 작동 기구 원통 접합	$6\leqq L<12.5$ $12.5\leqq L<25$ $25\leqq L<40$ $40\leqq L$	0.15 0.15 0.2 0.25	— 0.15 0.2 0.25	— 0.15 0.2 0.25
구름 베어링과 롤러(roller) 베어링 회전축 그랜드	$6\leqq L<12.5$ $12.5\leqq L<25$ $25\leqq L<40$ $40\leqq L$	0.23 0.25 0.3 0.38	— 0.23 0.3 0.38	— 0.15 0.3 0.38

접합면의 종류	L			
평면 접합 마개 접합	$6 \leqq L < 12.5$	0.1	—	—
	$12.5 \leqq L < 25$	0.1	0.1	0.1
	$25 \leqq L$	0.1	0.1	0.1
미끄럼 베어링 회전축 그랜드 작동 기구 원통 접합	$6 \leqq L < 12.5$	0.1	—	—
	$12.5 \leqq L < 25$	0.1	0.1	0.08
	$25 \leqq L < 40$	0.15	0.13	0.1
	$40 \leqq L$	0.2	0.15	0.13
구름 베어링과 롤러 베어링 회 전축 그랜드	$6 \leqq L < 12.5$	0.15	—	—
	$12.5 \leqq L < 25$	0.2	0.15	0.1
	$25 \leqq L < 40$	0.23	0.2	0.15
	$40 \leqq L$	0.3	0.23	0.2

[표 4-42] 미국 규격이 정한 그룹 B 가스에 사용하는 용기의 접합면의 틈새 깊이와 틈새

접합면의 종류와 틈 새 의 깊 이 (mm)	내용적 V (cm³)에 따른 최대 틈새 (mm)				
	$V \leqq 100$	$100 < V \leqq 500$	$500 < V \leqq 1500$	$1500 < V \leqq 2000$	$2000 < V \leqq 6000$
평면 접합					
$6 \leqq L < 9.5$	0.05	—	—	—	—
$9.5 \leqq L < 15.8$	0.05	0.05	—	—	—
$15.8 \leqq L < 25$	0.05	0.05	—	—	—
$25 \leqq L$	0.05	0.05	—	—	—
마개 접합					
$6 \leqq L < 12.5$	0.05	0.05	—	—	—
$12.5 \leqq L < 25$	0.08	0.08	0.08	0.08	—
$25 \leqq L < 40$	0.08	0.08	0.08	0.08	0.08
$40 \leqq L$	0.1	0.1	0.1	0.1	0.1
미끄럼 베어링 회전축 그랜드, 작동 기구, 원통 접합					
$6 \leqq L < 9.5$	0.05	—	—	—	—
$9.5 \leqq L < 12.5$	0.05	0.05	—	—	—
$12.5 \leqq L < 25$	0.08	0.08	0.08	0.08	—
$25 \leqq L < 40$	0.08	0.08	0.08	0.08	0.08
$40 \leqq L$	0.1	0.1	0.1	0.1	0.1
구름 베어링과 롤러 베어링 회전축 그랜드					
$6 \leqq L < 9.5$	0.08	—	—	—	—
$9.5 \leqq L < 12.5$	0.08	0.08	—	—	—

$12.5 \leqq L < 25$	0.13	0.13	0.13	0.13	—
$25 \leqq L < 40$	0.13	0.13	0.13	0.13	0.13
$40 \leqq L$	0.15	0.15	0.15	0.15	0.15

[표 4-43] 미국 규격이 정한 그룹 A 가스에 사용하는 용기의 접합면의 틈새 깊이와 틈새

접합면의 종류와 틈새의 깊이 (mm)	내용적 V(cm³)에 따른 최대 틈새(mm)				
	$V \leqq 100$	$100 < V \leqq 500$	$500 < V \leqq 1500$	$1500 < V \leqq 2000$	$2000 < V \leqq 6000$
평면 접합					
$6 \leqq L < 9.5$	—	—	—	—	—
$9.5 \leqq L < 15.8$	0.02	0.02	—	—	—
$15.8 \leqq L < 25$	0.02	0.02	0.02	—	—
$25 \leqq L$	0.02	0.02	0.02	0.02	0.02
마개 접합					
$6 \leqq L < 12.5$	0.05	0.05	—	—	—
$12.5 \leqq L < 25$	0.08	0.08	0.08	0.08	—
$25 \leqq L < 40$	0.08	0.08	0.08	0.08	0.08
$40 \leqq L$	0.1	0.1	0.1	0.1	0.1
미끄럼 베어링 회전축 그랜드, 작동 기구, 원통 접합					
$6 \leqq L < 9.5$	0.05	—	—	—	—
$9.5 \leqq L < 12.5$	0.05	0.05	—	—	—
$12.5 \leqq L < 25$	0.08	0.08	0.08	0.08	—
$25 \leqq L < 40$	0.08	0.08	0.08	0.08	0.08
$40 \leqq L$	0.1	0.1	0.1	0.1	0.1
구름 베어링과 롤러 베어링 회전축 그랜드					
$6 \leqq L < 9.5$	0.08	—	—	—	—
$9.5 \leqq L < 12.5$	0.08	0.08	—	—	—
$12.5 \leqq L < 25$	0.13	0.13	0.13	0.13	—
$25 \leqq L < 40$	0.13	0.13	0.13	0.13	0.13
$40 \leqq L$	0.15	0.15	0.15	0.15	0.15

18 본질 안전 방폭

본질 안전 방폭(intrisic safety protection)은 지난 20년간 크게 발전한 측정 분야와

공장 자동화에 따라서 소전력 계통의 방폭에 대한 요구에 의해 필연적으로 대두되었다.

본질 안전 방폭의 개념은 이제까지 이야기해 온 다른 형태의 방폭과는 전혀 다른 방면으로 용기내에 넣어진 각각의 기기에 대한 방폭이 아닌 폐쇄 계통이나 회로(closed system or circuit)에 적용되는 계통적 개념이다. 결과로 방폭 지역내에 있는 기기뿐만 아니라 방폭 지역 밖에 있는 기기와 이들을 연결하고 있는 전선도 고려해야 할 경우가 있다.

1. 용 어

(1) 본안 회로 ; 본질 안전 회로(**intrinsically safe circuit**)

정상 운전시나 특별히 지정된 사고가 일어난 조건에서 발생한 스파크나 열에너지가 위험 가스를 점화시킬 능력을 갖은 한계 에너지 이하의 전기 에너지만을 사용하는 회로를 말한다.

(2) 본안 기기 ; 본질 안전 기기(**intrinsically safe apparatus**)

모든 회로가 본질 안전이 된 기기를 말한다.

(3) 본안 관련 기기 ; 본질 안전 관련 기기(**associated apparatus**)

모든 회로가 전부 본질 안전 회로가 될 필요는 없지만 본질 안전의 특성에 영향을 미치는 회로를 포함하고 있는 기기를 말한다. 그리고 본안 관련 기기는 방폭 지역내에서는 다른 형태의 방폭에 의하여 보호되기도 하고 방폭 지역 밖에 설치되기도 한다. 예를 들면 온도 기록 계기는 비방폭 지역인 조정실내에 설치되지만 온도 측정용 열전대(thermocouple)는 방폭 지역내에 설치되어 있으므로 최소한 계기의 인입선은 본질 안전 방폭이 되어야 한다.

(4) 사고(**fault**)

본질 안전 방폭에 있어서 회로 구성 요소의 결함만이 아니라 본질 안전의 특성상 구성 요소를 연결하는 연결 전선의 결함도 사고로 간주한다. 이는 본질 안전에 영향을 주므로 당연한 결과이다.

(5) 자기 계시 사고(**self-revealing fault**)

사고가 일어났을 때에 다음 단계의 운전을 진행하기 전에 그 사고 상태를, 예를 들면 경보음이나 경보등으로 나타나는 사고를 말하며, 이는 결함된 상태를 자기가 현시하는 현상을 말한다.

(6) 비계시 사고(**non-self-revealing fault**)

정상 상태에서 일어난 사고 상태가 운전자, 즉 사용자에게는 나타나지 않는 사고를 말한다.

(7) 결함이 발생하지 않는 부품 및 구성품

명칭이 갖고 있는 의미 그대로 사용중이나 보관중에 본질 안전 특성에 영향을 미치는 결함이 발생하지 않는다는 것을 협약한 부품이나 또는 그들 부품으로 조립된 구성품을 말한다. 그러나 기능상에 나타나는 결함은 포함되지 않는다.

2. 본안 기기의 분류

본안 기기와 본안 관련 기기도 방폭 분야에서는 내압 방폭에서와 같이 그룹 I과 그룹 II 그리고 그룹 II는 더욱 세분화되어 IIA, IIB, IIC로 분류된다.

3. 본안 기기 분야에 따른 종류

본안 기기와 본안 관련 기기는 세분화되어 두 개의 분야, 즉 ia와 ib로 나누어진다.

(1) ia 분야

ia 분야에 사용되는 기기는 정상적인 운전중이나 어느 1개의 사고가 발생하였을 경우 또는 임의로 선택한 2개의 사고가 연합하여 발생하였을 경우에 다음과 같은 안전율(safety factor)을 적용하여도 위험 가스를 점화시킬 수 없는 전기 계통이나 회로를 말한다. 여기서 안전율은 전류나 전압을 증가시키거나 두 개를 연합하여 적용한다.

① 정상 운전 상태 : 1.5

② 하나의 고장 : 1.5

③ 두 개의 고장이 연합인 경우 : 1.0

단, 개폐 접점을 갖은 스위치가 위험 장소에 계속적으로 또는 장시간 노출되어 있고 이에 더하여 개폐 동작을 자주 시행해야 하는 경우에는 계속 반복하는 개폐 동작과 위험 가스가 그 와중에 분해되어 더욱 가혹한 위험한 분위기를 형성할 수도 있는 위험에 노출되어서 안전에 위해를 증가하는 경우도 있을 수 있으므로 이 경우에는 해당 개폐 접점을 보호하기 위하여 다음과 같은 강화된 방법을 시행한다.

① 개폐 기구를 밀봉 기구에 봉인한다.

② 개폐 기구를 내압 방폭 기구로 보호한다.

③ 위에서 이야기한 안전율을 배가한다.

(2) ib 분야

ib 분야에 사용되는 기기는 정상적인 운전중이나 어느 1개의 사고가 발생하였을 경우에 다음과 같은 안전율을 적용하여도 위험 가스를 점화시킬 수 없는 것을 말한다.

① 정상 운전 상태 : 1.5

② 하나의 고장 : 1.5

③ 하나의 고장 : 1.0

이 경우는 특별한 사고로서 스파크를 포함하지 않으며 자기 계기를 시행하는 사고에 제한된다.

(3) 안전율 산정시 고려할 사항

① 스파크가 발생하는 기구 및 사고 : 1.5

② 온도와 같은 열에너지 : 1.0

4. 본안 기기의 설치와 배선

본질 안전에 관련한 전선의 최대 전류치는 표 44에 나타난 전류치를 넘지 않아야 하지만 만일 넘는 경우는 표 45에 나타난 전류치 이내에서 사용하도록 한다.

[표 4-44] 그룹에 따른 전류의 최대치

그　　룹	ⅡA	ⅡB	ⅡC
전　　류(A)	0.5	0.3	0.15

[표 4-45] 동선의 단면적에 따른 전류의 최대치

단면적 (mm²)	0.017	0.03	0.09	0.19	0.28	0.44
전　　류(A)	1.0	1.65	3.3	5.0	6.6	8.3

기기의 배치와 전선의 배열은 전자 유도나 정전 유도에 의하여 본안 회로에 일어나는 유도 장해를 최소화하기 위하여 설치하며, 본안 회로에 연결되는 외부 전선의 전기적 특성이 본안 회로의 안전에 영향을 미칠 경우에는 외부 전선의 특성과 길이를 제한한다.

본안 회로의 단자대는 원칙적으로 비본안 회로의 단자대와는 별도의 함에 설치해야 하지만 현실적으로 이것이 어려울 경우에는 같은 함에 설치하되 50 mm 이상 거리를 둔다. 불가피한 경우에는 절연된 금속 격리판이나 접지된 금속 격리판으로 단자대를 보호하면 격리 거리의 적용을 받지 않아도 된다.

본안 회로의 단자와 접지 단자는 *ia* 기기에 대해서는 6 mm 이상, *ib* 기기에 대해서는 3 mm이상 격리시킨다. 소켓과 플러그가 사용될 때에는 본안 회로의 소켓과 비본안 회로의 소켓은 상호 혼용이 되지 않는 구조의 것을 사용한다.

본안 회로와 비본안 회로의 절연 공간 거리와 연면 거리는 표 46의 수치에 적용받는다. 또한, 여기에 나타난 수치의 1/3을 기준으로 하여 간격이 그 수치보다 더 작은 경우는 상호간에 연결된 것으로 간주하고, 그 수치보다는 크지만 규정된 수치보다 작은 경우에는 회로의 특성을 검토할 경우 하나의 고장으로 간주한다.

[표 4-46] 연면 거리와 절연 공간 거리의 최소치

파고치 전압(V)	비교 트래킹 지수		연면 거리 (mm)	절연 공간 거리 (mm)
	ia 기기	ib 기기		
60	90	90	3	3
90	90	90	4	4
190	300	175	8	6
375	300	175	10	6
550	300	175	15	6
750	300	175	18	8
1000	300	175	25	10
1300	300	175	36	14

인쇄 회로(printed circuit)도 위의 절연 공간 거리와 연면 거리가 적용되나 표면이 절연물의 피막으로 보호되어 있는 경우에는 위 수치의 1/3 까지 줄어든다. 그러나 최소한 1 mm 이상이어야 한다.

비본안 회로와 본안 회로가 같은 릴레이내에서 작동할 경우에도 위의 절연 공간 거리와 연면 거리가 적용되며, 이와 같은 경우에는 비본안 회로의 전류, 전압, 전력은 각각 5 A, 250 V, 100 VA를 초과할 수 없다.

본안 기기와 본안 관련 기기는 외부로부터 보호받아야 하며 최소한 IP 20 등급의 함에 의하여 보호되어야 한다.

5. 본질 안전 방폭에 사용되는 구성품

본질 안전 계통에 사용하는 부속품은 정격치보다 낮은 수치에서 사용된다. 즉, 전압, 전류, 전력은 정격량의 2/3 보다 낮은 양에서 사용된다. 단, 변압기에 대해서는 별도의 조치 사항에 따라 제 정력량을 사용한다.

그리고 안전을 위한 분로기(shunt)로 사용되는 반도체 소자는 단락 전류를 통과시킬 수 있는 충분한 용량이어야 한다.

본질 안전 계통, 즉 본안 기기와 본안 관련 기기의 검증에 있어서 규격에 맞게 사용되는 특정한 부속품은 본질 안전 특성을 저해하는 고장은 없다고 간주한다.

이들 구성품에는 다음과 같은 전기 기기가 있다.

(1) 전력 공급용 변압기(**power supply transformer**)

본안 회로에 전력을 공급하는 변압기는 충분한 차단 용량을 갖은 퓨즈나 차단기를 인입선에 설치한다.

변압기의 코어(core)는 직류–직류 변환에 사용하는 변압기와 같이 실제상 불가능한 경우를 제외하고는 접지 연결이 이루어져야 한다.

변압기의 일차 권선과 이차 권선은 별도의 용기에 설치하거나 일차 권선과 이차 권선이 중첩 권선형으로 감겨진 경우에는 두 권선 사이에 강화된 절연 방법이나 접지된 차폐물을 설치하는 구조로 설계한다.

내부 권선에서 단락이 발생한 경우에도 절연물이 한계 온도에 도달하기 전에 퓨즈나 차단기가 차단되도록 설계되어야 한다.

단락 전류를 제한하는 전류 제한 저항기(current-limiting resistor)를 출력측에 설치하여 단락 전류를 제한하는 구조로 설계하는 경우도 많다.

(2) 결합 변압기(coupling transformer)

전원 공급 변압기와 같은 형태의 구조로 설계된다.

(3) 제동 권선(damping winding)

충분한 기계적 강도와 납땜 등에 의하여 단락환에 연결되어 있는 경우에는 고장이 일어나지 않는다고 간주한다.

(4) 전류 제한 저항기(current limiting resistor)

필름형 저항기(film type resistor)나 나선형 권선 저항기(wire-wound type resistor)는 단락 사고를 일으키지 않는다고 간주한다.

(5) 저지용 콘덴서(blocking condenser)

본안 회로와 비본안 회로 사이에 설치되는 저지용 콘덴서는 밀폐 구조형이나 세라믹으로 제조된 콘덴서가 직렬로 두 개가 설치된 경우에는 사고가 일어나지 않는다고 간주한다.

(6) 분로형 안전 유지 부품(shunt safetycomponent)

다이오드(diode)나 전압 제한 저항기로 조립된 안전 유지 부품은 두 개가 중첩되어 사용되는 경우에는 고장이 없다고 간주한다.

(7) 안전 유지 분리기(safety barrier)

안전 유지 분리기는 일반적으로 방폭 지역 밖에 설치되어 본질 안전 회로를 비본질 안전 회로로부터 분리하여 상호간에 어떠한 영향도 주고 받지 않도록 설계되어 있으며, 이 기기에는 두 가지 종류가 있다.

  ① 결합 변압기, 릴레이, 광분리기(optical isolator)와 같이 전기적으로 차단된 안전 유지 분리기

  ② 다이오드나 제너(zener) 다이오드의 조합으로 구성된 전기적 결합 안전 유지

분리기가 있고, 특별한 경우를 제외하고는 이 형이 사용되고 있다.

다이오드형 안전 유지 분리기는 제너와 퓨즈 그리고 전류 제한 저항기로 조합 되어 있으며, 전압이 규정된 수치 이상으로 상승하면 제너가 작동하여 전압을 제한하고 전류 제한기가 전류를 제한하나, 만일 전류치가 규정된 수치 이상으 로 많이 흐를 경우에는 퓨즈가 작동하여 보호한다.

이 유지기가 안전을 보장하기 위해서는 다음 조건이 충족되어야 한다.

  ㉮ 본안 기기의 절연은 250 V에서 충분히 사용할 수 있는 것이어야 한다.

  ㉯ 비본안 회로 부분의 전압은 250 V를 넘어서는 안 된다. 퓨즈는 250 V에 맞 도록 설계되고, 제너의 특성에도 일치해야 한다.

  ㉰ 제너는 퓨즈의 차단 전류 2배의 전류 흐름에 견디는 것이어야 한다.

  ㉱ 안전 유지 분리기는 특별한 경우를 제외하고는 접지되어야 한다.

안전 유지 분리기의 부속품은 규정된 조건에 합당하게 설계되고, 합당한 조건에서 사용될 경우 안전에 영향을 주는 사고는 일어나지 않는다고 간주한다.

다이오드형 안전 유지 분리기를 전류 회로로 표시하면 그림 14와 같다.

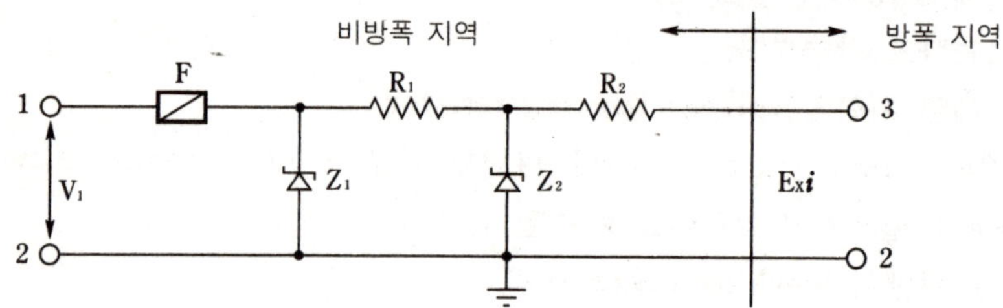

[그림 4-14] 안전 유지 분리기의 기본 회로

여기서

- $R_L = R_F + R_1 + R_2$
- R_F : 퓨즈 저항 (Ω)
- R_L : 전원 공급측 저항 (Ω)
- $R_1 = \dfrac{V_{Z1}}{I_S}$
- $R_2 = \dfrac{V_{Z2}}{I_S}$
- V_{Z1} 과 V_{Z2} 는 제너 다이오드의 전압 (V)
- I_S 는 2 와 3 단자가 단락되었을 때의 전류 (A)

  이 전류는 24 V에서 150 mA 보다 적어야 한다.

특별한 이유에 의하여 접지가 어려운 경우에는 그림 15 와 같이 다이오드를 반대 방향으로 연결하여 사용하기도 한다.

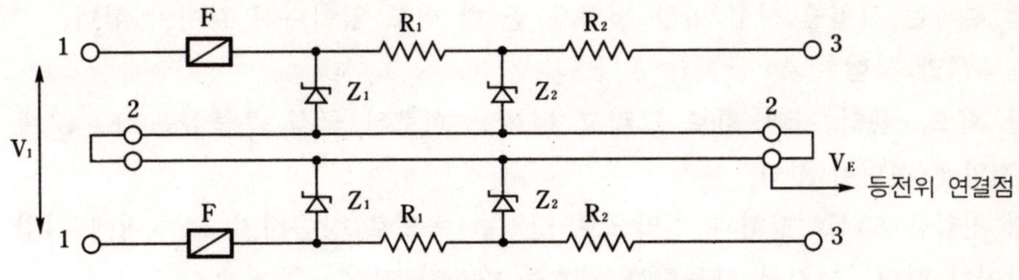

[그림 4-15] 접지가 없는 안전 유지 분리기 회로

A, C 전원에 연결되는 안전 유지 분리기는 그림 16 과 같고, 접지점 없이 사용되는 경우가 많다.

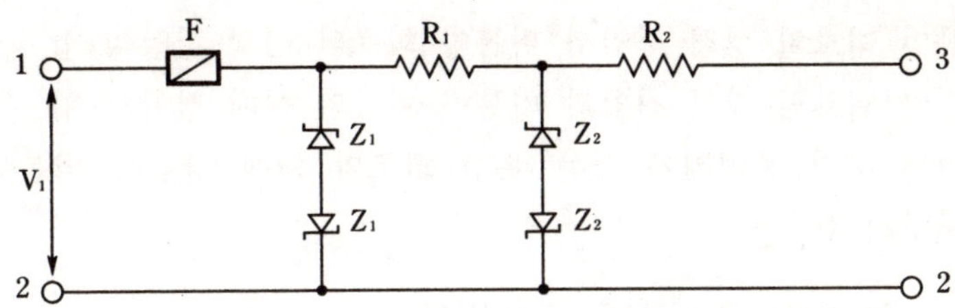

[그림 4-16] A, C 전원용 안전 유지 분리기 회로

6. 시 험

본질 안전 방폭에서는 회로내의 단선, 단락 또는 접지 사고에 의한 스파크 발생과 온도 상승으로 인한 위험 가스 점화 여부를 확인하기 위하여 스파크 시험과 내전압 시험을 시행한다.

(1) 스파크 시험

단선, 단락 또는 접지가 일어날 수 있는 지점에서 스파크 에너지가 가장 많이 발생할 수 있는 곳을 선택하여 스파크 시험 장치에 접속하여 시험하며, 이 때의 안전율 적용은 다음과 같다.

① 인덕턴스가 1 mH를 넘는 유도 회로에서는 저항을 감소시키고 전류를 1.5 배까지 증가시켜 시행한다. 만약 이것이 어려울 때에는 전압을 증가시켜 시행한다.

② 인덕턴스가 1 mH보다 적은 저항 회로에서는 우선 주전원 전압을 25%까지 증가시키고 다음으로 허용할 수 있는 범위내에서 회로의 전압을 10%까지 증가시킨다. 또한, 필요하다면 제너와 같은 전압 제한기의 조정 범위를 10%까지 올린다. 그리고 1.5 배의 전류를 흐르게 하기 위하여 필요하다면 저항을 감소

시킬 수 있다.

③ 용량 회로에서는 회로의 전압을 1.5 배 올려서 시행한다.

시험 결과는 시험중 시험 의한 점화가 단 한 번도 일어나지 않아야 한다.

(2) 내전압 시험

본안 회로, 본안 관련 회로 그리고 비본안 회로의 구성 부품들은 표 47 에 나타난 시험 전압에 견뎌야 한다.

시험 전압은 60 Hz 정현파 전압으로 일정한 속도로 상승시켜 10 초내에 시험 전압에 도달하여야 한다. 여기서 사용하는 기호는 다음과 같다.

① E_{01} : 본안 회로의 정격 전압

② E_{11} : 비본안 회로의 정격 전압

③ E_{21} : 본안 회로간의 정격 전압의 합

④ E_{22} : 본안 회로의 정격 전압과 비본안 회로의 정격 전압의 합

⑤ E_{23} : 본안 회로의 정격 전압과 비본안 회로의 최대 전압의 합

⑥ E_{24} : 안전 유지 분리기가 있는 본안 회로의 최대 전압과 비본안 회로의 최대 전압의 합

[표 4-47] 본질 안전 계통의 절연 내력 시험 전압

시험 기기	시험 항목	시험 전압
회로간의 절연 성능	1. 본안 회로와 비충전 금속이나 접지 부분간	$2E_{01}$(최소 500 V)
	2. 서로 다른 절연된 본안 회로간	$2E_{21}$(최소 500 V)
	3. 본안 회로와 비본안 회로간	$2E_{22}+1000\ V$(최소 1500 V)
기기 내부 도선의 절연 성능	1. 본안 회로의 도선	$2E_{01}$(최소 500 V)
	2. 비본안 회로의 도선	$2E_{11}+1000\ V$(최소 1500 V)
	3. *ib* 기기의 본안 회로 도선	2000 V
	4. *ib* 기기의 비본안 회로 도선	2000 V
안전 유지 분리기의 절연 성능	1. 전원 변압기	
	• 1차 권선과 2차 권선간	$4E_3$(최소 2500 V)
	• 권선과 철심 또는 혼촉 방지 기기간	$2E_3$(최소 1000 V)
	• 본안 회로에 연결된 권선과 다른 권선간	$2E_3+1000\ V$(최소 2500 V)
	2. 저지용 콘덴서	$2E_4+1000\ V$
	3. 계전기	
	(1) 접점과 코일간(혼촉 방지판 없음)	$2E_{24}+1000\ V$(최소 2500 V)
	(2) 접점과 코일간(혼촉 방지판 있음)	$2E_{24}$(최소 1000 V)
	4. 광분리기의 발광 소자와 수광 소자	$2E_{24}+1000\ V$(최소 2500 V)

⑦ E_3 : 전원 변압기의 권선에 걸리는 최대 정격 전압

⑧ E_4 : 저지용 콘덴서의 양단에 걸리는 최대 전압

7. 표 시

본질 안전 방폭 표시는 내압 방폭에서와 같이 온도 표시와 용기 그룹도 같이 표시하며 또한 본안 기기의 적용 분야를 표시한다.

· ia 분야 : $E_{xia} \, \mathrm{II} \, B \, T_4$

· ib 분야 : $E_{xib} \, \mathrm{II} \, B \, T_3$

그리고 본안 관련 기기에 대하여

· ia 분야 : $[E_{xia}]$

· ib 분야 : $[E_{xib}]$

ia 분야의 본질 안전 방폭 기기는 유일하게 0종 장소에서 사용할 수 있다.

19 전기 기기

위험 지역, 즉 화학 공장, 정유 공장, 석탄 공업, 가스 공장, 페인트 공장 그리고 플라스틱 공장에 사용되는 전기 기기(apparatus)는 기기의 특성과 공장의 특수성에 따라 그에 합당한 방폭 기능을 갖은 구조이어야 한다. 여기서는 중요한 전기 기기가 방폭 지역내에서 사용되는 경우에 대하여 검토한다.

1. 모 터

위험 장소에서 0종 장소로 분류된 지역에는 모터를 사용할 수 없으며, 1종 장소에서는 방폭 구조로 설계된 모터만이 사용될 수 있다. 그리고 2종 장소에서는 정상 운전중에 스파크가 발생하지 않는 모터, 즉 농형(squirrel cage) 모터는 전폐 구조일 때에 사용할 수가 있다. 일반적으로 전폐 구조 팬 냉각형(TEFC : totally enclosed fan cooled) 모터가 2종 장소에 사용된다.

1종 장소에 사용할 수 있는 모터는 내압 방폭 구조, 압력 방폭 구조, 안전증 방폭 구조, 몰딩 방폭 구조이다. 그러나 몰딩 방폭 구조형 모터는 작은 전력을 사용하는 초소형으로 현재는 계장 분야에서만 사용된다.

두세 개의 방폭 구조가 하나의 모터에 같이 적용되어 설치 비용과 운전 비용 감소를 도모한다. 예를 들면, 권선형(wound rotor motor) 모터에서 스파크를 발생하는 슬립 링(silp ring)은 내압 방폭이나 압력 방폭 구조로 설계하고, 주기기는 안전증 방폭 구

조로 시행한다.

　위험 장소에서 사용할 모터를 선정할 때에는 우선 안전증 모터를 고려한다. 다음으로 스파크가 발생하는 회전기와 온도가 과도하게 상승하는 회전기에 대하여 적절한 대책을 강구한다. 안전증 모터에 대한 제한 사항을 기록하면, 다음과 같다.

　① 무부하 전류가 큰 소전력 모터(고온 발생 위험이 있다)

　② 온도 등급이 낮은 T_4, T_5, T_6 모터

　③ 기동 전류가 크고, 기동 시간이 긴 회전 기기

　　(큰 출력의 팬 모터는 기동 시간이 길고, 기동시 고온 발생 위험이 있다)

　④ 잦은 기동과 정지를 반복하는 기기

　위에 열거한 사항 중 ①과 ②의 제한 항목은 어쩔 수 없는 항목으로 이 경우에는 내압 방폭형을 선택하는 것이 최선이다.

　③과 ④의 제한 항목은 고정자와 회전자의 온도를 측정하여 보호하는 측정 계기의 도움으로 안전증 방폭을 선택하기도 하지만 일반적으로 저압 모터에서는 300 kW까지, 고압 모터에서는 400 kW까지 내압 방폭을 선택하고, 그 이상의 정격에서는 압력 방폭 모터가 사용된다.

　(1) 내압 방폭 모터

　내압 방폭 구조의 개념에 따라 제작된 내압 방폭의 전기 기기가 스파크나 고온에 의하여 내부에 발생한 폭발를 견디고 틈새를 적정 한계 수치내로 제한함으로써 고온의 폭발 가스가 용기 밖의 위험 가스에 점화를 일으키지 않도록 설계된 구조인 점을 고려할 때 슬립 링이나 정류자(commutator)와 같이 정상 운전 상태에서 스파크를 발생하는 기구를 갖은 모터와 기동시 큰 기동력을 필요로 하여 고온 발생이 예상되는 모터를 포함하여 모든 종류의 모터에 내압 방폭의 적용이 가능함을 알 수 있다.

　다만 운전중이나 기동 또는 과부하나 과전류 발생에 의하여 모터 뼈대(frame)의 표면 온도가 과도하게 상승하는 것이 방지되도록 설계되어야 한다. 따라서 내압 방폭 구조의 모터는 일반적인 표준형 모터와는 본질적으로 차이가 있으며, 출력이 높을수록 열방사 처리 방법, 회전축과 단자함 등의 차이가 두드러진다.

　내압 방폭 모터 설계에 있어서 적용할 사항을 기술하면, 아래와 같다.

　① 내부 폭발 압력에 견딜 수 있을 만큼의 자유 공간을 두어 설계한다.

　② 내부의 고온 폭발 가스가 틈새를 통하여 외부 위험 가스에 점화를 일으키는 것을 방지한다.

　③ 정상 운전뿐만 아니라 기동시나 과부하 등에 의한 비정상적인 상태에서도 내압 방폭 성능이 보장되어야 한다.

　④ 모터 뼈대의 모든 부분의 온도가 규정된 한계 수치를 넘지 않도록 한다.

폭발 압력의 한계 수치는 내부 공간과 용기 그룹에 따라 규정되므로 자유 공간은 가능한한 적게 설계하고, 압력 축적이나 이차 폭발에 의한 압력의 이상 상승을 철저히 방지한다. 설계 압력을 규정하는 기준 압력은 정지 상태와 규정 속도 정도에서 회전 상태로 측정한다. 모터 뼈대에 사용되는 물질은 용접한 철이나 주물이 주종을 이루고 있다. 전선 접속을 위한 단자함은 스파크 발생 위험이 극히 희박하므로 내압 방폭보다는 안전증 방폭 구조로 설계된다.

고정자와 회전자의 틈새는 가능한한 적어야 하므로 설계시 주의한다. 따라서 회전축의 그랜드는 원통형 접합이나 레비린스 접합으로 설계되고 있다.

내압 방폭 모터의 온도는 2가지의 제한 사항에 의하여 결정된다.

첫째는 온도 등급에 따른 모터 표면 온도의 규정이고, 두번째는 모터에 사용되는 절연물의 온도 한계 수치에 따른 제한이다. 일반적으로 온도 등급 T_1, T_2, T_3, T_4 모터는 표면 온도에 의하여 온도가 제한을 받고, 온도 등급 T_5와 T_6은 절연물에 의하여 제한을 받는다.

과부하에 따른 과도한 온도 상승은 적당한 보호 기구에 의하여 보호를 받아야 한다.

절연물에 따른 온도 제한은 표 48에 나타난 바와 같다. 여기서 주위 온도는 40℃를 기준으로 하고, 그 이상의 주위 온도에 대해서는 보상을 시행해야 한다.

농형 모터의 회전자에 대한 온도 규정은 특별한 규정이 없으면 300℃를 선택한다.

전폐 구조인 내압 방폭 모터는 내부의 에너지 손실에 의하여 열이 발생한다. 이 열

[표 4-48] 모터의 온도 상승 한계 수치

적 용 부 품	절연의 종류, 저항 측정법에 의한 온도 상승 한도(°K)				
	A	E	B	F	H
고정자 권선, 5000 kW 이하 코어 길이 1 m 이하	60	70	80	100	125
고정자 권선, 5000 kW 이상 코어 길이 1 m 이상	60	75	80	100	125
계자 권선	60	75	80	100	125
연속 단락 절연 권선, 온도계에 의한 측정	60	75	80	100	125
권선과 접촉하는 코어 등 부품, 온도계 측정	60	75	80	100	125
정류자와 슬립 링, 온도계 측정	60	70	80	90	100

발생은 출력이 높아짐에 따라 급격히 많아 진다. 따라서 대형 모터는 열 교환기와 일체로 제작되며 일반적으로 모터 뼈대 주위에 재킷(jacket) 형식으로 열 교환기를 만들어 열방사를 최대한 도모하고 있다.

여기에 덧붙일 사항은 권선형 모터는 예외적으로만 내압 방폭 구조로 설계되어진다는 현실이다. 이는 슬립 링이나 브러시(brush) 부분의 내압 방폭 처리가 쉽지 않고 유지 보수가 까다롭기 때문이다.

(2) 안전증 모터

안전증 방폭이 안전에 대하여 특별한 방책을 시행하여 정상적인 운전중에는 스파크가 발생하지 않고 또한 과도한 온도 상승을 일으키지 않는다는 점을 생각하면 안전증 모터는 정상적인 운전에서는 위험 가스를 점화시키지 않는다는 점을 쉽게 상상할 수 있다. 따라서 안전증 방폭은 거의 대부분의 농형 모터와 그리고 정상 운전에서는 스파크를 발생하지 않는 부분, 즉 권선형 모터와 동기 모터에 있어서 고정자와 회전자의 권선 부분에만 적용되고 있다. 이러한 사실을 내압 방폭과 비교하면 더 정확히 안전증 모터의 안전 개념을 터득할 수 있을 것이다.

내압 방폭이 폭발이 일어난 후에 그 폭발을 용기내에 한정시켜서 용기 밖의 위험 가스에 폭발이 일어나지 않도록 조치를 강구하는 사후 대책인데, 반하여 안전증 방폭은 특별한 안전 대책을 시행하여 폭발이 일어나게 하는 원인, 즉 스파크 발생과 과도한 온도 상승을 사전에 방지하는 조치를 강구하여 폭발을 방지한다는 데에 그 차이가 있다. 그러므로 내압 방폭은 안전의 기본이 폭발 압력에 견디는 뼈대의 내압 강도와 틈새의 제한된 수치에 있다면, 안전증 방폭은 스파크 발생 방지와 온도 상승을 제한하는데 있다.

안전증 모터의 특별한 요구 사항을 기술하면, 다음과 같다.
① 권선에서의 과도한 온도 상승을 제한한다.
② 보호 기구의 작동 시간을 가능한 최소한의 한계내로 한정한다.
③ 절연 거리와 연면 거리를 최대한 크게 한다.
④ 절연 물질 선정시 온도 등급을 잘 고려한다.
⑤ 외부 물체의 침입에 의한 예측 불가능한 접촉을 적극 방지한다.
⑥ 기계적 강도를 고려해서 기동시나 과부하시에 발생하는 비틀림 응력에 견디도록 설계한다.

권선의 온도 상승과 관련해서 고려할 사항은 권선 절연 물질의 온도 상승 한계 수치이다. 모든 물질에 연관된 공통적인 사실이지만 절연 물질도 일시적이건 연속적이건 간에 온도 제한 한계를 초과하여 사용하면 수명에 지대한 영향을 준다. 실험에 의하면 $10°K$의 온도 상승 차이에 의하여 절연물의 수명이 배가 되거나 반감 된다는 사실을 고려하면 온도에 의한 영향을 가늠할 수 있을 것이다.

따라서 모터의 수명과 운전상의 안전도를 감안하여 안전증 모터는 일반형 모터와 비교하여 온도 상승 한계를 10°K 정도 낮게 선택하고 있다. 온도와 관련하여 절연 물질의 온도 내력뿐만 아니라 다음 사항도 점검해 보아야 한다.

첫째, 열적 팽창에 의한 과도한 기계적 응력이 발생하지 않는가

둘째, 이웃하여 설치된 절연 물질의 열전달 현상에 의한 영향은 어떠한가

셋째, 온도 상승과 더불어 감쇄되는 기계적 강도가 적정치 한계내에 놓이는가

보호 기구의 작동 시간과 관련해서는 어떠한 운전 조건, 즉 운전중이거나 기동시, 과부하시에 모터의 어느 부분도 한계 온도를 초과하지 않도록 적극적인 방책을 강구하는 일이다. 따라서 일반적인 운전 조건뿐만 아니라 회전자가 구속된 특수한 상황에서도 보호 기구가 효과적으로 작동하여 안전을 보증하여야 한다.

이와 같은 조건은 보호 기구가 허용 구속 시간 t_E 내에 모터를 확실히 차단해야 함을 의미한다.

허용 구속 시간 t_E 는 모터가 예상되는 가장 높은 주위 온도에서 기동을 시작할 때에 정격 운전시 모터 권선이 얻은 온도에서부터 모터 권선 온도가 상승을 시작하여 제한 온도에 도달하기까지 걸리는 시간을 말하며, 그 수치는 그림 17 에서 얻어진다.

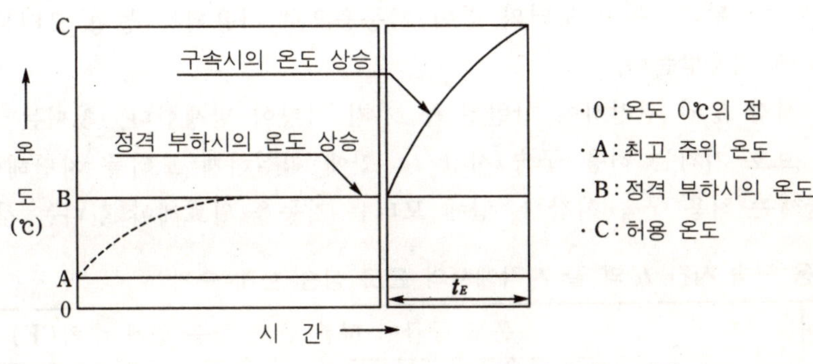

[그림 4-17] 허용 구속 시간 t_E 를 결정하는 방법

이와 같은 t_E 의 시간은 독립적으로 고정자와 회전자에서 각각 측정하며, 두 개의 수치에서 더 작은 수치를 선택하여 허용 구속 시간 t_E 로 규정한다.

모터의 설계 규정에 의하여 고정자 t_E 가 적은 경우가 있으며, 때로는 회전자의 t_E 가 적은 경우가 있다. 그리하여 회전자의 허용 구속 시간 t_E 가 적은 경우를 회전자 임계 허용 구속 시간 t_E 라 하고, 고정자에 대해서는 고정자 임계 허용 구속 시간 t_E 라 한다. 특별한 모터에서는 온도 등급에 따라 고정자 임계 허용 구속 시간 모터인 경우와 회전자 임계 허용 구속 시간 모터가 같은 모터에서 발생하므로 주의가 요구된다.

다시 말해 허용 구속 시간 t_E 는 고정자가 구속되어 있고 정격 전압이 가압되어지는 순간부터 시작하여 전류형 보호 기기가 작동하여 차단 기구가 모터를 차단하는 순간까지 걸리는 시간이다.

허용 구속 시간 t_E 는 일반적으로 정격 전류에 대한 기동 전류의 비율에 비례하며, 그림 18과 같다.

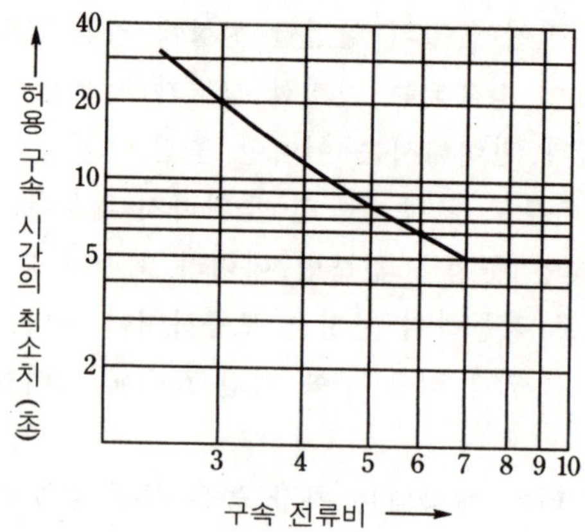

[그림 4-18] 구속 전류비 *Ia/In* 에 대한 허용 구속 시간 t_E 의 최소치

위 그림에서도 알 수 있는 바와 같이 어떠한 경우에도 허용 구속 시간 t_E 는 5초 이하가 되어서는 안 된다. 동기 모터와 같이 기동용으로 사용되는 농형 모터도 이 허용 구속 시간 t_E 에 적용받는다.

허용 구속 시간 t_E 와 관련하여 상반된 두 가지 사항이 발생한다. 첫째는 모터를 보호하기 위한 보호 기기는 허용 구속 시간 t_E 안에 확실하게 모터를 차단해야 한다는 사실이며, 둘째는 허용 구속 시간 t_E 안에 모터는 기동을 완료해야 한다는 사실이다.

[표 4-49] 허용 구속 시간 t_E 의 끝 시각에서의 온도 상승 한계 수치

권선 종류	절연 종류	온도 등급에 따른 온도 상승 한계 수치(°K)					
		T_1	T_2	T_3	T_4	T_5	T_6
절연된 고 정자 권선	A	120−O	120−O	120−O	90−O	55−O	40−O
	E	135−O	135−O	135−O	90−O	55−O	40−O
	B	145−O	145−O	145−O	90−O	55−O	40−O
	F	170−O	170−O	155−O	90−O	55−O	40−O
	H	195−O	195−O	155−O	90−O	55−O	40−O
절연 안 된 회전자 권선	−	250−O	250−O	155−O	90−O	55−O	40−O

모터 보호 기기는 쉽게 구입할 수 있는 일반적 제품이어야 하며, 안전증 모터는 일반 표준형 모터와는 다르게 열적 용량이 크게 설계되므로 허용 구속 시간 t_E의 수치가 커야 한다.

회전자 구속 시험시의 온도 상승 한계 수치는 표 49와 같다. 이 표에서 온도 상승 수치를 표시하는 O는 정격 운전시에 얻어진 온도 상승 수치를 나타낸다. 그리고 주위 온도는 40℃로 예상할 수 있는 최고 주위 온도에서 측정한 값이다.

여기서 온도 등급에 의하여 온도 상승 한계가 규정되는 경우에는 5°K 의 여유를 갖는다. 즉, T_6에서 45°K 대신에 40°K를, T_5에서 60°K 대신에 55°K, T_4에서 95°K 대신에 90°K를 그리고 T_3에서 160°K 대신에 155°K를 취한다.

허용 구속 시간 t_E 가 어떻게 결정되는지를 예를 들어 본다.

표 50과 그림 19는 220 V 6.5 kW 3상 4극 B종 절연 농형 모터에 대한 구속 시험

[표 4-50] 그림 19에 의한 허용 구속 시간 t_E 의 결정

온도 등급	고정자 권선 온도 상승(°K)	고정자 허용 구속 시간 t_E(초)	회전자 권선 온도 상승(°K)	회전자 허용 구속 시간 t_E(초)
T_1	$145-59=86$	7.8	$250-74=176$	>15
T_2	$145-59=86$	7.8	$250-74=176$	>15
T_3	$145-59=86$	7.8	$155-74=81$	>15
T_4	$90-59=31$	<5	$90-74=16$	<5

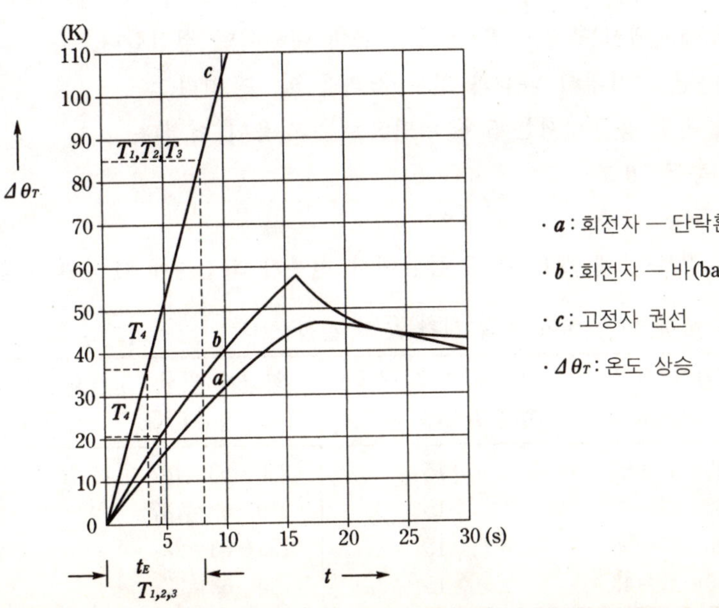

[그림 4-19] 허용 구속 시간 t_E 를 결정하기 위한 6.5 kW 농형 모터의 권선 온도 상승 도면

결과이다.

· 정격 출력시 고정자 권선 온도 상승 수치 : 59°K

· 정격 출력시 회전자 권선 온도 상승 수치 : 74°K

따라서 고정자나 회전자가 다같이 온도 등급 T_5와 T_6에는 사용할 수가 없고, 최소한 T_4 이상에서만 가능하다.

표 50 에 나타난 수치에서 다음과 같은 결과를 인지할 수 있다.

허용 구속 시간 t_E 의 결정에서 소수점 이하는 계산에 넣지 않는다는 규약에 따라 온도 등급에 따른 t_E 는 다음과 같다.

㉮ T_1 온도 등급 : $t_E=7$ 초

㉯ T_2 온도 등급 : $t_E=7$ 초

㉰ T_3 온도 등급 : $t_E=7$ 초

T_4 온도 등급은 t_E 가 5 초 미만이므로 제외된다. 세 개의 온도 등급에서 허용 구속 시간 t_E 가 전부 고정자에서 측정한 값이 더 적으므로 이 모터는 고정자 임계 허용 구속 시간 모터가 된다.

표 51 와 그림 20 은 440 V 95 kW 3 상 2 극 B종 절연 농형 모터에 대한 구속 시험 결과이다.

· 정격 출력시 고정자 권선 온도 상승 수치 : 47°K

· 정격 출력시 회전자 권선 온도 상승 수치 : 63°K

고정자는 T_5 온도 등급도 사용할 수 있는 가능성이 있으나 회전자에서는 T_5 등급이 제외되므로 이 예제에서도 $T_1 \sim T_4$ 온도 등급에 대해서만 점검한다.

표 51 에 나타난 수치에서 다음과 같은 결과를 알 수 있다.

㉮ T_3 와 T_4 온도 등급에서는 5 초 미만으로는 사용이 어렵다.

㉯ T_1 온도 등급 : 9 초

㉰ T_2 온도 등급 : 9 초

이 경우에는 검토한 네 개의 온도 등급에서 전부가 회전자에 대하여 허용 구속 시간

[표 4-51] 그림 20 에 의한 허용 구속 시간 t_E 의 결정

온도 등급	고정자 권선 온도 상승(°K)	고정자 허용 구속 시간 t_E (초)	회전자 권선 온도 상승(°K)	회전자 허용 구속 시간 t_E (초)
T_1	$145-47=98$	>15	$250-63=187$	9
T_2	$145-47=98$	>15	$250-63=187$	9
T_3	$145-47=98$	>15	$155-63=92$	<5
T_4	$90-47=43$	>15	$90-63=27$	<5

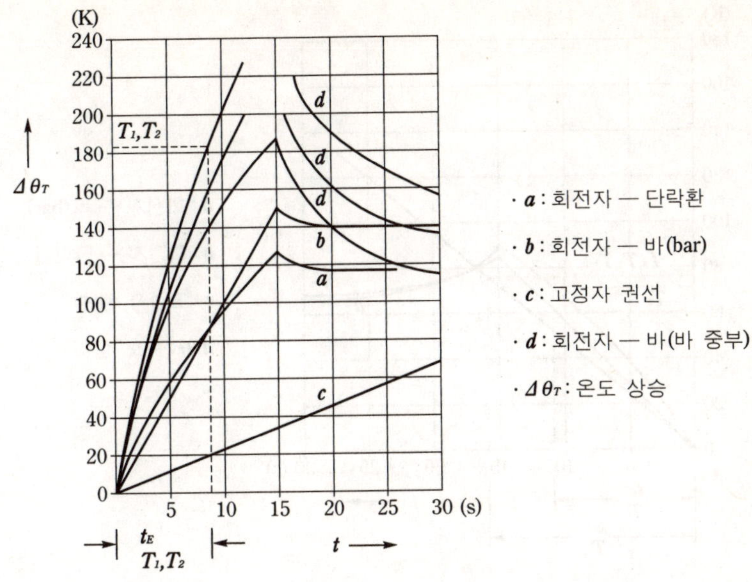

[그림 4-20] 허용 구속 시간 t_E 를 결정하기 위한 95 kW 농형 모터의 권선 온도 상승 곡선

t_E가 더 적은 수치를 나타내므로 회전자 임계 허용 구속 시간 모터가 된다.

　표 52 와 그림 21 은 220 V 13.5 kW 3 상 4 극 B종 절연 농형 모터에 대한 구속 시험 결과이다.

　• 정격 출력시 고정자 권선 온도 상승 수치 : 69°K
　• 정격 출력시 회전자 권선 온도 상승 수치 : 86°K

T_5와 T_6 온도 등급에서는 사용할 수 없으므로 $T_1 \sim T_4$ 등급에서만 검토한다.

[표 4-52] 그림 21 에 의한 허용 구속 시간 t_E 의 결정

온도 등급	고정자 권선 온도 상승(°K)	고정자 허용 구속 시간 t_E(초)	회전자 권선 온도 상승(°K)	회전자 허용 구속 시간 t_E(초)
T_1	145−69＝76	16	250−86＝164	>16
T_2	145−69＝76	16	250−86＝164	>16
T_3	145−69＝76	16	155−86＝69	11.5
T_4	90−69＝21	5	90−86＝4	<5

표 52 에 나타난 수치에서 다음과 같은 결과를 얻을 수 있다.

㉮ T_1 온도 등급 : 16 초

㉯ T_2 온도 등급 : 16 초

㉰ T_3 온도 등급 : 11 초

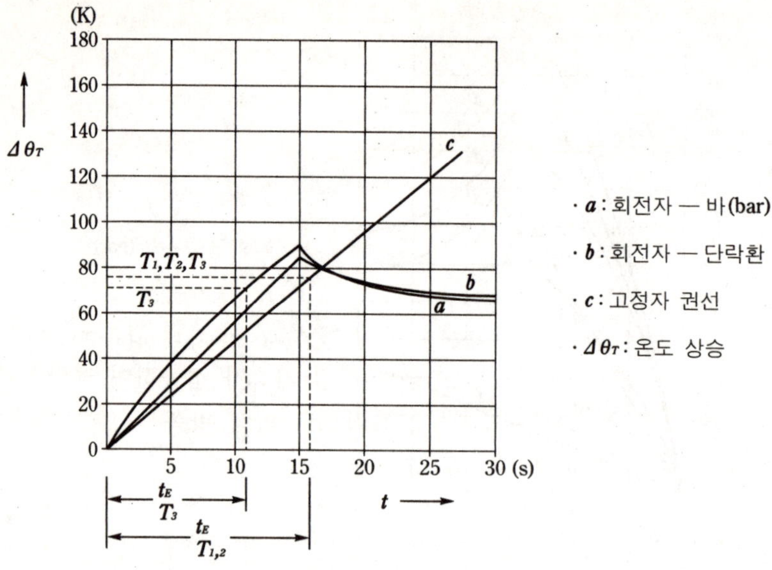

[그림 4-21] 허용 구속 시간 t_E 를 결정하기 위한 13.5 kW 농형 모터의 권선 온도 상승 곡선

T_4 온도 등급은 5 초 미만은 제외된다.

이 경우에서는 온도 등급에 따라서 임계 허용 구속 시간 t_E가 고정자와 회전자에 각각 나타난다. 즉, T_1과 T_2 온도 등급에서는 고정자 임계 허용 구속 시간 모터가 되고, T_3 온도 등급에서는 회전자 임계 허용 구속 시간 모터가 된다.

모터가 어떠한 형식으로 설계가 완료되면 전압에 따라서는 코어의 자속 밀도와 권선의 전류 밀도에 큰 변화가 없으므로 위 예제의 자료는 전압 수치에 관계 없이 다른 전압에서도 참조할 수 있을 것이다.

모터 구속 시험에서 얻어지는 자료는 물론 시험에서 얻은 수치가 가장 정확한 자료가 되겠지만 여러 가지 사정상 시험이 어려울 경우에는 계산에 의해서도 얻을 수 있다. 그러나 계산은 전문적인 사항이므로 여기서는 취급하지 않는다.

다음으로 절연 거리와 연면 거리에 관련한 사항은 일반적인 안전증 방폭에 적용되는 규정이 모터에도 적용되며, 일반 표준형 모터에 적용되는 규정보다 수치가 높다.

마지막으로 외부 물체의 침입에 대한 규정은 내부에 나충전 부위가 있을 경우에는 최소한 IP 54 에 적용받아야 하며, 절연 부위만 있는 경우에는 최소한 IP 44 에 적용을 받는다. 내압 방폭 모터에 적용되었던 것과 같이 안전증 방폭 모터에 있어서도 출력이 증가함에 따라 열 교환기가 부착된 모터가 많이 등장하고 있다.

1 마력 이하의 모터에 있어서는 무부하 운전시의 전류가 정격 전류에 가까운 수치를 갖는다. 이와 같은 경우에 있어서는 과부하가 걸려도 권선에 흐르는 전류는 크게 증가

하지 않는다. 따라서 전류에 의하여 작동하는 보호 기기가 과부하 상태를 탐지하지 못함으로써 장시간 과부하 상태가 지속되어 과도한 온도 상승이 일어날 위험이 있다. 일반적으로 정격 전류의 1.2배의 과부하 전류에서는 2시간 이내에 보호 기기가 작동하게 되어 있으나 소전력 모터에 있어서는 통상적인 보호 기기는 작동하지 않는 일이 발생한다. 그러므로 무부하 전류가 정격 전류의 70% 이상인 모터에 있어서는 과부하를 탐지하는 보호 기기에 특별한 주의가 요구된다.

(3) 압력 방폭 모터

압력 방폭의 개념은 점화를 일으킬 수 있는 스파크나 과도한 온도 상승이 예상되는 부분, 즉 슬립 링이나 정류자 또는 권선 등에 위험 가스가 접촉하여 폭발을 일으킬 수 있는 기회를 원천적으로 봉쇄하는 것이다. 그러므로 압력 방폭은 모든 종류의 모터에 적용할 수 있지만 공기나 불활성 가스를 공급하기 위해서는 여러 가지 부속 자재가 많이 필요하고, 비용 부담이 많으므로 500 kW 이상의 고출력 모터나 모터의 일부분, 즉 슬립 링이나 정류자와 같은 부분은 압력 방폭으로 하고, 스파크가 발생하지 않는 부분, 즉 권선 부분은 안전증 방폭을 시행하는 것이 일반적이다.

압력 방폭이 시행되는 모터는 압력 계기나 공기 유량 계기에 의하여 보호받으며, 특정한 압력이나 유량 이하로 내려가면 경보를 발하거나 모터를 차단하여 안전을 보증한다. 압력 방폭에는 퍼지 형과 봉입형이 있다.

(4) 방폭 모터의 보호 기기

여러 종류의 방폭 모터의 보호에 이용되는 보호 기기에는 다음과 같은 종류가 있다.

① 고정자 권선 보호(protection of stator winding)

㉠ 과전압 보호(over voltage protection)

㉡ 저전압 보호(under voltage protection) : 무전압 작동(no voltage trip)

㉢ 차동 보호(differential protection)

㉣ 접지 사고 보호(earth fault protection) : 비접지 계통에 대해서는 경보만 울린다.

㉤ 이중 접지 사고 보호(double earth fault protection) : 비접지 계통에 적용

㉥ 결상 보호(phase failure protection)

㉦ 자동 기동 봉쇄(automatic restarting block) : 동기 모터에만 적용

㉧ 동기 이탈 보호(out-of-step protection) : 직류 모터에만 적용

㉨ 저여자 보호(underexcitation protection)

② 환기와 냉각 장치 감시(monitoring the ventilation and cooling)

㉠ 냉각 공기 온도(cold air tempearture)

㉡ 가열된 공기 온도(hot air temperature)

　　㈐ 공기 유량 : 불활성 가스 유량(air-protective gas-flow)

　　㈑ 공기 필터 압력 저하(pressure drop across air filter)

　　㈒ 냉각수 온도(cooling water temperature)

　　㈓ 냉각수 유량(cooling water flow)

　③ 회전자 권선 호보(protection of rotor winding)

　　㉮ 접지 사고 보호(rotor earth fault protection) : 직류 모터에만 적용

　　㉯ 권선 섬락 방지(flash barrier)

④ 베어링(bearing)

　　㉮ 베어링 온도(bearing temperature) : 스리브 베어링에만 적용

　　㉯ 윤활유 온도(bearing oil temperature)

　　㉰ 윤활유 압력(bearing oil pressure)

　　㉱ 윤활유 유량(bearing oil flow)

　　㉲ 냉각수 유량(cooling water flow)

2. 변압기

변압기(transformer)는 가능한한 위험 지역 밖에 설치해야 하나 최근에는 석유 화학 공장의 연간 생산량이 급격히 상승함에 따라 부하 밀집 지역 가까이에도 변압기를 설치한다.

(1) 변압기에 적용되는 방폭 방법은 다음과 같다.

① 내압 방폭

② 압력 방폭

③ 유입 방폭

④ 안전증 방폭

⑤ 몰딩 방폭

여기서의 변압기는 측정용 변성기와 기동용 리액터(starting reactor)를 포함한다.

(2) 위험 지역에 설치되는 변압기는 방폭 방법에 관계 없이 일차 권선과 이차 권선 사이에 접지한 차폐 격자를 설치하여 혼촉을 방지한다. 단, 이차 권선이 접지된 측정용 변압기, 즉 전류 변성기(current transformer)와 전압 변성기(potential trans for-mer)는 이 규정의 적용에서 제외된다. 그러나 측정 계기용 안전증과 몰딩 방폭 변압기는 다음과 같이 설계되어야 한다.

① 절연 권선의 온도 상승은 정격 전압과 정격 전류의 1.2 배의 조건에서 연속 사용시 표준형 변압기에 규정된 온도보다 $10°K$만큼 낮아야 한다.

② 기계적, 열적으로 표 53 에 나타난 과전류에 견디도록 설계되어야 한다.

[표 4-53] 계기용 안전증과 몰딩 방폭 변압기의 과전류 규정

과 전 류 종 류	과 전 류 규 정
I_{th}	$\geqq 100 \times I_N$
I_{DYN}	$\geqq 1.3 \times 250 I_N$

여기서
- I_N : 변압기의 정격 전류
- I_{th} : 열적 한계 전류(A)

  예상되는 최고의 주위 온도에서 정격 부하 온도로부터 제한 온도까지 1 초 동안에 상승시킬 수 있는 전류의 실효치
- I_{DYN} : 기계적 한계 전류(A)

  전기 기기가 0.01 초 이상 기계적 손상 없이 견딜 수 있는 최고 전류의 파고치

　변압기는 열적 한계 전류가 1초 동안 흐를 때 권선 온도가 최고 한계 온도를 초과할 수 없다. 그리고 어떠한 조건에서도 한계 온도는 200℃를 초과할 수 없으며, 기계적 한계 전류가 변압기 이차 권선이 단락된 상태에서 0.01초 동안 흐를 때에 발생하는 기계적 응력에 견뎌야 한다.

3. 스위치와 차단기

(1) 스위치와 차단기(switch and circuit breaker)에 적용되는 방폭 형태의 종류
단, 직류에 적용될 경우 유입 방폭은 제외된다.
　① 내압 방폭
　② 유입 방폭
　③ 압력 방폭
　④ 본질 안전 방폭
(2) 차단기의 정격 차단 능력은 차단 기기의 기능적 역할보다는 방폭 특성을 확인하는 일, 즉 방폭을 보증하는 능력으로 간주되고, 시험받아야 한다.
(3) 유입 방폭 스위치는 용기내 기름의 자유 표면 위의 가스를 점화시키는 능력에 대한 시험을 받아야 한다.
(4) 단로기(disconnecting switch)는 삼상을 한 번의 작동에 의해서 개폐 작업이 시행되어야 하며, 용기 외부에서 작동 위치를 알 수 있도록 표시되어야 한다.

(5) 스위치가 기기의 부속품으로 사용되는 경우 스위치 자체가 내압 방폭, 본질 안전 방폭, 몰딩 방폭에 의하여 스파크에 의한 폭발이 방지되면 안전증 방폭 용기에 넣어서 사용할 수 있다.

(6) 스위치가 본질 안전 방폭에 의하여 방호되는 경우에는 비본안 회로와는 전기적으로 절연되어 사용되어야 한다.

4. 측정 기기와 조정 기기

(1) 계장(**instrumentation**)에 관계 있는 기기의 방폭 형태

① 내압 방폭

② 유입 방폭

③ 압력 방폭

④ 안전증 방폭

⑤ 본질 안전 방폭

⑥ 몰딩 방폭

⑦ 비착화 방폭 등이다.

(2) 본질 안전 기기

위험 물질을 취급하는 석유 화학 공장에 사용되는 계기와 조절기에 대하여 예전에는 공압 계기와 공기 조절 기기가 많이 사용되었다. 그러나 지난 10여 년 간에 전자 기술이 발전에 발전을 거듭함에 따라 현재는 전기 기기와 전자 기기의 사용이 현저하게 증가하였다. 그리고 더욱이 조정 기술과 조정에 따른 시스템의 반응이 빨라지고 높은 정확도의 요구가 반응 속도가 빠르고, 정확성 유지에 좋은 특성을 구비한 전기 계기의 사용을 부추겼다.

더구나 최근에는 중앙 처리 장치(micro processor)라는 자기 조절 기기가 시스템에 많이 사용됨에 따라 한 기기의 실패가 전 공정에 미치는 영향을 최소화하기 위하여 조절 기능 분산화(decentralization)가 이루어지고, 중앙 조정실에서는 문자 그대로 감시 기능과 긴급 작동만을 담당하는 경향이 발전함에 따라 전기·전자 기기 사용이 필수 사항이 되고 있다.

측정 기기와 조정 기기는 화학과 석유 화학 분야에서 또한 안전 운전에 있어서 기본적인 사항이다. 연속 공정에서 일어나는 사고는 때로는 폭발 사고에까지 이르게 되는 요인이 많으므로 사고 초기에 미리 폭발 사고에 이르는 길을 차단하여 안전을 담당하는 역할을 그들이 담당하고 있다. 그리고 위험 분위기 조성을 미리 방지하고, 설사 누출 사고가 일어나더라도 폭발 하한값에 이르기 전에 긴급 조치를 수행하여 폭발 사고

를 예방하고 있다.

이와 같은 사실은 일차 방폭 대책에 귀속되는 일들이다. 이들은 요구되는 사항이 극히 엄중하므로 대개는 이중삼중으로 안전 기능을 수행하고 있다.

측정 기기나 조정 기기와 같은 계장에 사용되는 전기 기기는 전압이 대개 24 V 이내로 낮은 값이고 전류는 mA 단위로, 이와 같이 낮은 값이기 때문에 본질 안전 방폭이 계장 분야에 많이 사용되는 촉매 역할을 하였고 현재는 본질 안전 방폭이 이 분야에 주류를 형성하였고, 이는 앞으로도 변화가 없을 것이다.

본질 안전에는 세 가지의 기본 기준이 있다.

① 본질 안전과 본질 안전에 관계되는 회로는 다른 회로와는 격리되어야 하고, 이는 첫째로 적절한 연면 거리와 절연 거리를 확보하고, 둘째로 변압기나 전류 제한 저항기에 의하여 이루어진다.

② 본질 안전에 귀속하는 모든 부품의 표면 온도는 규정 온도보다 낮아야 하고, 이는 예정된 사고에서 회로가 보여주는 열적 특성에서 간단히 알 수 있다.

③ 회로내에서 스파크가 일어나도 특정한 위험 가스를 점화시킬 수 없을 만큼 낮은 열에너지만을 발산할 수 있도록 설계되어야 한다. 이를 보증하기 위해서는 시험에 의하여 확인하는 일이 기본이나 모든 설계자가 모든 경우에 시험으로 확인 절차를 갖은다는 것이 비현실적이므로 회로의 조건, 즉 전압, 전류, 인덕턴스, 커패시턴스(capacitance)에 의하여 점화로부터 회로가 안전하다는 사실을 알 수 있는 기본적인 틀이 마련되어야 한다. 그림 22, 23, 24, 25, 26 에 회로의 조건에 따른 기본 틀이 표시되어 있다. 여기서 인덕턴스가 1 mH 이하일 때에는 저항 회로라 하며, 이상일 경우에는 인덕턴스 회로라고 한다.

■ 최소 점화 전류 곡선 (Minimum Ignition Curves)

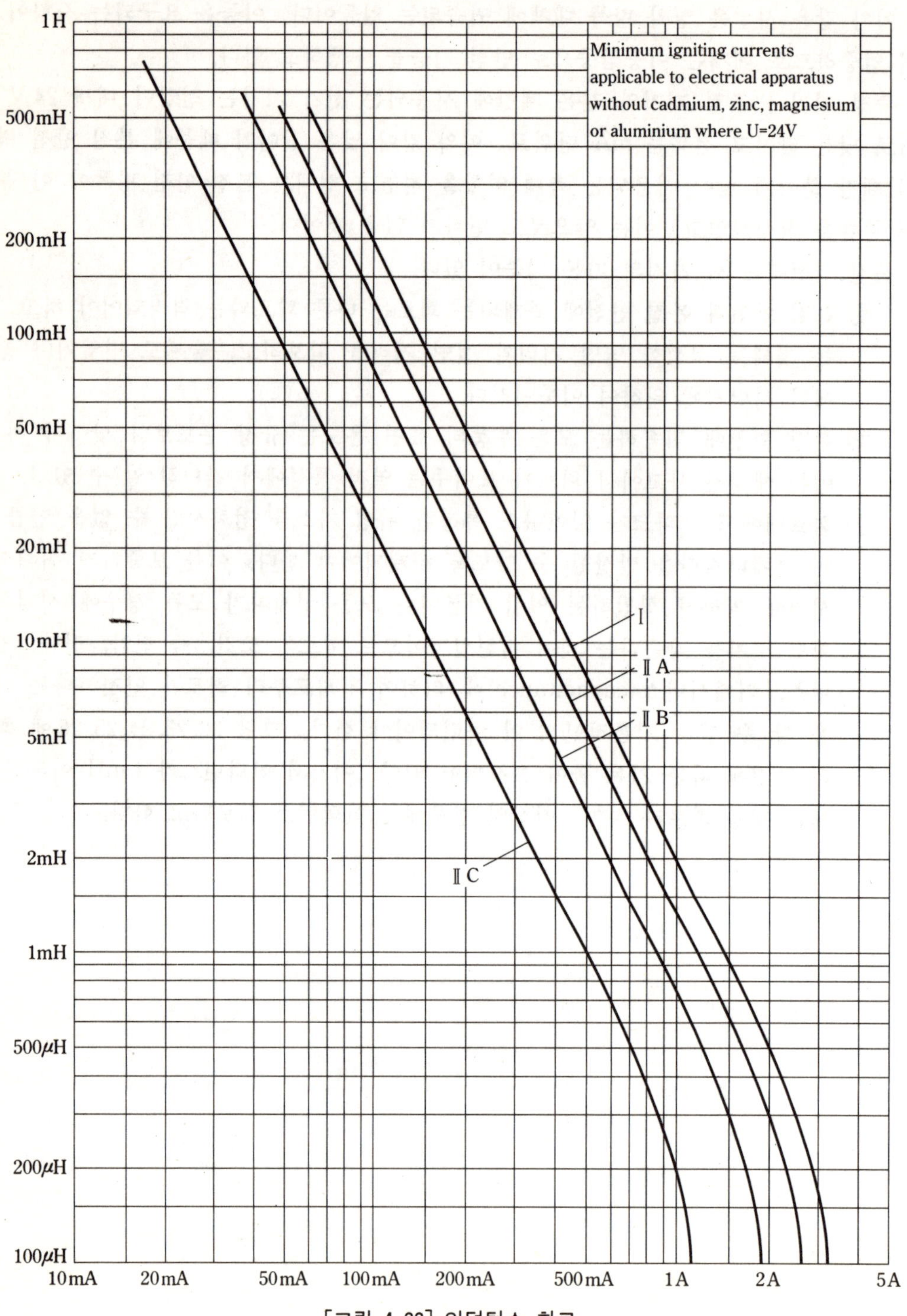

[그림 4-22] 인덕턴스 회로

■ 최소 점화 전류 곡선 (Minimum Ignition Curves)

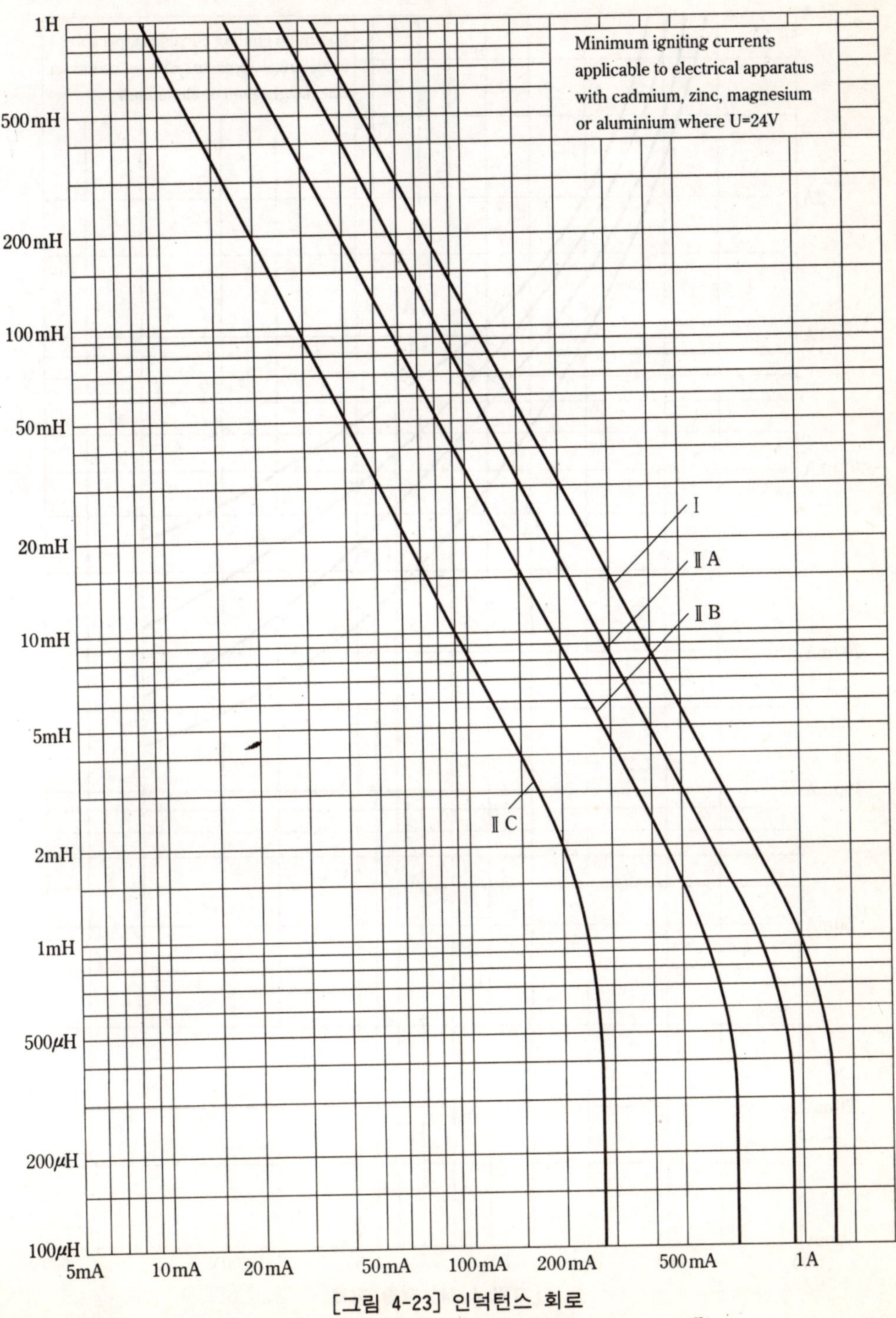

[그림 4-23] 인덕턴스 회로

■ 최소 점화 전류 곡선 (Minimum Ignition Curves)

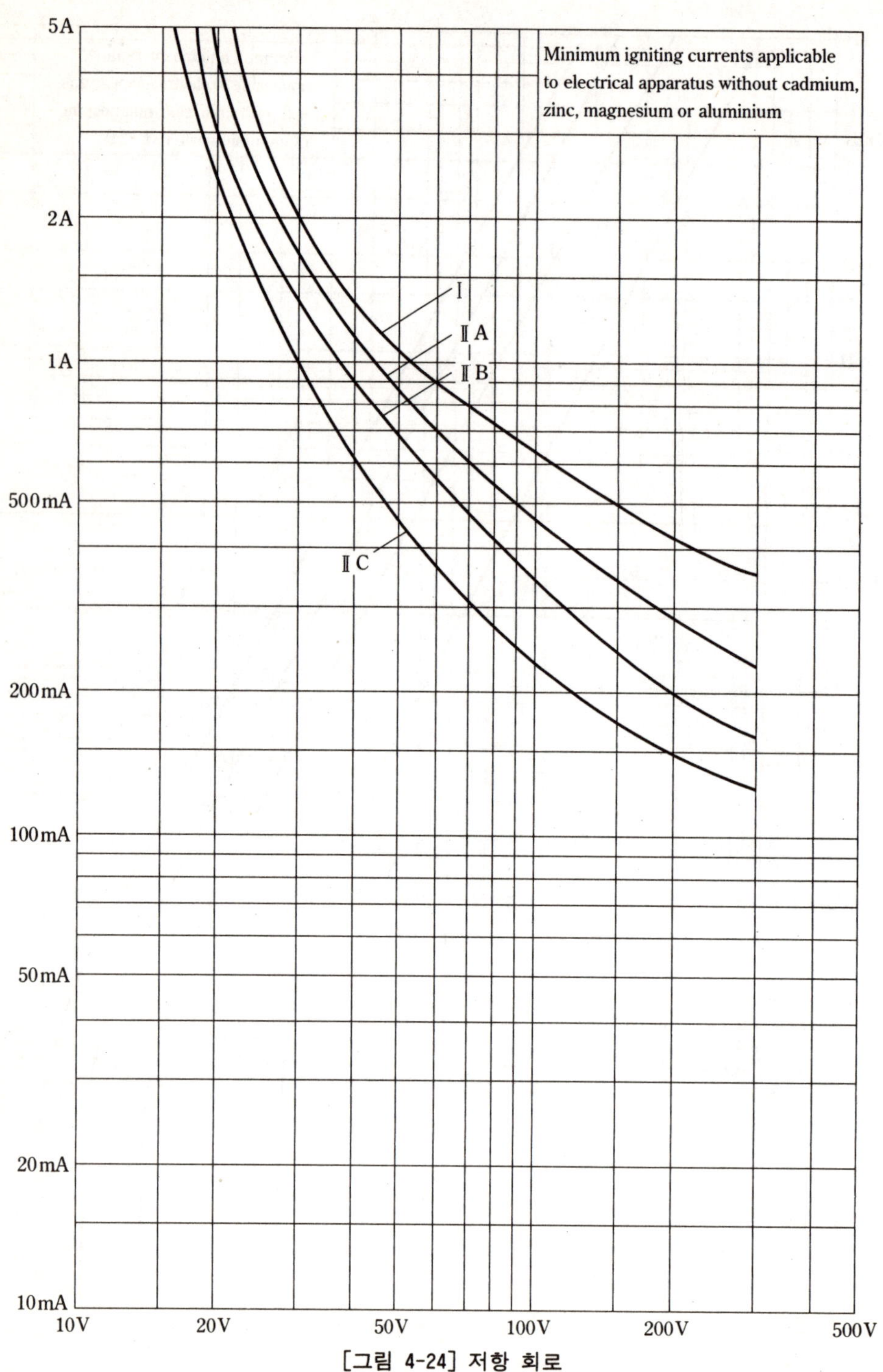

[그림 4-24] 저항 회로

■ 최소 점화 전류 곡선 (Minimum Ignition Curves)

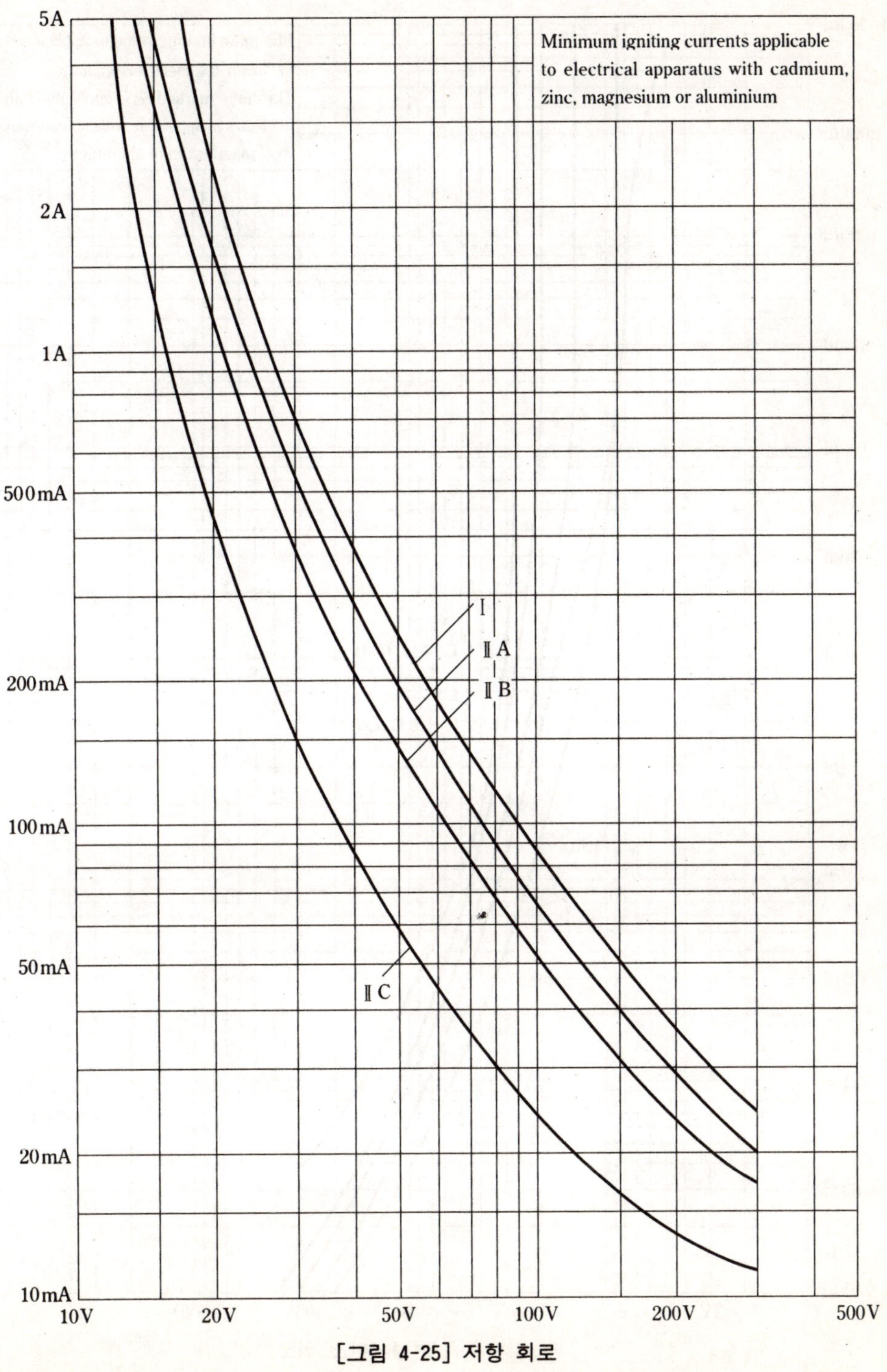

[그림 4-25] 저항 회로

■ 최소 점화 전류 곡선 (Minimum Ignition Curves)

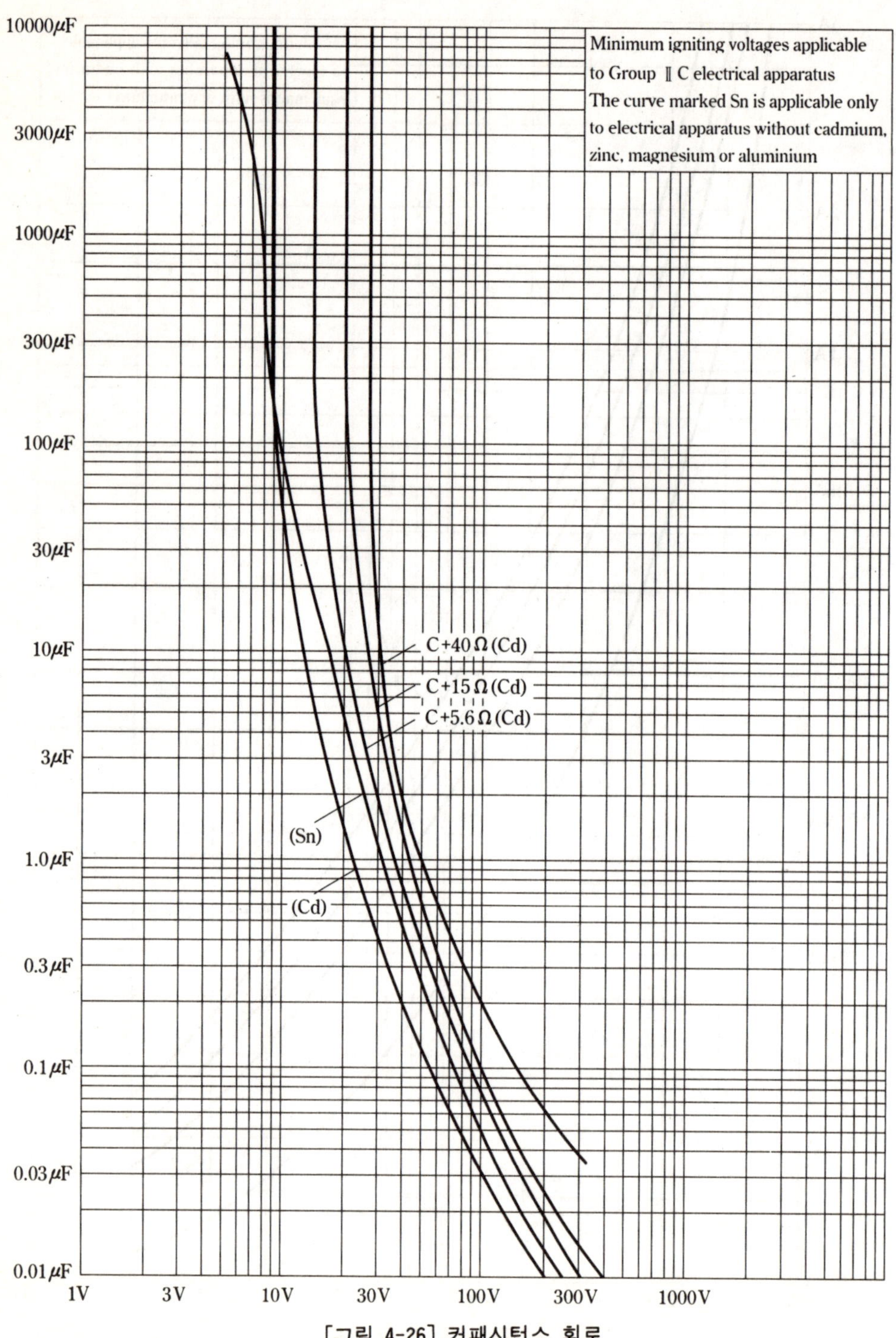

[그림 4-26] 커패시턴스 회로

그림 27, 28 과 같은 간단한 회로에 대하여 예제를 들어 본다.

■ 인덕턴스 회로

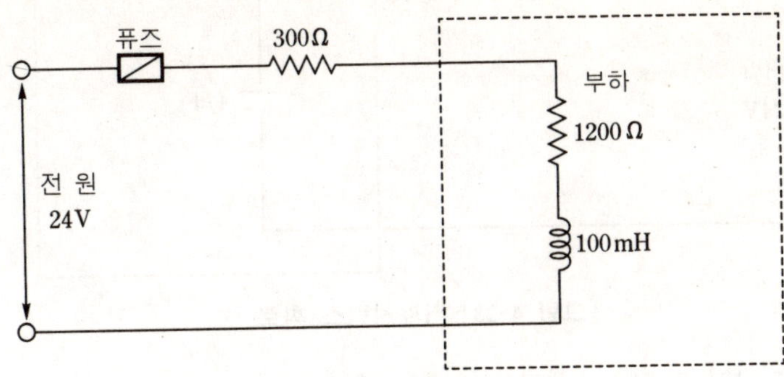

[그림 4-27] 인덕턴스 회로

이 회로가 본질 안전에 해당하는지를 검증하기 위해서는 부하가 단락하였을 경우 전원 회로에 대한 검증과 전 계통 회로에 대한 검증으로 분리하여 수행한다.

1) 전원 회로

전류 제한 저항기는 300 Ω이 최소 저항치이고, 고장이 일어나지 않는다고 간주한다. 만일 이 저항기에 고장이 있다면 근원적으로 본질 안전 회로는 구성되지 않는다.

① 전원 전압은 10%의 여유를 인정한다.

  $24\,V \times 1.1 = 26.4\,V$

② 부하 단락시의 전류는 $26.4/300 = 88\,mA$

  안전율 1.5 배를 적용하면 $88 \times 1.5 = 132\,mA$

③ 그림 25 에 적용하면 ⅡC 그룹에서 전압이 26.4 V인 경우 최소 점화 전류는 200 mA이다. 따라서 이 경우의 전원 회로는 본질 안전이다.

2) 부하 회로

① 전원 전압 : 26.4 V

② 부하 저항이 $300 + 1,200 = 1,500\,\Omega$이므로 부하 전류는 $\dfrac{26.4\,V}{1,500\,\Omega} = 17.6\,mA$

  안전율 1.5 배를 적용하면 $17.6 \times 1.5 = 26.4\,mA$

③ 그림 23 에 적용하면 그룹 ⅡC와 100 mH 인덕턴스와 24 V 전원에서 최소 점화 전류는 28 mA이다. 따라서 이 회로는 본질 안전 회로이다.

■ 커패시턴스 회로

이 회로에서도 전원 회로와 전 계통 회로로 나누어 검토한다.

1) 전원 회로

① 부하 단락시 전류는 $26.4/10,000 = 2.64\,mA$

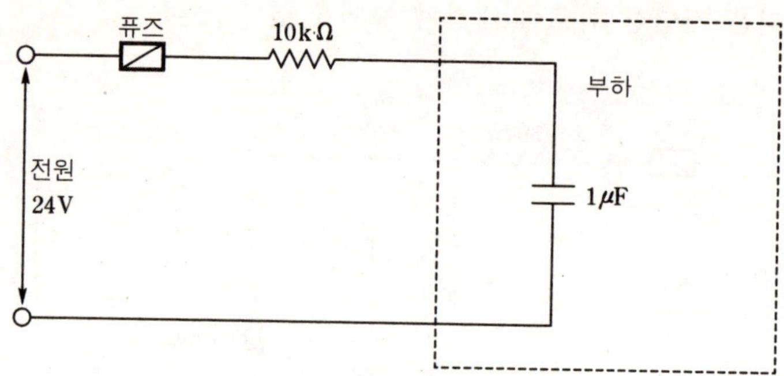

[그림 4-28] 커패시턴스 회로

안전율 1.5 배시 2.64 mA×1.5=3.96 mA

② 최소 점화 전류는 200 mA이므로 이 경우의 전원 회로는 본질 안전이다.

2) 부하 회로

① 전원 전압 ; 24 V

안전율 1.5 배를 적용하면 24×1.5=36 V

② 그림 26 에 적용하면 카드뮴 회로에 36 V의 전압에서는 점화를 일으키는 최소 커패시턴스 값은 0.2 μF 이다. 따라서 이 회로는 본질 안전이 아니다.

③ 이 회로를 본질 안전 회로로 만들기 위해서는 전원 전압을 낮추거나 부하 커패시턴스와 직렬로 저항을 연결하는 방법이 있다. 이 회로에서는 1 μF 에서 최소 점화 전압은 23 V이고, 안전율 1.5 배를 적용하면 23/1.5=15.3 V이므로 전원 전압을 15 V 까지 낮출 수 있다. 한편, 커패시턴스와 직렬로 5.6 Ω 을 삽입하면 36 V 에서 점화를 일으키는 최소 커패시턴스 값은 1.3 μF 이 된다. 따라서 전원 전압을 15 V 로 낮추거나 커패시턴스와 직렬로 5.6 Ω 의 저항을 삽입함으로써 본질 안전 회로로 전환시킬 수 있다.

(3) 안전증 방폭 기기

스파크를 발생하지 않는 계기와 조정 계기는 다음과 같은 조건 아래서 안전증 방폭을 시행할 수 있다.

① 전류가 흐르는 가동 코일 부품이 없는 전압과 전류 기기이어야 하므로 전류 계기는 가동 철편형이어야 하며, 필히 가동 코일을 부품으로 갖는 전력 계기와 역율 계기 등은 안전증 방폭이 될 수 없다.

② 단락 사고나 접지 사고가 계속 일어나도 온도가 규정 수치 이상으로 상승하지 않는 기기

③ 전력 소비가 100 VA 를 넘지 않는 방전 튜브(discharge tube)나 증폭관 또는 고진공관 기기

④ 그룹 ⅡA와 ⅡB 용기에서는 커패시턴스 요소가 없고 전압이 6 V 이하이거나 전류가 20 mA 이하인 인덕턴스 기기에서 인덕턴스가 100 mH 이하인 기기 그리고 인덕턴스가 0.1 mH 이하인 저항 기기에서 전압이 6 V 이하이거나 전류가 100 mA 이하인 기기의 경우에는 스파크가 발생하는 개폐 작동 기기, 레오스탯(rheostat) 기기, 슬라이딩(sliding) 기기도 사용이 가능하다.

⑤ 계기용 전원 공급 변압기의 인출 단자에서 단락 사고가 발생하여도 온도가 규정치를 넘지 않는 기기

⑥ 단면적이 2.5 mm² 이하인 나충전 연결선이 납땜으로 연결되어 있는 경우

5. 전등 기구

램프는 빛을 발생하는 광원을 일컫는 기술적 용어이다. 램프는 전기 기기이지만 방폭 분야에서는 램프만을 단독으로 다루지 않고 전등 기구와 같이 다루어진다.

현재 사용되고 있는 램프 중에서 저압 나트륨 램프는 위험 지역내에서는 사용되지 않는다. 그 이유는 저압 나트륨 램프의 아크 튜브에 사용되는 금속성 나트륨이 습기와 접촉하면 발열 반응을 일으키며 고온을 발생하기 때문이다. 오늘날 사용되고 있는 램프의 발광 원리를 기준으로 하여 분류하면, 다음과 같다.

(1) 백열 램프(incandescent lamp)
　• 할로겐 램프(halogen lamp)
(2) 방전 램프(discharge lamp)
　• 형광 램프(fluorescent lamp)
　• 수은 램프(mercury vapor lamp)
　• 고압 나트륨 램프(high pressure sodium lamp)
　• 저압 나트륨 램프(low pressure sodium lamp)
　• 메탈 램프(metal halide lamp)
(3) 복합 램프(composite lamp)
　• 블렌디드 램프(blended lamp)
(4) 루미네선스 패널(luminescent panel)

이 중에서 방폭 전등 기구에 많이 사용되는 종류는 백열 램프와 방전 램프이다. 다만, 백열 램프는 방전 램프와 비교하여 발광 효율이 낮아 특별히 필요한 장소에만 사용된다. 이유는 방폭 등기구는 일반 등기구와 비교하여 고가이므로 효율이 낮은 백열 램프를 사용하는 것이 비효율적인 일이기 때문이다. 또한 블렌디드 램프가 일반화가 되지 못하고 있는 것도 같은 이유에서이다.

표시등으로는 5 W의 전력 용량을 갖은 백열등 외에 엘이디(LED : light emitting diode)라고 하는 반도체 소자가 사용되고 있으나 색깔에 따른 광도의 수치에 차이가 많아 아직까지는 미흡한 실정이다. 표시등에 관련된 자료는 표 54 와 같다.

[표 4-54] 표시등의 광도 비교

표시등 \ 색깔	광도(luminous intensity)%				
	빨강	노랑	초록	하양	파랑
5 W 백열등	100	100	100	100	100
1.6 W LED	77	52	44	8	0

전등 기구에 이용되는 방폭 방법에는 내압 방폭, 안전증 방폭, 압력 방폭 등이 있다. 이 중에서 압력 방폭 등기구는 극히 희소하고 특별한 경우에만 예외적으로 사용되며, 이동할 수 있는 휴대등이나 작업등에는 내압 방폭 등기구만 사용된다.

(1) 안전증 등기구

등기구로 일컬어지는 전기 기기는 높은 온도와 회로 사고에 의한 스파크가 점화 원인이 될 수 있으나 정상 운전중에는 스파크가 발생하지 않으므로 점화 가능성을 결정하는 기본적인 사항은 높은 온도와 관련되어 있다. 그러므로 전등 기구에서 낮은 온도만 유지할 수 있다면 안전증 등기구가 가장 경제적인 등기구가 될 것이다. 그러나 현실에서는 안전증 등기구와 관련하여 기술적으로 많은 문제가 해결되지 않고 있어서 엔지니어가 내압 방폭을 선호하고 있는 실정이다.

안전증 방폭 등기구는 사용 장소와 밀접한 관계가 있다. 우선 안전증 등기구가 1 종 장소에도 사용될 수 있도록 규정한 국제 규격(IEC)에 대하여 살펴 본다.

1 종 장소의 규정에 비추어 볼 때 안전증 방폭 등기구는 램프의 유리, 즉 벌브(bulb)가 파손되었을 경우에도 등기구의 내외는 물론 어떠한 부품의 온도도 규정 온도보다 높아지지 않도록 설계되어야 한다. 램프가 파손되었을 경우에는 거의 대부분 고온의 부품이 남아 있어서 점화의 위험이 있다. 다만 백열 전구의 필라멘트만은 벌브가 파손되면서 공기와 접촉하여 순시에 냉각되므로 실제적으로 위험이 없다. 그러나 방전 램프의 아크 튜브는 벌브의 파손 후에 온도가 서서히 떨어지므로 위험 가스를 점화시킬 가능성이 존재한다.

그러므로 실제적으로 안전증 등기구에 사용할 수 있는 램프는 다음과 같다.

① 예열 전극을 갖고 있지 않고, 하나의 핀에 의하여 발광하는 형광 램프

② 벌브의 파손 후 10 초 이내에 필라멘트 온도가 규정 온도 이하로 내려가는 백열 램프

③ 블렌디드 램프

④ 벌브의 파손 후 10초 이상 규정 온도보다 높은 온도로 유지되는 부품이 없는 광원

다만 저압 나트륨 램프에 사용되는 아크 튜브는 금속 나트륨을 사용하므로 앞에서도 이야기한 바와 같이 위험 장소에서는 원천적으로 사용되지 않는다.

이상의 내용을 면밀히 검토하면 백열 램프와 블렌디드 램프만이 안전증 등기구에 사용 가능하다.

다음으로 안전증 등기구가 2종 장소에만 사용하도록 규정한 한국, 미국, 일본에 대한 경우를 검토하면 벌브 파손시는 고려해야 할 사항에서 제외된다. 여기서 유의할 사항은 한국 규정의 안전증 등기구와 미국에서 규정하고 있는 2종 장소에서 사용할 수 있는 등기구와는 기술적 요구 사항이 다르다는 점이다. 순전히 기술적인 면에서만 생각한다면 안전증 등기구에 관련한 미국 규격이 요구하는 사항은 낮은 수준이다. 그러므로 등기구 내외를 불문하고 온도가 규정 온도보다 낮을 때에는 안전증 등기구가 채용되며, 가장 경제적인 선택이 된다. 실제적으로 형광등 램프는 내압 방폭이 선택되어야 하는 특별한 이유는 없다.

안전증 등기구에 사용되는 램프의 캡(cap)은 특별한 규정이 없는 한 195℃를 넘을 수 없다. 그리고 스크루형 램프인 경우에는 캡이 풀려서 위험 가스와 직접 접촉할 위험이 없도록 설계되어야 하며, 만일 진동 등에 의하여 풀릴 위험이 있다면 특별한 조치가 시행되어야 한다. 램프 홀더에 연결되는 전선은 실험에 의하면 램프 캡의 온도가 195℃일 때 연결점의 온도가 100℃까지 올라가는 것으로 알려져 있다.

따라서 홀더에 연결되는 전선은 제2종 절연 전선인 열에 강한 전선(HIV) 이상의 것을 사용한다.

(2) 2종 장소에 사용되는 등기구

2종 장소에 사용되는 등기구가 최근에 와서 많은 관심을 불러 일으키고 있다. 이는 위험 장소에 대한 많은 실험에 의하여 0종이나 1종 장소의 범위가 명확히 밝혀지면서 그 범위가 줄어드는데 반하여 2종 장소는 넓은 범위를 점유하고 있기 때문이다.

미국이나 독일 등에서는 2종 장소에 사용하는 등기구에 대해서는 온도에 관련한 규정만을 규정하고 있고, 다른 사항은 규정되지 않고 있다.

그러므로 형광 램프와 같은 광원이 사용되는 등기구가 2종 장소에 사용된다면 일반 등기구도 사용될 수 있다는 결론에 도달하게 된다. 다만 별도의 규정에 의하여 IP 54의 규정이 요구되고 있을 뿐이다.

따라서 경제적인 관점에서 깊이 검토하여야 할 사항이다.

6. 연결함·단자함·정크션 박스·풀 박스

함에 관계 있는 방폭 형태는 다음과 같다.

① 내압 방폭

② 안전증 방폭

정상적인 운전중에 스파크나 고온을 발생하지 않는 단자함 등은 안전증 방폭으로 설계되며, IP 54 보호 등급을 갖는다. 같은 이유에서 모터 단자함과 스위치 단자함 등도 스파크 발생 기기와 칸막이로 분리되어 있는 경우에는 안전증 방폭으로 설계된다.

미국 규격에서는 2종 지역에 사용되고, 정상 운전중에 스파크를 발생하지 않은 단자함 등은 보호 등급 NEMA 4나 4X를 사용할 수 있고, 방폭함은 요구되지 않는다.

7. 전선관 피팅

나사 접합으로 연결되는 모든 피팅(fitting)류의 접합 부위는 연속 완전 나사 산이 5산 이상이어야 한다. 단, ⅡC 용기에 사용되는 나사는 테이퍼 나사이어야 하고, 평행 나사인 경우에는 6산 이상이어야 한다.

스파크나 고온을 발생하는 전기 기기에 직접 연결되는 피팅류는 내압 방폭으로 설계되어야 하며, 가능한한 기기와 가장 가까이 45 cm 이내에 실링 피팅이나 케이블 그랜드를 설치하여 폭발 가스의 유동에 의한 점화 발생을 방지할 수 있도록 설계되어야 한다.

단자함과 같이 정상 운전중에 스파크를 발생하지 않는 내압 방폭 박스에 연결되는 전선관에 대해서는 54 mm 이상의 피팅류 연결에만 실링 피팅이나 케이블 그랜드의 설치가 요구되고, 그 미만은 설치를 생략할 수 있다.

0종 장소, 1종 장소, 2종 장소, 비방폭 지역과 같이 다른 두 종류의 장소를 연결하는 연결 파이프에는 어느 한 쪽에 실링 피팅이나 케이블 그랜드를 설치한다. 여기서 주의해야 할 사항은 실링 피팅과 경계면 사이에 커플링(coupling)이나 유니언(union) 커플링 등을 설치해서는 안 된다는 것이다.

실링 피팅과 케이블 그랜드(cable gland)는 내압 방폭으로 설계되어야 한다.

8. 전기 난방 기기

전기 히터(electric heater)는 내압 방폭이나 안전증 방폭으로 설계되어야 하며, 안전중 모터에 사용되는 전기 히터는 가드(guard)에 의하여 보호되어야 한다. 또한 전기 히터의 과도한 온도 상승은 보호 기구에 의하여 방지되어야 한다.

20 방폭 전기 기기의 시험과 점검

방폭 전기 기기는 방폭의 특성에 따라 아래와 같은 적절한 시험과 점검을 받아야 한다.

(1) 구조 검사(**construction check**)

(2) 폭발 강도 시험(**explosion withstand test**)

(3) 폭발 인하 시험(**explosion propagation test**)

(4) 압력 시험(**pressure test**)

(5) 압력 보호 기기 시험(**performance test of protective device for pressure**)

(6) 스파크 점화 시험(**spark ignition test**)

(7) 온도 상승 시험(**temperature rise test**)

(8) 내전압 시험(**dielectric strength test**)

(9) **IP** 시험(**IP test**)

(10) 성능 시험(**function test**)

(11) 충격 시험(**impact test**)

(12) 낙하 시험(**drop test**)

(13) 회전력 시험(**torque test**)

(14) 구부림 시험(**bending test**)

(15) 열충격 시험(**thermal shock test**)

(16) 열안정 시험(**thermal stability test**)

(17) 열사이클 시험(**thermal cycling test**)

(18) 케이블 인장 시험(**cable pull test**)

(19) 확산 반감기 시험(**half time diffusion test**)

위와 같은 시험을 방폭 전기 기기의 방폭 종류에 따라 구분하면 표 55와 같이 나타낼 수 있다.

방폭 시험과 관련하여 단순한 전기 기기는 방폭 지역에서 사용해도 위험이 발생하지 않는 경우가 있다. 즉, 스위치, 열전대, 저항기, LED, 검전기와 같은 기기의 전압이 1.2 V 이하, 전류가 0.1 A 이하, 전력이 25 mW 이하이거나 발생하는 에너지가 20μJ 이하인 경우에는 어떠한 시험도 받을 필요 없이 방폭 지역에서 사용할 수 있다.

[표 4-55] 방폭 종류에 따른 시험 방법

시험 방법 ＼ 방폭 종류	d	e	o	p	q	m	i	n
구 조 검 사	V	V	V	V	V	V	V	V
폭 발 강 도 시 험	V	—	—	—	—	—	—	—
폭 발 인 하 시 험	V	—	—	—	—	—	—	—
압 력 시 험	—	—	—	V	V	—	—	—
스 파 크 점 화 시 험	—	—	V	—	—	—	V	—
온 도 상 승 시 험	V	V	V	V	V	V	V	V
내 전 압 시 험	—	—	—	—	—	V	V	—
I P 시 험	—	V	—	—	V	—	V	V
성 능 시 험	—	—	—	—	—	—	V	—
충 격 시 험	V	V	—	—	—	—	—	—
낙 하 시 험	V	—	—	—	—	—	—	—
회 전 력 시 험	V	V	—	—	—	—	—	—
구 부 림 시 험	V	—	—	—	—	—	—	—
열 충 격 시 험	V	V	—	—	—	V	—	—
열 안 정 시 험	V	V	—	—	—	V	—	—
열 사 이 클 시 험	—	—	—	—	—	V	—	—
케 이 블 인 장 시 험	—	—	—	—	—	V	—	—
확 산 반 감 기 시 험	—	—	—	—	—	—	—	V

21 분진 방폭 전기 기기

지금까지는 위험 가스나 가연성 액체에 의하여 발생하는 화재나 폭발에 대하여 검토하였다. 여기서는 가연성 물질이 분진과 같은 고체 형태로 존재할 경우에 대하여 검토하기로 한다.

고체가 점화하기 위해서는 먼저 기체로 변화되고 난 후에 점화가 일어난다. 그러나 고체가 기체로 변화하기 위해서는 매우 높은 온도에 따른 많은 열에너지가 필요하므로 폭발 위험은 없다. 그러나 고체 덩어리가 붕괴하여 직경이 0.1μm 이하가 되면 공기 중에 분산하여 현탁 상태로 부유하게 되고, 침강이 쉽게 일어나지 않는다. 이와 같은 상태를 분진이라 하며, 어떠한 종류의 고체도 이 정도의 입자로 붕괴하면 가연성 가스와 같이 위험한 상태가 되어 화재나 폭발을 일으킨다. 이는 분진 입자의 비표면적이 고체의 연소 과정에서는 결정적인 요소임을 드러내는 사항이다. 즉, 표면적은 분진 입자가 붕괴되어 감에 따라 빠르게 증가하는데, 이를 수치로 표시하면 다음과 같다.

한 면의 길이가 1 cm 인 하나의 육면체의 표면적은 6 cm² 이다. 이 입자가 붕괴하여 한 면의 길이가 1 mm 로 줄어들어 여러 개의 입자가 되면 표면적의 합은 60 cm² 가 된다. 더욱 붕괴하여 한 면의 길이가 1 μm 로 줄어들면 표면적의 합은 60,000 cm² 가 된다. 그리고 더욱 더 붕괴하여 한 면의 길이가 0.1 μm 까지 줄어들면 표면적의 합은 600,000 cm² 가 되어 가스와 같은 특성을 갖게 되고, 폭발의 위험성이 항상 존재하게 된다.

그렇지만 다행히도 실제로 나타나는 분진 입자의 대부분은 5 μm ~ 100 μm 범위로 가연성 가스보다는 위험성이 낮기 때문에 분진 폭발은 가스 폭발과 비교하여 점화에 필요한 열에너지가 훨씬 크다. 분진 폭발 과정을 그림으로 나타내면 그림 29 와 같다.

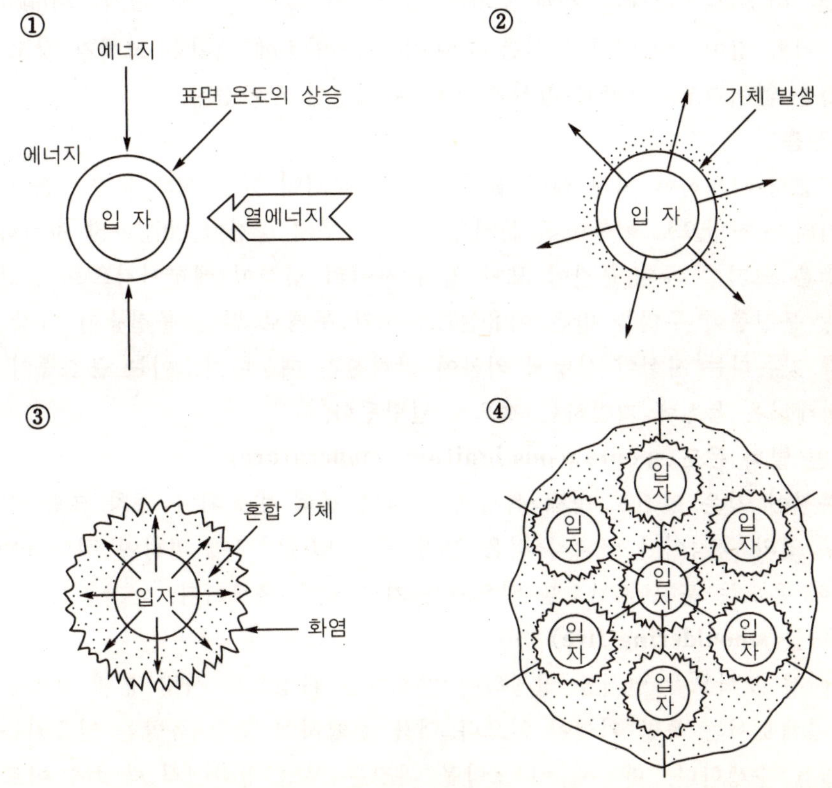

〈그림 4-29〉 분진의 폭발 과정

위 그림에서 쉽게 상상할 수 있는 바와 같이 분진 입자 표면에 열에너지가 가해지면 표면 온도가 상승하고, 열을 받은 표면의 분자가 열분해하여 가스를 주위로 방출한다. 그리고 방출된 가스가 공기중의 산소와 결합하고 점화하여 연소가 일어난다. 이 때 발생하는 열이 분진 입자의 분해 작용을 촉진하여 차례로 점화를 일으킨다. 결국은 분진 폭발도 본질적으로는 가스 폭발이라고 말할 수 있다. 다만 분진이라고 부르는 고체 입자가 $0.1\mu m$에서부터 수십 μm까지 넓은 범위에 걸쳐 있으므로 연소 과정이 훨씬 복잡할 뿐이다.

1. 분진의 특성

(1) 분진과 분체

분진이라고 일컬어질 때에는 일반적으로 고체 입자의 크기가 $75\mu m$ 이하의 미세 입자를 가리키며, 이와 비교하여 분체라고 일컬을 때에는 입자의 크기가 $500\mu m$ 이하의 입자를 가리키고, 분진 폭발은 대개 $500\mu m$ 이하의 고체 입자에서 일어난다. 분체를 공업적으로 이용하는 곳에는 분체 도장이 있고, 이 경우 입자의 크기는 $1000\mu m$ 이하가 된다. 이와 같이 분진에까지 이른 고체 입자는 안전에 관한한 고체가 갖고 있던 본래의 특성은 없어지고, 화학적 활성과 폭발 위험성이 높아진다.

(2) 분진층

분진이 중력에 의하여 내려 앉아 물체 위에 퇴적되어 있는 상태를 분진층이라 한다. 같은 크기의 분진만으로 이루어진 분진층은 층 내부에 공간이 90%까지 차지하나 실제의 분진층은 크기가 다른 분진이 모여 입자 사이의 간격이 메꾸어지므로 공간이 훨씬 줄어든다. 분진층이 주의를 받은 이유는 5 mm의 두께로 앉은 분진층이 가장 낮은 점화 온도를 갖는다는 사실이 실험에 의하여 밝혀졌기 때문이다. 이는 분진층이 갖는 열전도를 방해하는 특성에 기인하는 것으로 판단된다.

(3) 자연 발화 온도(**spontaneous ignition temperature**)

퇴적 분진이 갖은 열전도 방해 특성에 의하여 분해 반응이나 흡착 또는 발효 등에 의한 내부 열의 축적이나 비교적 적은 양의 외부 열에너지에 의하여 점화하는 온도를 말하며, 이 온도는 분진이 연소를 일으키는 가장 낮은 온도이다.

(4) 모닥불(**smouldering fire**)

분진층에서 모락모락 연기를 발생하며 연소하는 과정으로 사람 눈에 보이는 화염은 없고 그 자체로서는 폭발 위험이 없으나 더욱 진행하여 분진 폭발을 일으키는 불씨로서의 역할을 수행한다. 따라서 이 모닥불 과정은 자연 발화에서 폭발에 이르는 중간 과정으로 둘을 연결시키는 고리 역할을 수행하고 있다고 할 수 있다.

5 mm의 분진층에서 일어나는 모닥불을 지피는 온도가 가장 낮으며, 대부분의 분진층에서는 230℃~450℃이다. 여기서 주의할 사항은 어떠한 분진층에서는 모닥불 온도에 이르기 전에 분진층이 녹아서 분진의 특성을 잃어버리고 액체나 고체 덩어리의 특성을 갖는 분진층이 있다는 사실이다. 설탕, 아스피린, 가루 비누와 석탄 타르 피치가 이와 같은 속성을 갖고 있다.

또 다른 분진층은, 특히 유기 물질 중 옥수수나 감자 전분은 모닥불 온도에 이르기 전에 탄화하여 분해되면서 증발하여 가스가 된다. 이 온도점을 탄화점이라 한다. 그리고 가스화한 기체의 점화 온도는 분진 점화 온도보다 낮다는 사실에 주의해야 한다. 연맥이나 대맥의 곡물 분진에 대한 일연의 온도 특성을 표시하면 표 56 과 같다.

[표 4-56] 곡물 분진의 안전 특성에 관련한 온도

곡물 분진	온도(℃)
자연 발화 온도	170
탄화점 온도	190
모닥불 온도	280
점화온도	430

(5) 점화 온도

점화 온도는 가연성 분진을 공기중에서 가열하였을 경우 발화하는 최저 온도로, 부유 상태의 분진이 폭발하는 최저 온도이다. 대부분의 부유 분진의 점화 온도는 300℃~600℃이다.

(6) 최소 점화 에너지

분진과 공기 혼합체가 최적의 조건에서 점화를 일으키는 최소 에너지를 말하며, 일반적으로 대부분의 분진이 10 mJ 이상으로 가스의 최소 에너지와 비교할 경우 500 배에 이른다는 사실이 주목된다.

(7) 분진 폭발

분진이 공기중의 산소와 반응하여 국부적인 연소 반응대를 형성하여 연소하는 과정에서 압력이 발생하는 것을 분진 폭발이라 한다. 이 분진 폭발은 현상학적으로는 산화 작용으로 가스 폭발과 같다고 말할 수 있으나, 특별한 사항으로는 최초의 작은 폭발로 일어난 폭풍에 의하여 퇴적되어 있는 분진층이 부유를 일으키고, 이것이 다시 폭발을 일으키는 연쇄적인 폭발이 발생하여 큰 재해를 입는다. 이와 같이 분진 폭발은 두 단계로 일어나며 최초의 국부적인 폭발을 1 차 폭발이라 하고 이 때 부유한 분진운이 화염을 동반하여 강열한 폭발을 일으키는 것을 2 차 폭발이라 한다.

산업 현장에서 일어나는 분진 폭발을 분석하여 보면 작업장의 한 장소에서 1차적인 폭발이 일어나고 이것이 퇴적되어 있는 분진층을 분산 부유시켜 분진운을 형성하고 2차적으로 대규모의 폭발을 일으킨다. 이 때의 폭발은 대규모로 강열하며 방출되는 에너지 양도 많아 인명 피해와 재산 피해가 심하다.

(8) 폭발 한계

분진 폭발이 일어나기 위해서는 공기중에 혼합된 분진이 일정한 농도 범위내에 들어야 한다. 농도 범위 중 낮은 수치를 폭발 하한 농도라 하고, 높은 수치를 폭발 상한 농도라 한다. 그러나 분진이 공기중에 균일하게 혼합되는 것이 실제로는 불가능한 일이므로 상한 수치는 측정이 되지 않고, 의미도 없다. 따라서 중요한 것은 하한 수치로 대부분의 분진의 폭발 하한 농도 수치는 $20 \sim 100 \, g/m^3$이다.

(9) 폭발 한계 산소 농도

공기중에 혼합되어 있는 분진에 불활성 가스가 혼합되어 산소량이 감소하면 어떠한 조건 아래에서도 폭발이 일어날 수 없는 한계 산소량에 도달하게 된다. 이 산소 한계량은 분진의 특성과 불활성 가스의 특성에 따라 다르다. 그렇지만 실제 상황에서는 불활성 가스로 질소와 탄산 가스가 사용되며, 질소 혼합체의 산소 한계량은 대부분의 분진에 대해서는 $10 \sim 12\%$의 범위에 있고, 탄산 가스 혼합체에 대해서는 $13 \sim 15\%$ 범위에 있다.

2. 분진의 분류

분진에 대한 연구가 부족하여 일치된 결과를 갖고 있지 않지만 분진의 안전과 관련해서 체계를 갖추고 있는 미국 규격을 검토한다.

첫째로 Class Ⅱ와 Class Ⅲ로 나누어 비섬유성 분진과 섬유성 분진으로 나눈다.

둘째로 Class Ⅱ인 비섬유성 분진은 Group E, F, G로 나누어 폭발성 분진, 가연 전도성 분진, 가연 비전도성 분진으로 다시 나뉜다.

이를 정리하면 다음과 같다.

(1) **Class Ⅱ**

① Group E : 알루미늄, 마그네슘, 티탄늄과 그 합성 금속체의 분진에 의하여 형성된 분진 위험 지역으로 폭발성을 갖고 있는 분진을 말한다.

② Group F : 카본 블랙, 석탄, 갈탄, 목탄, 코-오크스, 철, 아연과 그 합성 금속체의 분진에 의하여 형성된 분진 위험 지역으로 그 비저항이 $10^8 \, \Omega \cdot cm$ 보다 적은 가연 전도성 분진을 말한다.

③ Group G : 소맥분, 전분, 설탕 등과 같은 곡물류 분진과 폴리에틸렌, 폴리프

로필렌, 고무 등과 같은 합성 수지 분진에 의하여 형성된 분진 위험 지역으로 그 비저항이 $10^8 \, \Omega \cdot cm$ 보다 큰 가연 비전도성 분진을 말한다.

(2) Class Ⅲ

견, 마, 면, 대팻밥, 톱밥과 같은 타기 쉬운 섬유 분진에 의하여 형성된 가연성 분진을 말한다. 여기서 전도성과 비전도성을 구분하는 것은 전도성 분진이 전기 설비에 절연 열화 장해나 단락 등 나쁜 영향을 주기 때문이다.

한국 규정에서는 분진의 분류에 대하여 특별한 규정은 없지만 분진 방폭 구조의 분류에 함축되어 있는 의미를 보면 일본식 분진의 분류를 따르고 있다. 일본식 분류는 미국 규격 중 Class Ⅱ를 어설프게 모방하여 약간 변경시키고 있을 뿐이므로 학문적인 근거는 희박하다. 이들은 폭발성 분진과 가연성 분진이며 정리하면, 다음과 같다.

폭발성 분진은 비철 금속류 중 마그네슘, 알루미늄 및 티타늄과 그 합금의 분진이 불에 탈 때 폭발의 특성을 갖는 분진을 말하며, 이들에 의한 분진은 전체 분진 중 1% 에도 미치지 않는다. 이는 미국 규격에 있어 Class Ⅱ 중 Group E와 정확히 일치한다.

가연성 분진은 폭발성 분진을 제외한 다른 분진을 모두 포함하며, 이는 실제로 산업 현장에서 발생하는 분진 중의 99% 이상에 이른다. 이는 미국 규격에 의한 Class Ⅱ 중 Group F와 G 그리고 Class Ⅲ을 포함하고 있다.

3. 분진 폭발과 그 특성

최근에 플라스틱 공업, 유기 합성 공업, 분말 금속업과 사료 공업 등의 기술이 발달함에 따라 원료나 제품, 중간제와 부산물이 분체를 형성하는 경우가 많고, 이를 다루는 설비가 연속 공정을 이루고, 신속한 처리 기술로 취급 물량이 대량화됨에 따라 분진 장해가 늘어나고 있다.

이들 설비 장소에 폭발성이나 가연성 분진이 어떠한 농도 이상으로 공기중에 분산되어 분포하고 있고 점화원이 발생하면, 점화가 일어나 분진 화재나 폭발이 일어난다. 다만 분진은 가스의 확산과는 달리 넓은 장소에 균일하게 분포하는 일은 거의 없고, 부분적으로 좁은 장소 범위가 폭발 범위에 들고, 이것이 일차 폭발을 일으켜 불씨를 만드는 일이 많으므로 특별한 주의가 요망된다.

분진 폭발에도 가스 폭발에서와 같이 세 가지 요소가 있어야 한다. 가연성 물질로 분진 입자가 $500 \, \mu m$ 이하인 분진이 공기와 잘 혼합된 부유 상태, 즉 분진 현상을 이루고 있는 곳에 불씨가 되는 점화원이 필요하다.

어떠한 종류의 분진은 장시간 가열하면 건류 가스가 발생하여 이 가스가 폭발을 먼저 일으켜 불씨의 역할을 수행하는 경우도 있다. 분진 폭발의 내용을 분석하면 초기 폭발에 의하여 분진이 사면 팔방으로 비산하여 이들이 또 하나의 점화원이 되어 이차 폭발로 이어지는 것을 확인할 수 있다.

분진 폭발을 가스 폭발과 비교하면 가스 폭발에 비하여 폭발 압력은 비교적 낮지만 이에 반하여 연소 시간이 길고, 발생하는 열에너지가 크기 때문에 파괴력도 크고 다른 물질을 태우는 위력도 크다. 이로 인해 때로는 온도가 2000℃ 에서 3000℃ 까지도 상승한다. 이는 단위 체적당 탄화 수소가 많으므로 당연한 결과이지만 충분한 공기가 공급되지 못하면 불안전 연소를 일으켜 일산화탄소를 대량으로 발생하므로 가스 중독 위험이 높다. 그리고 또한 분진 폭발에서는 폭발 압력이 앞서서 전파되고 약 1/10~2/10 초 늦게 화염이 뒤따라서 전파된다.

따라서 압력 전파에 의하여 분진이 비산하고, 화염에 의하여 연소가 일어나는 전형적인 연차적 폭발 형태를 나타내므로 피해가 넓게 확산된다. 반면에 압력 전파를 감지하여 화재를 억제하는 억제제를 방출하여 화재 확산을 억제하는 폭발 억제 장치가 고안되어 이용되고 있다.

4. 분체와 정전기 대전

고체 덩어리를 미세한 입자로 붕괴하면 그 단면적의 총합은 분할 전의 단면적에 비교하여 굉장히 크다는 것은 알려진 사실이다. 마찰이나 충돌 등의 작용에 의하여 고체 표면에 발생하는 정전기는 입체적 크기에 관계 없이 일정한 양을 갖는다. 따라서 미립자인 분체에 발생하는 정전기는 고체 덩어리와 비교하여 그 표면적이 크기 때문에 발생하는 전하량도 굉장히 크다. 그러므로 입자가 작을수록 정전기에 의한 재해 발생률이 높다.

분체 공정은 입자들의 끊임없는 접촉, 충돌, 마찰과 분쇄가 반복되는 과정이다. 이와 같이 마찰이 있는 곳에서는 정전기가 발생하고, 그 대전량은 마찰 거리의 증가에 따라 지수 함수적으로 증가한다.

분체를 수송할 때에도 끝없는 마찰의 연속이고, 공정의 한 과정에 분쇄 공정이 있을 경우에는 부서진 분말이 정전기를 갖게 된다. 그러므로 분체를 취급하는 산업체는 정전기 발생과 대전 그리고 정전기 방전에 따른 여러 가지 장해를 고려하여 설계되고 운전되어야 한다.

5. 분진 폭발의 방지 대책

분진에 의하여 발생하는 화재나 폭발의 방지에도 가스에 대해서와 같이 두 종류로 나누어지고, 일차 대책(예방 대책)과 이차 대책(방폭 대책)에 따라 그 형태가 다르다.

물론 일차 대책이 완벽하다면 이차 대책은 고려 대상이 될 수 없지만 가스와 비교할 때 일차 대책을 수립하기가 어렵고, 비용이 많이 들므로 이차적인 방폭 대책이 가스에서 보다 더욱 중요하다.

폭발 방지 대책이라고 말하기에는 의미가 모호하지만 분진 장해 방지라고 이야기할 경우 여기에는 예방 대책, 폭발 국지화, 소화 대책과 피난 대책을 거론할 수 있을 것이나 이 책의 목적에 따라 여기서는 일차 대책인 예방 대책과 이차 대책의 범주에 속하는 폭발 국지화를 포함한 방폭 대책을 검토한다.

(1) 예방 대책

폭발 사고가 일어나면 강력한 폭발이 뒤따르고 사업장에는 폐허와 사상자만이 남는다. 따라서 어떠한 대책보다도 예방 대책이 중요한 위치를 차지하고 있다.

폭발에 대한 예방 대책을 간단히 기술하면, 폭발을 일으킬 위험이 있는 분진 물질의 관리와 폭발의 점화원이 되는 에너지 관리, 두 가지 측면이 있다.

먼저 폭발 물질 관리에 적용되는 대책을 검토하면 다음과 같다.

① 폭발성이나 가연성 분진을 제거한다.

분진이 일단 발생하면 부유 상태로 있거나 퇴적하여 분진층을 이루어 재해 발생의 원인이 되므로 누출된 분진은 신속히 제거하여 넓은 지역에 흩어지는 것을 방지하는 것이 최우선 과제이다. 그리고 비록 폭발 하한계 농도의 분진이라도 퇴적하여 분진층을 형성하면 위험 범위에 진입하게 되므로 정기적으로 청소를 시행하여 분진층을 제거한다. 이 때 진공 청소기에 의한 흡입 작용은 위험하다.

② 부유 분진운의 생성을 방지한다.

퇴적한 분진층이 바람과 같은 공기 유동에 의해서나 공정상 필요에 의하여 분진운이 생성되는 것은 분체를 취급하는 설비에서는 피할 수 없는 과정이다.

이 같은 공정에서의 분진 제거는 설비 용적을 적당한 크기로 설계하여 누출되는 분진량을 통제하여 제한하거나 공정을 건식에서 습식으로 전환하는 방법으로 분진 농도를 한계 수치 이하에 제한하는 방법이 이용되기도 한다. 한편 집진기를 설치하거나 부유 분진의 침강을 위하여 적절한 시간대에 살수를 시행하기도 한다. 특수한 방안으로 탄광 갱도내의 석탄 분진의 부유 억제를 위하여 양전하로 대전한 돌가루를 살포하여 음전하로 대전한 석탄 분진을 흡착시켜 침강시키는 방법도 이용된다.

③ 불활성 물질을 첨가하여 산소량을 줄여 폭발을 방지한다.

불활성 가스나 불활성 분체를 첨가하여 분진이 갖고 있는 폭발적인 특성 자체를 변화시켜 폭발 위험을 제거하는 방법으로 매우 유효한 대책이나 생산품의 품질 관리에 지장을 초래하는 경우와 추가 시설과 그 운전에 비용이 많이 들어 부담을 주는 경우가 있다.

분쇄기, 혼합기, 건조기나 저장 탱크와 같이 밀폐형 용기에는 불활성 가스가 사용되며, 실용적으로는 탄산 가스 외에 질소가 사용되고, 질소가 사용될 때에는 분진의 특성에 따라 다르지만 산소량이 5%~9% 이내에 들게 하고, 탄산 가스의 경우는 8%~12% 이내에 들게 한다.

특수한 설비에서는 탄산칼슘, 규조토나 실리카 겔 등의 불연소의 특성을 가진 물질의 분체를 첨가하여 냉각 효과는 물론 분진이 부유하는 조건을 억제하여 폭발을 방지한다. 예를 들면 옥수수 전분에 탄산칼슘을 혼합하여 체적비를 40 대 60 정도로 맞추면 폭발 특성이 없어진다.

(2) 방폭 대책

폭발성과 가연성 분진을 다루는 설비에서는 분진과 점화원이 직접 접촉하지 않도록 한다. 이 때 예방 대책이 분진에 대한 대책이라면, 방폭 대책은 점화원에 대한 대책이다. 점화원은 가스에서와 같이 종류가 많으나 여기서는 전기 설비에 제한하여 기술한다. 이는 높은 온도에 의한 열에너지와 더불어 점화원 중 가장 비중이 크기 때문이다.

① 정전기 대책

분진이 공기중에서 유동할 때나 기계 장치에 의하여 운반 될 때 분진 자체가 전도성이건 비전도성이건 관계 없이 독자적으로 정전 전하에 의하여 하전된다. 그리고 하전된 분진과 접촉하는 물체도 대전하게 된다. 이러한 분위기에서 하전된 분진과 물체간에 전기적 방전, 즉 정전기 방전이 일어나 점화원이 될 위험성이 있다. 분체 공정에서 분진이 정전기로 대전하는 일은 불가피한 현상으로 정전기 대전은 필연적 사실이라는 전제 아래에서 정전기 방재 대책을 세운다.

분진에 대한 정전기 대책은 각 공정에 따라 적절한 대책을 수립하여 설계와 운전시에 적용한다.

㉠ 분진 수송시에는 수송관내의 수송 속도를 적정한 수준 이하로 하고, 이를 위하여 관의 직경은 가능한 크게 한다. 관내에는 수송에 방해를 주며, 정전기 발생을 도아주는 망이나 격자 등을 설치해서는 안 된다. 그리고 특별한 사유가 없을 때에는 도전성을 갖은 관을 이용한다. 스크루 콘베이어 수송에서는 스크루 회전수를 적정한 수준으로 설계하여 날개 끝의 속도를 한계내에 들게 한다. 활강(chute) 수송에서는 슈트의 벽면의 기울기가 연직, 즉 수직에 가깝게 하여 가능한 마찰 면적을 적게 한다.

㉡ 혼합 교반 작업에서는 분체가 기구 내부와 마찰시 정전기가 발생하므로 교반

기의 속도를 적절히 조절하여 정전기 발생과 정전기 방전에 균형을 이루어서
정전기가 축적되지 않게 한다.

㉰ 분체의 포집에 있어서는 분체의 특성을 파악하여 포집 물체와의 상호간에 정
전기 발생이 적은 재질로 된 포집 부대를 사용하고, 주로 전도성을 갖은 섬
유 재질을 이용한다.

㉱ 인화성 액체통에 분체를 주입하는 과정에서 사용되는 용기의 주입구는 전도
성 재질로 만들고 접지를 시행한다. 플라스틱 용기는 그 재질의 전도성이 실
증된 것만을 사용하고, 용기를 받치는 바닥도 전도성으로 만들고, 작업원의
작업복과 작업화도 전도성의 것을 착용한다. 폭발이나 화재 위험이 심각할
때에는 불활성 기체 등을 사용하여 불활성 분위기를 조성하고 그 유지에 만
전을 기한다. 인화성 용제를 포함한 분체에서는 전도성을 갖고 접지된 용기
의 사용만이 허용되고, 비전도성의 플라스틱 용기나 포대로부터 분체를 주입
장치에 직접 주입하는 일은 절대로 허용될 수 없고, 만일 사용한다면 언젠가
는 필연적으로 폭발이나 화재 사고를 경험하게 될 것이다.

㉲ 건조기, 분진 분리기(cyclone), 여과기(filter)내에서 분진이 건조되어 존재
할 때에는 개체의 분진 입자가 전하를 갖게 된다. 따라서 분진과 접촉하는
모든 장치는 방전을 일으킨다. 이 경우에는 가연성 가스나 분진이 폭발이나
화제를 일으킬 수 있는 위험이 많다. 이를 방지하기 위해서는 장치의 부분을
서로 연결하여 동전위로 만들고 접지시킨다. 위험성이 심각한 경우에는 불활
성 기체 등을 이용하여 불활성 분위기를 조성하여 유지한다.

② 전기 설비 대책

한국 규격에서는 분진에 의한 위험 장소를 폭발성 분진 위험 장소와 가연성 분
진 위험 장소로 분류하고, 이에 대한 방폭 대책으로 특수 방진 방폭 구조
(SDP : special dust protection)와 보통 방진 방폭 구조(DP : dust protection)
로 설계된 전기 설비를 시행하도록 규제하고 있다. 전기 배선에 있어서도 분진
이 침투하지 못하도록 하는 금속 배관이나 케이블 배선을 시행하며, 접속을 시
행하는 단자함이나 케이블 그랜드도 분진 침투를 방지하기 위한 적절한 대책이
요구된다.

분진 방폭 구조로 설계된 전기 설비는 다음 사항에 적합한 것이어야 한다.

㉠ 온도 상승 한도

전기 기기의 표면 온도는 주위 온도 40℃에서 표 57에 나타낸 수치를 넘을 수
없다. 즉, 온도는 분진 점화 온도와는 관계 없이 규정치 한계내에 들어야 한
다.

[표 4-57] 분진 방폭 기기의 표면 온도

발화도	용기의 표면 온도 최고치(℃)	
	과부하될 염려가 없는 기기	과부하될 염려가 있는 기기
11	215	190
12	160	145
13	120	110

기준 온도가 40℃와 다른 경우에는 그에 대한 보상이 시행되어야 한다. 이 규정에 있어서의 문제점은 분진의 점화점이 대개의 경우 215℃보다 많이 높다는 점과 120℃~160℃에 들어오는 분진이 희소하다는 점이다.

이와 같은 점 때문에 미국에서도 1975년 이래로 분진 방폭 설비에서도 점화 온도를 고려하여 가스의 경우와 같은 온도 규정을 갖고 있으며, 국제 규정에서도 가스와 병행하는 규정을 갖고 있다. 따라서 모터와 같은 설비에는 위의 온도 규정을 지키기가 어려운 점이 있다.

㉵ 용기의 구조

분진 방폭의 용기 구조는 가스에 대한 안전증 방폭 구조와 대부분 같으나 온도를 적용하는 부분이 다르다. 즉, 가스의 경우에는 용기 내부의 기기 온도도 고려해야 할 대상이지만 분진의 경우에는 용기의 표면 온도만 고려한다. 그리고 특성적으로는 방진 방수 규정인 IP 규정과 같다. 특수 분진 방폭 구조는 IP 65와 같고, 보통 분진 방폭 구조는 IP 54와 같다고 생각하여도 무리가 없다. 그러나 미국 규정이나 국제 규정의 추세는 가스에 대한 방폭 규정과 같은 수준의 규정이 요구되고 있다. 한국 규정과 국제적인 규정의 차이점은 다음과 같다.

㉶ 방진 시험

용기 내부의 압력을 외부 주위의 압력보다 200mmH₂O (1961 Pa)만큼 낮게 유지하고 200 메시(mesh)의 체를 통과한 활석(talc)분을 $1\,m^3$당 2 kg의 중량 비율로 용기 주위에 연속으로 비산시킨다. 그리고 최대 8시간이 넘지 않으면서 시험품 자유 공간의 100배에 해당하는 공기가 용기 내부로 빨려 들어갈 때까지 용기내의 공기를 밖으로 빨아낸다.

특수 분진 방폭 기기에 대해서는 시험 후 용기 내부에 활석 분진이 침입한 흔적이 없어야 하고, 보통 분진 방폭 기기에 대해서는 기기의 정상적인 동작을 저해할 정도의 활석 분진이 침입하지 않아야 한다. 여기서 정상적인 동작이라

[표 4-58] 분진 방폭 기기 규정 비교

품 목	한 국 규 격	국 제 규 격
1. 위험 장소 구분	폭발성 분진 위험 장소와 가연성 분진 위험 장소로 나누고 있다. 즉, 분진의 특성에 따른 구분이다.	가스의 경우와 병행하여 1종 분진 위험 장소와 2종 분진 위험 장소로 나눈다. 즉, 분진 발생 빈도와 지속 시간에 따른 구분이다.
2. 방폭 기기	폭발성 분진 위험 장소에는 특수 분진 방폭 기기를, 가연성 분진 위험 장소에는 보통 분진 방폭 기기를 사용하도록 규정하고 있다. 물론 특수 분진 방폭 기기는 가연성 분진 위험 장소에도 사용된다.	가스의 경우에서와 같이 방폭 종류의 특성에 따라 각각 특정한 기기를 사용한다.
3. 온도 규정	온도 분류는 3 단계로 구분하여 각각 11, 12 와 13 으로 분류한다.	가스의 경우에서와 같이 6 단계로 구분하여 T_1, T_2, T_3, T_4, T_5, T_6으로 분류한다.
4. 용기 시험	폭발성 분진이나 가연성 분진을 막론하고 용기 내부에 분진이 침입하는 정도를 시험하는 방진 시험을 시행한다. 폭발성 분진에 대해서는 규정된 시험에서 분진이 침입해서는 안 되고, 가연성 분진에 대해서는 화재의 위험이 없고 정상적인 운전에 지장을 주지 않을 정도 만큼만 침입이 허락된다. IP 65와 54에 병행된다.	가스의 경우에서와 같이 방폭 종류의 특성에 따라 각각 규정된 시험을 수행한다.

는 의미는 안전 측면에서는 폭발 하한 수치의 25%를 넘지 않아야 하며, 작동 면에서는 운전에 지장이 없어야 한다는 뜻이다.

㉣ 분진 방폭의 표시

분진 방폭을 표시할 때에는 특수 분진 방폭 기기와 보통 분진 방폭 기기를 온도 기호와 더불어 표시한다.

• 특수 분진 방폭 기기 : E_x SDP 11
• 보통 분진 방폭 기기 : E_x DP 12

미국 규격에서는 가스의 경우에서와 같이 Class Ⅱ Divisivion 1 Group E T_2 또는 Class Ⅲ Division 2 T_1과 같이 위험 장소 구분과 온도 표시로 분진 위험 방폭 지역을 표시하고 있다.

분진에 의한 위험을 방지하기 위하여 시행되는 방폭 대책을 논의하였지만 어쩐지 미진한 감각을 느끼는 것을 지울 수가 없다. 앞으로 이 분야에 대한 발전의 추세에 따라 개정이 필요하다는 점을 덧붙여 둔다.

주요 공정 위험 요소별 원인 및 결과

위 험 요 소	공 정 상 태	가 능 원 인	예 상 결 과
HEAT & TEMPERA-TURE **High Temperature**	Any fuel-consuming process. Other exothermic chemical process. Electrical equipment. Solar energy. Biological or physiological processes. Moving parts. Chemical decomposition. Heat containing equipment surfaces. Change of physical/chemical state.	Fire or explosion. Other exothermic chemical reaction. Heat engine operation. Electrical resistance losses. Inductive heating. Aerodynamic friction. Process steam or electric tracing system Friction between moving parts. Intrenal friction due to repeated bending or other work processes such as repeated impacts. Gas compression. Exposure to sun or artificial light. Inadequate heat dissipation capacity. Hot spots due to coolant fluid being blocked. Cooling system failure. Welding, soldering, brazing, or metal cutting. Proximity to operations involving large amounts of heat (radiation, convection, conduction). Immersion in hot fluid. Lack of insulation from thermal sources.	Ignition of combustibles. Initiation of other reactions. Increased reactivity. Melting of metals and thermoplastics. Charring of organic materials. Reduced strength of metals and other materials. Distortion and warping of parts. Weakening of soldered seams. Increased evaporation rate of liquids (fuels, lubricants, toxic liquids). Expansion causing binding or loosening of parts. Increased gas diffusion. Reduced relative humidity. Increased absolute humidity. Burns to personnel. Reduced personnel efficiency. Heat cramps, strokes, and exhaustion. Peeling of finishes, blistering of paint. Decreased viscosity of lubricants. Increased electrical resis-

		Hot climate or weather. Human or animal heat output. Organic decay processes. Capacitive heating. Peltier effect.	tance. Changes in other electrical characteristics. Softening of insulation and sealants. Opening or closing of electrical contacts due to expansion. Premature operation of thermally activated time-delay devices.
HEAT & TEMPERATURE Low Temperature	Any heat-removed process. Refrigerating or cryogenic systems. Polar, high-altitude, or winter conditions. Deep water, especially in winter. Shaded or dark positions in space.	Cold climate or weather. Endothermic reactions. Exposure to heat sink. Mechanical cooling processes. Gas expansion. Joule-Thompson effect. Rapid evaporation. Immersion in cold fluid. Inadequate heat supply. Heat loss by radiation, conduction, or convection. Physical effects on chemical systems due to cold soaking.	Freezing of liquids. Formation of solids as grit. Icing of operating equipment. Condensation moisture and other vapors. Reduced reaction rate. Frostbite or cryogenic burns. Reduced viscosity. Gelling of lubricants. Increased brittleness of metals. Loss of flexibility of organic materials. Contraction effects, especially opening of cracks in metal. Propellant cracking. Delayed ignition in furnaces and combustion chambers. Combustion instability in engines. Changes in electrical characteristics. Jamming or loosening of moving parts due to contraction. Delayed operation of thermally activated time-delay devices.

HEAT & TEMPERATURE Temperature Variations	Any system or part that gains or loses heat. Solar heating. Night/day cycles.	Diurnal heating and cooling. Gain or loss of heat due to radiation, conduction, or convection. Stopping and starting of heat engines and other powered equipment. Mixing fluids of different temperatures.	Cycling fatigue of metals. Pressure changes in confined gases and liquids. Dimensional changes, especially in metals. Variations in stresses.
PRESSURE High Pressure	Hydraulic systems. Pneumatic systems. Cryogenic systems. Pressurized containers. Boilers. Compressors. Engine cylinders. Fluid systems. Combustion.	Overpressurization. Connection to system with excessively high pressure. Excessively high combustion rate in combustion chamber with restricted exhaust passage. No pressure relief valve or vent. Faulty or undersized pressure relief valve or vent. Heating gases in closed containers. Heating fluids with high vapor pressures. Warming cryogenic liquids in a closed or inadequately vented system. Impact. Blast. Spared equipment not hydrotested prior to placing in service. Test instruments not tested to service pressures. Fatigue or flow growth. Failure or improper release of connectors. Inadequate restraining devices. High acceleration of liquid system.	Container ruptured or crushed. Blast. Fragments of ruptured container blown about. Unsecured container propelled by escaping gas. Eye or skin damage due to blowing dirt or other solid particles. Whipping about of hoses. Increase in chemical reaction rate. Increase in burning rate. Lung and ear damage. Cutting by thin high-pressure jets. Shock. Leaks in lines and equipment desigend for lower pressure.s Blowout of seals and gaskets. Permanent deformation of metals. Excessively rapid motion of hydraulically or pneumatically activated equipment.

		Water hammer(hydraulic shock).	
PRESSURE Low Pressure	Vacuum systems. High altitude.	Compressor failure. Increased altitude without pressure relief. Inadequate design against implosion forces. Rapid condensation of gas in a closed system. Decrease in gas volume by combustion. Draining of liquid containers without venting. Cooling of hot gas in a closed system by combustion. Draining of liquid containers without venting. Cooling of hot gas in a closed system.	Unbalanced forces. Pressure vessel collapse. Inadequate air for respiration. Bursting of pressurized vessels. Physiological damage (atelectasis). Increased leakage if differential increases.
PRESSURE Pressure changes	Gas expansion systems. Compressing or pumping Equipment. Airfoils. Carburetors. Shock wave. Change of fluid states. Gas combustion. Unconfined vapor cloud ignitions. Dust cloud ignitions.	Rapid expansion of gas. High gas compression. Rapid changes of altitude.	Joule-Thompson cooling. Compressive heating. Explosive decompression. Physiological disturbances. Condensation of moisture.
CHEMICAL REACTION	Fuels, oxidizers, or monopropellants. Explosives. Organic materials. Epoxy compounds. Process chemicals. Cleaning compounds. Welding oxygen. Oxygen for respiratory protective equipment.	Temperature of compound raised to point where reaction begins. Presence of suitable catalyst. Shock (impact). Electric current. Chemical combination involving oxidants such as : · Oxygen or ozone. · Halogens or halogen com-	Explosion. Nonexplosive exothermic reaction. Material degradation. Toxic gas production. Corrosion fraction production. Swelling of organic materials. Increased reactivity of com-

	Laboratory chemicals.	pounds. · Oxidizing acids and their salts ; nitrates, chlorates, perchlorates, hyperchlorites, chlorates. · Higher valence compounds of mercury, lead, selenium, and thallium. Replacement of a chemical radical by a more active one : fluorine and water, sodium and water, nitric acid and water. Chemical combinations : · In drains and sewers. · In piping dead legs. · Spills into atmosphere.	bustibles. · Easier ignition. · High flammability of materials that are normally of low flammability. · Possible violent or explosive reactions. · Corrosion. Formation of explosive gels between some fuels and strong oxidizers. Deterioration of rubber, plastics or other organic materials. Incompatible chemicals in waste containers and piped sewers. Violent spraying of corrosive material.

FIRE	All normally combustible materials :
	· Fuels.
	  -propellants (liquid, solid, gel).
	  -engine use (diesel oil, gasoline, propane fuels).
	  -engine start (ethylene oxide, TEA, TEB).
	  -heating (methane, ethane, kerosene, fuel oil).
	  -coal, wood.
	· Solvents and cleaning agents.
	· Lubricants.
	· Welding gases.
	· Paints and varnishes.
	· Hydraulic fluids.
	· Wood products.
	· Elastomers (seals and gaskets).
	· Furnishings and upholstery.
		Combustivle mixture with initiating source such as :
		· Open flame :
		  -welding processes and flame cutting.
		  -matches, smoking.
		  -gas heaters.
		  -fired-process equipment and furnaces.
		  -nearby fires.
		· Sparks :
		  -electrical equipment.
		  -static discharges.
		  -lightning.
		  -mechanical (hot solid particles).
		  -chemical (carbon particles in exhausts).
		· Combustible mixture heated to autoignition temperature by ;
		  -external heat sources.
		· electrical heaters or hot
			Heat and high temperature effects.
			Loss of available oxygen.
			Production of toxic gases and smoke.
			Production of corrosive materials.
			Destruction of material and resources.
			Production of conductive atmosphere.
			Burns to personnel.
			Explosions.
			Equipment rendered inoperative
			Carbonization and contamination of material.
			Loss of structural integrity.
			See "High Temperature"

	• Plastics. • Clothing. • Combustible dust. • Vegetation. • Refuse and trash. • Other organic materials. • Chemical waste. Normally low-combustible materials in presence of strong oxidizers or high temperatures : • Solvents (methylene chloride, trichloroethylene). • Lubricants. • Hydraulic fluids. Normally nonflammable metals in finely powdered form : • Aluminum. • Magnesium. • Titanium. • Iron. Afterburning of products of combustion of engine operations or incomplete combustion of organic materials. Hydrogen from charging of batteries and fuel cells.	plates. • high-wattage electronic equipment. • boilers, radiators, steam lines & equipment. • exhaust stacks and manifolds. • hot process equipment. • friction (mechanical arodynamic) —Inadequate dissipation of chemical reaction heat (sponatneous ignition): • Oily rags. • sawdust, excelsior. • subbituminous coal, lignite, peat. • powdered plastics. Ignition of dust cloud. Adiabatic compression of flammable gas mixture. Hyperbolic mixtures. Pyrophoric reaction with air. Reactions with water-sensitive materials.	
EXPLOSION	Ordnance or explosive systems. Any fuel system. High-pressure equipment. Cryogenic liquid system. Highly reactive materials. Compression. Monopropellants. Bridgewires. Blasting caps. Combustible dust. Shockwave. Third party echo from outside battery limits.	Activation of : • Explosives. • Propellants in containers or cases. • Combustible gases in confined spaces. • Fine dusts and powders. • Combustible gases or liquids : —in high concentrations. —in presence of strong oxidizers. —at high temperatures. Activation of confined propellants or explosive	Rupture of pressurized container. Blast causing : • Overpressures (impulse energy). • Collapse of nearby containers. • Damage to structures and equipment. • Propagation of other explosions. Fragmentation causion : • Holes in nearby containers, vehicles, and equipment.

		materials that are : • Cracked, defective, contain voids, improperly bonded, at excessive temperature, have excess oxidizer or burning catalyst. Afterburning of confined combustion products. Delayed combustion in firing chamber. Hot soaking of solid propellants to ignition temperature. Overpressurization of boilers, accumulators, or other pressure vessels. Failure of compression device such as an engine or compressor cylinder. Warming closed cryogenic or other system containing highly volatile fluid. Fuel, lubricant, or solvent in contact with a strong oxidizer. Ignition of hydrogen from battery of fuel cell charging. Contact between water or moisture with water-sensitive materials such as molten sodium, potassium or lithium ; concentrated acids or alkalies ; or similar substances, especially in containers or other restricted volume.	• Impact of pieces against personnel, equipment, and structures. • Ingestion of fragments by jet engines, oil coolers, and similar units. Dispersion of burning, hot, combustible material.
CORROSION	Materials susceptible to moisture or airborne salts. Metals that react with air. Any system with reactive chemicals. Reaction of contents of a	Incompatibility of materials designed into a system. Leakage of corrosive or reactive substances. Exposure to unforeseen environment.	Material degradation. Changes in physical and chemical properties. Reduction in strength. Surface roughness. Binding of moving surfaces,

	system with confining walls.	Damaged protective surface Electrolytic action (dissimilar metals). Stray electrical currents. Gases released from industrial processes. Acids resulting from combustion. Flooding or immersion. Condensation of atmospheric moisture. Vibration and fatigue. Salt atmosphere. Acids created by atmospheric lightning. Smog.	nuts, and parts. Contamination of the system. Loss in resiliency of springs. Reduction of electrical conductivity. Voids in surfaces for collection of contaminates.

부록 Ⅱ

사고의 요소

위 험 요 소	최초의 사건/교란	중간 사건-시스템과 운전원 반응		사 고 결 과
		사 건 확 대	사 건 축 소	
Significant Inventory a) Flammable Materials b) Combustible Materials c) Unstable Materials d) Toxic Materials e) Hot/Cold Materials f) Inerting Gases	Machinery and Equipment Malfuctions a) Pumps b) Valves c) Instruments d) Sensors	Process Parameter Deviation a) pressure b) Temperature c) Flow Rate d) concentration e) Phase/State Change	Safety system Responses a) Relief valves b) Back-up Utilities c) Back-up components d) Back-up System	Fires Explosions Impacts Diversion of Toxic Materials Diversion of Highly Reactive Materials
Highly Reactive a) Reagents b) Products c) Intermediate Products d) By-Products	Containment Failures a) Pipes b) Vessels c) Storage Tanks d) Gaskets	Containment Failures a) Pipes b) Vessels c) Storage Tanks d) Gaskets e) Input/output, Venting	Mitigation system Respones a) Vent b) Dikes c) Flares d) Sprinklers	
Reaction Rates Especially sensitive to a) Impurities b) Process Parameters	Human Errors a) Operations b) Maintenance c) Testing	Material Releases a) Comustibles b) Explosive materials c) Toxic Materials d) Reactive Materials	Control/Operator Responses a) According to Procedures b) Fail Safe Operations	
	Loss of Utilities a) Electricity b) Water c) Air d) steam	Ignition/Explosion Operator Errors a) Omission b) Commission c) Diagnosis	Contingency Operations a) Alarms b) Emergency Procedures	

		d) Decision Making	c) Personnel Safety Equipment d) Evacuations e) Security	
	External Events a) Floods b) Earthquakes c) Electrical Storms d) High Winds e) High Velocity Impacts f) Vandalism	External Events a) Delayed Warning b) Unwarned	External Events a) Early Detection b) Early Warning	
	Method/Imformation Errors a) As Designed b) As Communicating	Method/Imformation Failure a) Amount b) Usefulness c) Timeliness	Information Flow a) Routing b) Methods c) Timing	

——•부록Ⅲ•——

폭발성 가스 특성표

물 질 명	인화점(℃) 국제/미국	점화 온도(℃) 국제/미국	폭발 한계 체 적 비 (%) 하 한/상 한	가스 분류 국제/미국	비 중 공기=1	통기 제한율 S
Acetaldehyde	−38/−39	140/175	4/57	ⅡA/C	1.52	8.8
Acetone	−19/−20	535/465	2.15/13	ⅡA/D	2.0	7.2
Acetylene	가스	305	1.5/100	ⅡC/A	0.9	30.5
Aceylonitrile	−5/0	480/481	3/17	ⅡB/D	1.83	2.9
Allyl Chloride	<−20/−32	485/485	3.2/11.2	ⅡA/D	2.64	7.0
Ammonia	가스	630/498	15/28	ⅡA/D	0.59	3.75
Amyl Acetate	25/16	375/360	1.0/7.1	ⅡA/D	4.48	<1
Benzene	−11	560	1.2/8	ⅡA/D	2.7	5.5
1.3 Butadiene	가스	430/420	2.1/11.5	ⅡB/B	1.87	15.5
Butane	−60/가스	365/287	1.5/8.5	ⅡA/D	2.05	20.0
Butanol	29	340/343	1.7/9.0	ⅡA/D	2.55	1.3
Butylene	가스	440/385	1.6/10	ⅡB/D	1.94	19.2
Butyl Acetate	22	370/421	1.4/8.0	ⅡA/D	4.01	<1
Butylamine	−9/−12	310/312	1.7/9.8	ⅡA/D	2.52	4.25
Butyl Aldehyde	<−5/−22	230/218	1.4/12.5	ⅡA/C	2.48	5.8
Carbon Monoxide	가스	605/609	12.5/74.2	ⅡB/C	0.97	3.5
Chlorobenzene	28/29	635/593	1.3/7.1	ⅡA/D	3.88	<1
Cyclohexane	−18/−20	255/245	1.2/7.8	ⅡA/D	2.9	5.1
Cyclopropane	가스	495/503	2.4/10.4	ⅡB/D	1.45	14.8
Diethylamine	<−20/−23	310/312	1.7/10.1	ⅡA/C	2.53	8.7
Diethyl Ether	<−20/−45	170/160	1.7/36	ⅡB/C	2.55	15.6
Dimethylamine	가스	400	2.8/14.4	ⅡA/C	4.17	12.3
1.4 Dioxane	11/12	375/180	1.9/22.5	ⅡB/C	3.03	1.6
Ethane	가스	515/472	3.0/15.5	ⅡA/D	1.04	14.2
Ethanol (Ethyl Alcohol)	12/13	425/363	3.3/19	ⅡA/D	1.59	2.55
Ethyl Acetate	−4	460/427	2.1/11.5	ⅡA/D	3.04	3.23
Ethyl Benzene	15	430/432	1.0/6.7	ⅡA/D	3.66	<1

Ethyl Chloride	Gas/-50	510/519	3.8/15.5	Ⅱ A/D	2.2	8.0
Ethylene	가스	425/450	2.7/34	Ⅱ B/C	0.97	16.3
Ethylene Oxide	가스	440/429	3.7/100	Ⅱ B/B	1.52	11.7
Ethyl Formate	-20	440/455	2.7/16.5	Ⅱ A/D	2.55	6.2
Ethyl Mercaptan	$<-20/<-18$	295/300	2.8/18	Ⅱ A/C	2.11	10.5
Formaldehyde	가스	420/424	7.0/73	Ⅱ B/B	1.03	—
Gasoline (Naphtha)	$<-21/-38\sim/-46$	$220\sim/280\sim$ $300/471$	$1.2\sim/7.1\sim$ $1.5/7.6$	Ⅱ A/D	$3\sim4$	5.5
Hexane	$-21/-22$	230/225	1.2/7.4	Ⅱ A/D	2.79	7.7
Heptane	-4	215/204	1.1/6.7	Ⅱ A/D	3.46	2.8
Hydrogen	가스	560/520	4.0/75.6	Ⅱ C/B	0.07	40.0
Hydrogene Sulphide	가스	270/260	4.3/45.5	Ⅱ B/C	1.19	9.2
Isoprene	$-/-54$	$-/395$	1.5/8.9	$-/D$	2.4	28.0
Kerosene	$38/-$	$210/-$	0.7/5	Ⅱ A/—	—	—
LPG (Liquified Petroleum Gas)	—	$-/405\sim450$	1.5/8.6	$-/D$	2.0	—
Methane (Fire Damp)	가스	595/537	5/15	I/D	0.55	11.6
Methanol (Methyl Alcohol)	11	455/385	6.7/36	Ⅱ A/D	1.11	3.25
Methyl Acetate	-10	475/454	3.1/16	Ⅱ A/D	2.56	4.8
Methylamine	가스	430	5/20.7	Ⅱ A/D	1.07	8.3
Methyl Cyclohexane	-4	260/250	1.15/6.7	Ⅱ A/D	3.38	2.55
Methyl Formate	$<-20/-19$	450/449	5/23	Ⅱ A/D	2.07	6.0
Nonane	30/31	205	0.8/5.6	Ⅱ A/D	4.43	<1
Octane	$-/13$	$-/206$	1.0/6.5	/D	3.9	1.4
Pentane	$<-20/-40$	285/243	1.4/8.0	Ⅱ A/D	2.48	19.3
Propane	가스	470/450	2.0/9.5	Ⅱ A/D	1.56	16.5
Propanol (Propyl Alcohol)	15/23	405/413	2.15/13.5	Ⅱ A/D	2.07	2.0
Propylamine	$<-20/-$	$320/-$	2.0/10.4	Ⅱ A/D	2.04	11.3
Propylene	가스	455	2.0/11.7	Ⅱ A/D	1.5	17.8
Pyridine	17/20	550/482	1.8/12.0	Ⅱ A/D	2.73	1.15
Styrene	30/32	490	1.1/8.0	Ⅱ A/D	3.6	<1
Toluene	6/4	535/480	1.2/7.0	Ⅱ A/D	3.18	1.75
Xylene	$30/27\sim32$	$460/464\sim529$	1.0/6.7	Ⅱ A/D	3.66	<1
Carbon Disulfide	$<-20/-$	$100/-$	1.0/60	—	2.64	21.5

• Carbon Disufide (CS$_2$)는 본질 안전 방폭만이 방폭에 적합하다

부록 Ⅳ

분진 특성표

분 진	점화 온도(℃)		최소 폭발 농도 (g/ℓ)	최소 점화 에너지 (mJ)	분진 분류 국내/미국
	분진운	분진층			
1. 금속 (Metals)					
Aluminium, Atomized Fines	650	760	0.045	50	폭/E
Aluminium, Flake	610	320	0.045	10	폭/E
Aluminium, Cobalt Alloy	950	570	0.180	100	폭/E
Aluminium, Copper Alloy	—	830	0.100	100	폭/E
Aluminium, Iron Alloy	550	450	—	—	폭/E
Aluminium, Lithium Alloy	470	400	<0.100	140	폭/E
Aluminium, Magnesium Alloy	430	480	0.020	80	폭/E
Aluminium, Nickel Alloy	950	540	0.190	80	폭/E
Aluminium, Silicon Alloy	670	—	0.04	60	폭/E
Boron	730	390	—	—	폭/E
Cadmium	570	250	—	4000	가/—
Calcium Silicide	540	540	0.06	150	—/E
Calcium Carbide	555	325	—	—	—
Carbon, Activated	660	270	0.10	—	가/F
Carbon, Black	510	—	—	—	가/F
Chromium	580	400	0.230	140	가/E
Cobalt	760	370	—	—	가/—
Copper	700	—	—	—	가/—
Ferrochromium	790	670	2.00	—	가/—
Ferromanganese	450	290	0.130	80	가/E
Ferro Silicon (90%si)	—	980	0.240	1280	가/E
Ferro Titanium	370	400	0.140	80	가/E
Ferro Vanadium	440	400	1.300	400	가/E
Iron	430	240	—	—	가/E
Iron, Carbonyl	420	230	0.105	100	가/E
Iron, Pyrites	380	280	1.00	8200	가/E
Lead	790	290	—	—	가/—
Magnesium	560	430	0.030	40	폭/E
Manganese	460	240	0.125	305	가/E

Molybdenum	720	360	—	—	가/—
Phosphorus, Red	360	305	—	—	가/—
Silicon	—	760	<0.10	80	가/E
Tantalum	630	300	<0.20	120	가/E
Thorium	270	280	0.075	5	가/E
Tin	630	430	0.190	80	가/E
Titanium	375	290	0.045	15	폭/E
Titanium, Hydride	260	20	0.080	3	가/E
Tungsten	730	470	—	—	가/—
Uranium	20	100	0.060	45	가/—
Uranium Hydride	20	20	0.060	5	가/—
Vanadium	500	490	0.220	60	가/E
Zinc	680	460	0.50	960	가/E
Zirconium	20	220	0.045	5	가/E
Zirconium, Hydride	350	270	0.085	60	가/E

2. 광물질(Mineral)

Aluminium, Acetate	560	640	—	—	가/—
Antimony	420	330	0.420	1920	가/—
Asphalt	510	500	0.025	25	가/F
Beryllium	910	540	—	—	가/—
Beryllium, Acetate	620	—	0.080	100	가/—
Charcoal	530	180	0.140	20	가/F
Coal, Brown	485	230	—	—	가/F
Coal, 25% Volatiles	605	210	0.120	120	가/F
Coal, 37% Volatiles	610	170	0.055	60	가/F
Coal, 43% Volatiles	575	180	0.050	50	가/F
Coke	>750	430	—	—	가/F
Gilsonite	580	500	0.020	25	가/F
Graphite	780	580	—	—	가/F
Lignite	450	200	0.030	30	가/F
Pitch, Coaltar	710	—	0.035	20	가/F
Pitch, Petroleum	630	—	—	—	가/F
Sodium Acetate	590	—	0.030	35	가/—
Sodium Benzoate	560	680	0.05	80	가/—
Steel	450	—	—	—	가/—
Sulpher	190	220	0.035	15	가/—

3. 농산물(Agriculture)

Alfalfa	460	200	0.10	320	가/G
Almond Shell	440	200	0.065	80	가/G

Apricot Pit	—	230	—	—	가/G
Barley	370	—	—	—	가/G
Bone Meal	490	230	—	—	가/G
Bread	450	—	—	—	가/G
Green	360	—	—	—	가/G
Cellulose	410	300	0.045	40	가/G
Cherry Pit	—	220	—	—	가/G
Cinnamon	440	230	0.060	30	가/G
Citrus peel	500	330	0.060	100	가/G
Cocoa, Bean Shell	—	370	—	—	가/G
Cocoa, Natural 19% Pit	500	200	0.065	120	가/G
Coconut	450	280	—	—	가/G
Coconut, Shell	470	220	0.035	60	가/G
Coffee	360	270	0.085	160	가/G
Coffee, Extract	600	—	—	—	가/G
Coffee, Instant	410	350	0.280		가/G
Colophony	325	—	—	—	가/G
Copal	330	—	—	—	가/G
Cork	460	210	0.035	35	가/G
Corn Cob	450	240	0.045	45	가/G
Corn, Dextrine	410	390	0.040	40	가/G
Corn, Flour	390	—	—	—	가/G
Corn, Starch	390	—	0.040	30	가/G
Cotton, Flock	470	—	0.050	25	가/G
Cotton, Linters	520	—	0.50	1920	가/G
Cotton, Seed Meal	530	200	0.055	80	가/G
Dextrine	410	440	0.050	40	가/G
Egg White	610	—	0.14	640	가/G
Fish Meal	485	—	—	—	가/G
Flax Shive	—	230	—	—	가/G
Garlic, Dehydrated	360	—	0.10	240	가/G
Gelatin, Dried	620	480	<0.5	—	가/G
Guar Seed	500	—	—	—	가/G
Gum, Arabic	500	260	0.060	100	가/G
Gum, Karaya	520	240	0.10	180	가/G
Gum, Manila (copal)	360	390	0.030	30	가/G
Gum, Tragacanth	490	260	0.040	45	가/G
Hemp Hurd	—	260	—	—	가/G
Leather	390	—	—	—	가/G
Lipcopodium	480	310	0.025	40	가/G
Maize, Husk	430	—	—	—	가/G

Maize, Starch	410	—	—	—	가/G
Malt Barley	400	250	0.055	35	가/G
Manioc	430	—	—	—	가/G
Milk	440	—	—	—	가/G
Milk, Skimmed	490	200	0.050	50	가/G
Milk, Sugar	450	—	—	—	가/G
Moss	530	230	—	—	가/G
Oil Cake	470	285	—	—	가/G
Onion, Dehydrated	410	—	0.130	—	가/G
Paper	440	270	0.055	60	가/G
Pea Flour	—	260	—	—	가/G
Peach Pit Shell	—	210	—	—	가/G
peanut Hull	460	210	0.045	50	가/G
Peat	420	295	—	—	가/G
Pecan Nut Shell	—	210	—	—	가/G
Pectin	410	200	0.075	35	가/G
Potato, Dried	450	—	—	—	가/G
Potato, Starch	430	—	—	—	가/G
Provender	370	—	—	—	가/G
Pyrethrum	460	210	0.10	80	가/G
Rape Seed Meal	460	—	—	—	가/G
Rice	440	240	0.050	50	가/G
Rice, Bran	490	—	—	—	가/G
Rice, Hull	220	—	—	—	가/G
Rosin	390	—	—	—	가/G
Rye Flour	415	325	—	—	가/G
Safflower Meal	—	210	—	—	가/G
Saw Dust	430	—	—	—	가/G
Senna	440	—	0.010	105	가/G
Soy (soya), Flour	550	340	0.060	100	가/G
Soy (soya), Protein	540	—	0.050	60	가/G
Starch	470	—	—	—	가/G
Sucrose	420	—	0.045	40	가/G
Sugar	370	400	0.045	30	가/G
Tea	500	—	—	—	가/G
Tobaco	485	290	—	—	가/G
Tobaco, Stem	420	230	—	—	가/G
Tung Oil	540	240	0.070	240	가/G
Walnut	420	210	0.035	60	가/G
Wheat, Flour	380	360	0.050	50	가/G
Wheat, Grain Dust	420	290	—	—	가/G

Wheat, Strach	430	—	0.045	25	가/G
Wheat, Straw	—	220	—	—	가/G
Wood	360	—	—	—	가/G
Wood, Bark	450	250	0.020	60	가/G
Wood, Flour	430	—	0.050	20	가/G
Wood, Hard	420	315	—	—	가/G
Wood, Soft	440	325	—	—	가/G
Yeast	520	260	0.050	50	가/G

4. 화학 제품 (Chemicals)

Aceto Acetanilide	560	—	0.030	20	가/G
Acetoacet-p-phenetedide	560	—	0.030	10	가/G
2-Acetylamind-5-Nitrothiazole	450	450	0.160	40	가/G
Acrylamide Polymer	—	240	—	—	가/G
Acrylonitrile Polymer	460	—	—	—	가/G
Acrylonitrile-Vinyl Pyridine Copolymer	—	240	—	—	가/G
Acryldnitrile-Vinyl Chrolide Vinylidene Chloride Copolymer	—	210	—	—	가/G
Adipic Acid	550	—	0.035	60	가/G
Allyl Alcohol Derivative	500	—	—	—	가/G
2-Amino-5-nitrothiazole	460	460	0.075	30	가/G
Alkyl Ketone Dimer Sizing compound	—	160	—	—	가/G
Anthracene	505	—	—	—	가/G
Anthranilic Acid	580	—	0.030	35	가/G
Aryl-Nitrosomethylamide	490	—	—	—	가/G
Aspirin	550	—	0.015	16	가/G
Antipyrin	405	—	—	—	가/G
Azelaic Acid	610	—	0.025	25	가/G
2, 2-azd-bis-butyronitrile	430	350	0.015	25	가/G
Benzethonium Chloride	380	410	0.020	60	가/G
Benoic Acid	600	—	0.011	12	가/G
Benzdtriazole	440	—	0.030	30	가/G
Beta-Naphthalene-Azo-dimethylaniline	—	175	—	—	가/G
Bisphenol-A	570	—	—	—	가/G

Bis (2-hydroxy-5-Chloropheny)-Methane	570	—	0.040	60	가/G
Caprolactam	430	—	0.070	60	가/G
Cashew oil, Phenolic, Hard	—	180	—	—	가/G
Carboxy Methyl Cellulose	460	310	0.060	140	가/G
Carboxy Poly Methylene	520	—	0.115	640	가/G
Casein	460	—	—	—	가/G
Cellulose	410	300	0.045	40	가/G
Cellulose, Acetate	340	—	0.035	20	가/G
Cellulose, Acetate Butyrate	370	—	0.025	30	가/G
Cellulose, Propionate	460	—	0.025	60	가/G
Cellulose, Triacetate	390	—	0.035	30	가/G
Cellulose, Tripropionate	460	—	0.025	45	가/G
Chloroaceto Acetanilide	640	—	0.035	30	가/G
Chlorinaed Phenol	570	—	—	—	가/G
Chlorinated Polyether Acohol	460	—	—	—	가/G
Chocolate Crumb	340	—	—	—	가/G
Dehydro Acetic Acid	430	—	0.030	15	가/G
Dextrin	410	440	0.050	40	가/G
Dially Phthalate	480	—	0.030	20	가/G
Dieldrin	550	—	—	—	가/G
Diazo Aminobenzene	550	—	0.015	20	가/G
Dicyclopentadiene Dioxide	420	—	0.015	30	가/G
2, 4-Dichloro Phenoxy Ethyl Benzoate	540	—	0.045	60	가/G
Dimethyl Isophthalte	580	—	0.025	15	가/G
Dimethyl Terephthalte	570	—	0.030	20	가/G
3, 5-Dinitrobenzamide	500	—	0.040	45	가/G
3, 5-Dinitrobenzoic Acid	460	—	0.050	45	가/G
Dinitrocresol	340	—	0.030	—	가/G
Dinitro Toluamide	500	—	0.050	15	가/G
Diphenyl	630	—	0.015	20	가/G
Ditertiary Butyl Paracresol	420	—	0.015	15	가/G
2,6-Ditertiary Butyl Paracresol	420	—	—	—	가/G
Dithane	—	180	—	—	가/G
Epoxy Bisphenol A	510	—	—	—	가/G
Epoxy Resin	490	—	0.015	9	가/G
Ethyl Cellulose	340	330	0.025	15	가/G

Ethyl Hydroxyethyl Cellulose	390	—	0.020	30	가/G
Ethylene Oxide Polymer	350	—	—	—	가/G
Ethylene Maleic Anhydrine Copolymer	540	—	—	—	가/G
Ferbam	—	150	—	—	가/G
Furmalic Acid	520	—	0.085	35	가/G
Green Base Harmon Dye	—	175	—	—	가/G
Gulasonic Acid, Diacetone	420	—	—	—	가/G
Hexa Methylene Tetramine	410	—	0.015	10	가/G
Hydrazine Acid Tartrate	570	—	0.175	460	가/G
Hydroxyethyl Cellulose	410	—	0.025	40	가/G
Hydroxy Propyl Cellulose	400	—	0.020	30	가/G
Isophthalic Acid	700	—	0.035	25	가/G
Isotoic Anhydride	700	—	—	—	가/G
Isophthalic Acid	700	—	0.035	25	가/G
L–Sorbose	370	—	—	—	가/G
Lignin	450	—	0.040	20	가/G
Maleic Anhydride	500	—	—	—	가/G
Manoanese Vancide	—	120	—	—	가/G
Methyl Cellulose	360	340	0.030	20	가/G
Methacrylic Acid Polymer	—	290	—	—	가/G
Methionine	370	360	0.025	35	가/G
Mannitol	460	—	0.065	40	가/G
Melamine Formaldehyde Resin	410	—	0.02	50	가/G
Methyl Methacrylate Copolymer	440	—	—	—	가/G
Methyl Methacrylate Ethyl Acrylate Copolymer	480	—	—	—	가/G
Methyl Methacrylate Ethylacrylate Styrene Copolymer	440	—	—	—	가/G
Methyl Methacrylate Syrene Butadiene Acrylonitrile Copolymer	480	—	—	—	가/G
Napthalene	575	—	—	—	가/G
Nitrosoamine	—	270	—	—	가/G
Nylon Polymer	500	430	0.030	20	가/G
Para Oxy Benzaldehyde	—	380	—	—	가/G
Paraphenyline Diamine	620	—	—	—	가/G

Paratertiary Butyl Benzoic Acid	560	—	—	—	가/G
Pectin	410	200	0.075	35	가/G
Penta Erythritol	450	—	0.030	10	가/G
Phenol Formaldehyde	450	—	0.015	10	가/G
Phenol Furfural Resin	530	—	0.025	10	가/G
Phenylbeta Naphthylamine	680	—	—	—	가/G
Petrin Acrylate Monomer	—	220	—	—	가/G
Petroleum Resin (Blown Asphalt)	—	500	—	—	가/G
Phthalic Acid	650	—	—	—	가/G
Phthalic Anhydride	605	—	0.015	15	가/G
Phthalimide	630	—	0.030	50	가/G
Phytosterol	330	—	0.025	10	가/G
Pitch	710	—	0.035	20	가/G
Polyacetal	440	—	0.035	20	가/G
Polyacrylamide	410	240	0.040	30	가/G
Polyacryldnitrile	500	460	0.025	20	가/G
Polycarbonate	710	—	0.025	25	가/G
Polyethylene	390	—	0.020	10	가/G
Polyethylene Oxide	350	—	0.030	30	가/G
Polyethylene Tereph thalate	500	—	0.040	35	가/G
Polyisobutyl Methacrylate	500	280	0.020	40	가/G
Polymethacrylic Acid	450	290	0.045	100	가/G
Polymethyl Methacrylate	440	—	0.020	15	가/G
Polypropylene	420	—	0.020	30	가/G
Polystyrene	500	500	0.020	15	가/G
Polystyrene, Latex	500	—	—	—	가/G
Polyurethane Foam	510	440	0.030	20	가/G
Polyurethane Foam Fire Retardant	550	390	0.025	15	가/G
Polyvinylbutyral	390	—	0.020	15	가/G
Polyvinylacetate	450	—	0.040	160	가/G
Polyvinylchloride	670	—	—	—	가/G
Rosin	390	—	0.015	10	가/G
Rubber, Crude, Hard	350	—	0.025	50	가/G
Rubber, Crumb	440	—	—	—	가/G
Rubber, Vulcanized	360	—	—	—	가/G
Ryon, Viscose	420	—	—	—	가/G
Saccharin	690	—	—	—	가/G
Salicylanilide	610	—	0.040	20	가/G

Salicylic Acid	590	—	0.025	—	가/G
Sorbic Acid	440	460	0.020	15	가/G
Shellac	400	—	0.020	10	가/G
Sodium Resinate	—	220	—	—	가/G
Stearic Acid, Aluminium Salt	290	—	—	25	가/G
Stearic Acid, Zinc Salt	510	—	—	—	가/G
Sevin	—	140	—	—	가/G
Styrene Acrylonitrile	500	—	—	—	가/G
Styrene Butadiene Latex	440	—	—	—	가/G
Styrene Maleic Anhydride Copolymer	470	—	—	—	가/G
Styrene Polyester Glass Fiber Mixture	360	—	—	—	가/G
Streptomycin Sulphate	700	—	—	—	가/G
Sulpher	190	220	0.035	30	가/G
Terephthalic Acid	680	—	0.050	20	가/G
Tetranitro Carbazole	395	—	—	—	가/G
Thiourea	420	—	—	—	가/G
a, a–Trithiobis	280	230	0.060	35	가/G
Urea	900	—	—	—	가/G
Urea Formaldehyde Moulding Powder	460	—	0.085	80	가/G
Urea Formaldehyde Resin	430	—	0.020	34	가/G
Vitamin B1 Mononitrate	380	190	0.035	35	가/G
Vitamin C	460	280	0.070	60	가/G
Vinyl Chloride-Acryldnitrile Copolymer	470	—	—	—	가/G
Vinyl Toluene Acrylonitrile Butadiene Copolymer	530	—	—	—	가/G
Wax, Paraffin	340	—	—	—	가/G